工业和信息化普通高等教育"十二五"规划教材

21世纪高等教育计算机规划教材

Access 2010
数据库技术与应用

Access 2010 Database Application

■ 罗娜 蒲东兵 韩毅 王红岩 编著

人民邮电出版社

北 京

图书在版编目（CIP）数据

Access 2010数据库技术与应用 / 罗娜等编著. --
北京 : 人民邮电出版社，2014.6（2018.4重印）
21世纪高等教育计算机规划教材
ISBN 978-7-115-35341-2

Ⅰ. ①A… Ⅱ. ①罗… Ⅲ. ①关系数据库系统－程序
设计－高等学校－教材 Ⅳ. ①TP311.138

中国版本图书馆CIP数据核字(2014)第079454号

内 容 提 要

　　本书通过大量的例题，讲解了 Access 数据库技术的相关知识以及使用 Access 2010 开发数据库应用系统的完整过程。全书共分 9 章，主要内容包括数据库系统的基础知识、数据库操作、表、查询、窗体、报表、宏、VBA 编程基础等相关知识。全书以一个完整的数据库应用系统为基础，以例题贯穿始终，书后配有适量的习题，使读者能够在学习过程中提高操作能力和实际应用能力。

　　本书可作为高等学校非计算机专业计算机公共基础课程的教材，也可以作为全国计算机等级考试二级 Access 数据库程序设计的培训与自学教材，还可以作为数据库开发人员的参考用书。

　◆ 编　著　罗　娜　蒲东兵　韩　毅　王红岩
　　　责任编辑　许金霞
　　　责任印制　彭志环
　◆ 人民邮电出版社出版发行　　北京市丰台区成寿寺路 11 号
　　　邮编　100164　　电子邮件　315@ptpress.com.cn
　　　网址　http://www.ptpress.com.cn
　　　固安县铭成印刷有限公司印刷
　◆ 开本：787×1092　1/16
　　　印张：19.5　　　　　　　　2014 年 6 月第 1 版
　　　字数：523 千字　　　　　　2018 年 4 月河北第 8 次印刷

定价：42.00 元
读者服务热线：(010)81055256　印装质量热线：(010)81055316
反盗版热线：(010)81055315
广告经营许可证：京东工商广登字 20170147 号

前言

计算机的发展极大地加快了社会信息化的进程,数据库技术于 20 世纪 60 年代末作为数据管理的最新技术登上了历史舞台。几十年来,数据库技术作为计算机软件领域的一个重要分支,已形成相当规模的理论体系和实用技术。Access 2010 数据库管理系统是 Microsoft Office 办公软件的一个组成部分,是世界上最流行的桌面数据库管理系统。它提供了大量的工具和向导,即使没有任何编程经验,也可以通过可视化的操作来完成大部分的数据库管理和开发工作。与许多优秀的关系数据库管理系统一样,Access 数据库可以有效地组织、管理和共享数据库的信息,并且能方便地将数据库与 Web 结合在一起。

本书结合《全国计算机等级考试二级 Access 数据库程序设计》的考试大纲,以 Access 2010 中文版作为数据库及其应用程序设计的工具和开发环境,从数据库的基础知识讲起,由浅入深、循序渐进地介绍了 Access 2010 各种数据库对象的功能及创建方法,以及宏和 VBA 面向对象程序设计的基础知识,全书共分为 9 章。

第 1 章介绍数据库的基础知识,包括数据模型、关系型数据库、关系运算和数据库系统设计的一般步骤。

第 2 章介绍 Access 2010 方面的概述性知识。

第 3 章介绍 Access 数据库和数据表的各种创建方法、设置字段的常规属性、建立表间关系、建立查阅列和表的操作等内容。

第 4 章介绍如何利用 Access 2010 创建和编辑选择查询、参数查询、交叉表查询、操作查询和 SQL 查询。

第 5 章介绍创建窗体的各种方法以及对窗体的再设计,并介绍了作为窗体的基本控件的功能及其属性。

第 6 章介绍创建报表的各种方法,创建报表的计算字段、报表中的数据排序与分组、报表的美化操作等。

第 7 章介绍宏的基本概念、创建、调试和运行。

第 8 章介绍 VBA 编程的基础知识和模块的相关概念。

第 9 章介绍 VBA 的程序设计方法及编程中的事件处理机制,数据库访问技术等。

本书具有如下特点:

(1)步骤清晰,易懂易学——本书针对 Access 2010 的初学者,对操作中的每一步骤都进行了详细的讲解和说明,读者可以通过一边学习,一边实践的方式掌握 Access 数据库技术及其应用系统开发的方法。

(2)问题驱动,图文并茂——本书内容的编排上体现了新的计算机教学思想和方法,以例题的提出、问题的分析、求解的步骤、归纳总结的一系列模式介绍数据库技术的基本内容与基本方法。例题的讲解中采用一步一图的讲述方式,每一个具体步骤都配以清晰的图片说明,确保读者可以看图操作。

（3）内容呼应，总结提高——本书各章节的例题都有着前后呼应的效果，上一章节讲解的知识作为下一章节例题的基础反复地应用，使读者对所学的知识能够进一步地掌握和应用。本书的每章都有对知识点的总结与归纳，在章节最后总结教学重点和教学要点。

（4）知识拓展，学考统一——本书内容中有学生选学内容，这部分内容可以拓展学生的知识面，了解有一定难度的相关的技术与知识。本书每章都按计算机等级考试二级 Access 考试大纲进行内容的组织，免去了学生为了等级考试再去购置其他教材的麻烦，实现了学习、考试的统一。

本书可作为高等学校非计算机专业计算机公共基础课程的教材，也可以作为全国计算机等级考试二级 Access 数据库程序设计的培训与自学教材，还可以作为数据库开发人员的参考用书。

全书的第 1 章～第 3 章由罗娜编写，第 4 章和第 7 章由蒲东兵编写，第 5 章和第 6 章由王红岩编写，第 8 章和第 9 章由韩毅编写。全书由张靖波统稿，韩文峰审定。

由于编者水平有限，时间仓促，书中难免有疏漏和不妥之处，敬请广大读者批评指正。

编者

2014 年 1 月

目　录

第1章
数据库基础知识

随着科学技术和社会经济的飞速发展，人们掌握的信息量急剧增加，要充分地开发和利用这些信息资源，就必须有一种新技术能对大量的信息进行处理。数据库技术是从 20 世纪 60 年代末作为数据处理的一门技术而发展起来的，所研究的问题就是如何科学地组织和存储数据，如何高效地获取和处理数据。本章主要介绍数据库的基础知识，相关知识点如下：

- ◆ 数据、信息与数据处理的概念
- ◆ 数据模型
- ◆ 数据库的概念及特点
- ◆ 数据库管理系统的概念及主要功能
- ◆ 数据库系统的概念及组成
- ◆ 关系数据库理论
- ◆ 数据库设计基础

1.1 数据、信息与数据处理

数据库系统的核心任务是数据管理。数据库技术是一门研究如何存储、使用和管理数据的技术，是计算机数据管理技术的最新发展阶段。数据库应用涉及数据、信息、数据处理和数据管理等相关概念。

1.1.1 数据与信息

1. 数据（Data）

数据是数据库系统研究和处理的对象，是保存在存储介质上能够被计算机识别的符号。在实际应用中，有两种基本形式的数据：一种是可以参与数值运算的数值型数据，如图书的价格；另一种是由字母、文字和其他特殊字符组成的文字数据，它是使用最多和最基本的数据，如图书名称。广义上讲，数据并不仅仅是数字或者文字，还可以是图形、图像、动画、影像和声音等多媒体形式，这些形式的数据都是将原始的内容经过数字化后存入计算机的，能够反映或描述事物的特征。

2. 信息（Information）

信息是人脑对现实世界中的客观事物以及事物之间联系的抽象反映。它是一种被加工成特定形式的数据，通过对原始数据的提炼和加工给人们以有用的知识。

数据与信息既有区别，又有联系。一方面数据是信息的符号表示，但并非任何数据都能表示信息，信息是数据的内涵，是对数据的定义的解释。另一方面信息不随表示它的数据形式的变化而变化，它是反映客观现实世界的知识，而数据则具有任意性，用不同的数据形式可以表示同样的信息。

1.1.2　数据处理

数据处理是指将数据转换成信息的过程。数据处理的根本目的是从大量的复杂数据中整理出对人们有价值、有意义的信息，作为行动和决策的依据。

1.1.3　数据管理技术的发展

计算机发展的初期，计算机主要用于科学计算，此时存在的数据管理问题都是采用人工的方式解决的，之后发展到文件系统，再后来才是数据库系统阶段。

1. 人工管理阶段

在计算机出现之前，人们运用纸张等手段从事记录、存储和数据加工，利用计算工具（算盘、计算尺）来进行计算，并主要依靠人的大脑来管理和使用这些数据。20 世纪 50 年代以前，计算机仍主要用于数值计算。从当时的硬件发展水平看，外存只有纸带、卡片、磁带，没有磁盘等直接存取的存储设备，存储量非常小；软件方面，没有操作系统，没有高级语言和管理数据的软件；从数据看，数据量小，数据无结构，由用户统一管理，数据的处理方式是批处理，且数据间缺乏逻辑组织，数据依赖于特定的应用程序，缺乏独立性。在此阶段，存在着数据不保存、数据不具有独立性、数据不共享和由应用程序管理数据等缺点。

以一个图书馆的图书管理为例，在人工管理阶段，应用程序与数据之间的关系如图 1.1 所示。

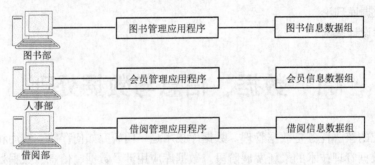

图 1.1　人工管理阶段

2. 文件管理阶段

20 世纪 50 年代后期至 20 世纪 60 年代后期，计算机不仅被用于科学计算，而且开始大量用于数据管理。从硬件方面看，外存储器有了磁盘等可以进行直接存取的存储设备，因此数据可以重复使用。数据不再单独属于某个特定的程序，而可以由多个程序反复使用。从软件方面看，操作系统中已有了专门的数据管理软件，称为文件系统。对数据自身而言，数据的物理结构和逻辑结构有了区别，程序不必关心数据的物理位置而直接通过文件名和数据打交道，文件系统负责对数据的读/写。从处理方式上看，文件系统为程序和数据提供了一个公共接口，使应用程序采用统一的存取方法来存取、操作数据，程序和数据之间不再直接对应，因而有了一定的独立性。此外对数据能够联机实时处理，即在需要数据的时候随时从存储设备中查询、修改或更新。

文件管理的出现使计算机在数据管理方面弥补了人工管理的缺点，然而当数据量增加、使用数据的用户越来越多时，文件管理便不能适应更有效地使用数据的需要了，其缺点主要表现在：

（1）数据的共享性差，冗余度大。当不同的应用程序所需的数据有部分相同时，仍需建立各自的独立数据文件,而不能共享相同的数据。因此,数据冗余大,空间浪费严重。并且相同的数据重复存放,各自管理,当相同部分的数据需要修改时比较麻烦,稍有不慎,就造成数据的不一致。

(2)数据和程序缺乏足够的独立性。文件中的数据是面向特定的应用的,文件之间是孤立的,不能反映现实世界事物之间的内在联系。

在文件管理阶段,图书管理中应用程序与数据文件之间的关系如图 1.2 所示。

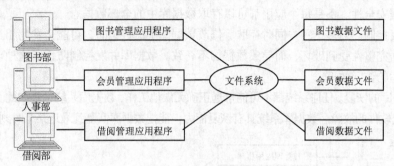

图 1.2 文件管理阶段

随着数据量的增长,文件管理系统已经不能满足人们的需要。美国在 20 世纪 60 年代进行阿波罗计划的研究时,阿波罗飞船约由 200 万个零部件组成,其零部件的制造分散在世界各地。为了掌握计划进度及协调工程进展,阿波罗计划的主要合约者罗克威尔(Rockwell)公司曾研制了一个计算机零件管理系统。系统共用了 18 盘磁带,虽然可以工作,但效率极低,维护困难。18 盘磁带中 60%是冗余数据,这个系统一度成为实现阿波罗计划的严重障碍。应用的需要推动了技术的发展,文件管理系统面对大量数据时的困境促使人们去研究新的数据管理技术,数据库技术应运而生了。

3. 数据库管理阶段

20 世纪 60 年代后期,数据管理进入数据库系统阶段。这一时期计算机管理的应用规模日益庞大,数据量急剧增长,数据要求共享的呼声越来越强。这种共享的含义是多种应用、多种语言互相覆盖地共享数据集合。此时的计算机有了大容量的磁盘,强大的计算能力。随着硬件价格下降,软件价格上升,编制和维护软件的相对成本增加,联机实时处理的要求增多,并行处理能力也被提上了日程。在这样的背景下,数据管理技术进入数据库系统阶段。

1968 年,IBM 公司研制的 IMS(Information Management System)层次数据库标志着数据管理技术进入了数据库阶段。1969 年,美国数据系统语言协会(Conference On Data System Language)公布了数据库工作组报告,对研制开发网状数据库起了巨大推动作用。1970 年,IBM 公司的研究员 E. F. Codd 连续发表的论文,奠定了关系数据库的基础。

与文件管理相比,数据库技术有了很大的改进,主要表现在:

(1)数据库能够根据不同的需要按不同的方法组织数据,以最大限度地提高用户或应用程序访问数据的效率。

(2)数据库中的数据是结构化的。在文件系统中,不同文件中的记录之间没有联系,联系仅存于数据项之间。数据库系统不仅考虑数据项之间的联系,还要考虑记录之间的联系,保证了数据修改的一致性。

(3)数据库中的数据是面向系统的,对于任何一个系统来说,数据库中的数据结构是透明的。任何应用程序都可以通过标准化接口访问数据库,如图 1.3 所示。通过这个统一的接口,用户可以用数据库系统提供的查询语言和交互式命令操纵数据库。用户也可以用高级语言编写程序来访问数据库,扩展了数据库的应用范围。

（4）数据库系统比文件系统有更高的数据独立性。数据的组织和存储方法与应用程序相互独立，互不依赖，从而大大降低了应用程序的开发和维护代价。

不仅如此，数据库技术的发展使数据管理上了一个新台阶，数据库管理系统在数据完整性、安全性、并发访问和数据恢复方面都提供了非常完善的功能支持。

（1）数据完整性。保证数据库存储数据的正确性。

（2）数据安全性。不是每个应用都可以存取数据库中的全部数据。

（3）并发控制。当多个用户同时存取、修改数据库中的数据时，可能会发生相互干扰，使数据库中的数据完整性受到破坏，而导致数据的不一致。数据库并发控制防止了这种现象的发生，提高了数据库的访问效率。

（4）数据库的恢复。任何系统都不可能永远正确无误地工作，数据库系统也是如此。运行过程中，会出现硬件或软件的故障。数据库系统具有恢复能力，能把数据库恢复到最近某个时刻的正确状态。

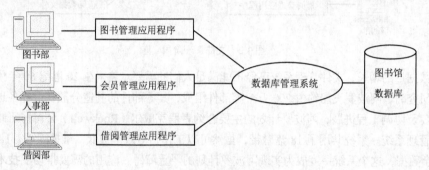

图 1.3　数据库系统阶段

1.2　数　据　模　型

由于计算机不可能直接处理现实世界中的具体事物，所以人们需要将事物以数据的形式存储到计算机中。整个过程经历了对现实生活中事物特征的认识、概念化到计算机数据库里的具体表示的逐级抽象。这一过程划分成 3 个主要阶段，即现实世界阶段、信息世界阶段和机器世界阶段。现实世界中的数据经过人们的认识和抽象形成信息世界。在信息世界中用概念模型来描述数据及其联系，概念模型按用户的观点对数据和信息进行建模，不依赖于具体的机器，独立于具体的数据库管理系统，是对现实世界的第一层抽象。

1.2.1　数据描述

1. 实体（Entity）

在现实世界阶段，实体是客观存在并可以相互区分的事物。实体不仅可以是实际存在的东西，还可以指抽象的事件。实体可以指人，如学生，图书馆员等。实体可以指物，如图书、书架等，实体可以指抽象的事件，如比赛、项目、演出等。实体还可以指事物与事物之间的联系，如借阅图书、学生选课等。

（1）属性

每个实体都具有一定的特征（性质），即描述实体的特性称为属性。如图书实体可以有书名、作者、出版社、出版日期、价格等属性。读者实体有借书证编号、姓名、性别、工作单位等属性。每个属性有一个取值范围，该取值范围称为属性的值域。如读者实体中的性别属性，其取值范围是"男"或"女"。

（2）实体型、实体值和实体集

用实体名及其属性名集合来描述实体，称为实体型。具有相同属性的实体必然具有相同的特征和性质。例如，图书实体型是：

图书（图书编号，书名，作者，出版社，出版日期，价格）

图书"何谓文化"的实体值是：

（L00004，何谓文化，余秋雨，长江文艺出版社，2012/10/1，38.00）

同型实体的集合构成了实体集。例如：图书馆中的全部藏书构成了图书实体集。

（3）属性型和属性值

属性型就是属性名及其取值类型，属性值就是属性在其值域中所取的具体值。如图书实体中的书名属性，"书名"及其使用的字符类型是属性型，而"何谓文化"是属性值。

在 Access 中，用"表"来存放同一类实体，即实体集。例如，读者表、借阅表、图书表等。Access 的一个"表"包含若干个字段，"表"中的字段就是实体的属性。字段值的集合组成表中的一条记录，代表一个具体的实体，即每一条记录表示一个实体。

2. 实体之间的联系

实体之间的对应关系称为联系（Relationship），这些联系在信息世界中反映为实体内部的联系和实体之间的联系。实体内部的联系通常指组成实体的各属性之间的联系；实体之间的联系通常指不同实体集之间的联系。这些联系归纳起来有三种类型：

（1）一对一联系（1:1）。如果实体集 A 与实体集 B 之间存在联系，并且对于实体集 A 中的任意一个实体，在实体集 B 中至多只有一个实体与之对应，反之亦然，则称实体集 A 与实体集 B 具有一对一联系。

例如，"图书馆"是一种实体，"馆长"也是一种实体。按照语义，一个图书馆只能有一个馆长，而一个馆长只能管理一个图书馆，则"图书馆"和"馆长"实体之间的联系就是一对一的联系。这种联系可以用图 1.4（a）来表示。

在 Access 中，一对一联系表现为主表中的每一条记录只与相关表中的一条记录相关联。

（2）一对多联系（1:n）。如果实体集 A 与实体集 B 之间存在联系，并且对于实体集 A 中的任意一个实体，在实体集 B 中可以有多个实体与之对应；而对于实体集 B 中的任意一个实体，在实体集 A 中至多只有一个实体与之对应，则称实体集 A 与实体集 B 之间存在一对多的联系。

例如，"图书馆"是一种实体，"馆员"也是一种实体。按照语义，一个图书馆可以有多名馆员，而一个馆员只能工作在一个图书馆，则"图书馆"和"馆员"实体之间的联系就是一对多的联系。这种联系可以用图 1.4（b）来表示。

在 Access 中，一对多联系表现为主表中的每条记录与相关表中的多条记录相关联。

（3）多对多联系（m:n）。如果实体集 A 与实体集 B 之间存在联系，并且对于实体集 A 中的任意一个实体，在实体集 B 中可以有多个实体与之对应；而对于实体集 B 中的任意一个实体，在实体集 A 中也可以有多个实体与之对应，则称实体集 A 与实体集 B 之间存在多对多的联系。

例如，"图书"是一种实体，"读者"也是一种实体。按照语义，一本图书馆可以由多位读者阅读，而一位读者可以阅读多本图书，则"图书"和"读者"实体之间的联系就是多对多的联系。这种联系可以用图 1.4（c）来表示。

在 Access 中，多对多的联系表现为一个表中的多条记录在相关表中同样可以有多条记录与之对应。

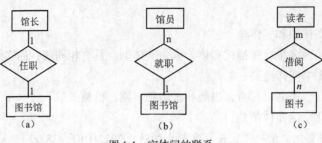

图 1.4　实体间的联系

1.2.2　概念模型

概念模型是对信息世界的建模。因此，概念模型应该能够方便、准确地表示出信息世界中的常用概念。概念模型有多种表示方法，其中，最常用的是实体-联系模型，简称 E-R 模型。

E-R 模型用矩形表示现实世界中的实体，用椭圆形表示实体的属性，用菱形表示实体间的联系，实体名、属性名和联系名分别写在相应框内，并用线段将各框连接起来。图 1.5 是图书借阅系统中的 E-R 图，该图建立了读者和图书两个不同的实体及其联系的模型。

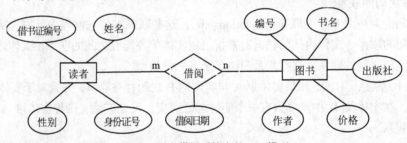

图 1.5　图书借阅系统中的 E-R 模型

1.2.3　数据模型

将信息输入到计算机后，数据就进入到计算机世界。前面讲到的概念模型是独立于计算机的，需要转换成具体的数据库管理系统所能识别的数据模型，才能将数据和数据之间的联系保存到计算机上。我们把表示事物以及事物之间联系的模型称为数据模型。任何一个数据库管理系统都是基于某种数据模型的。数据库领域常见的数据模型有以下四种。

1.　层次模型（Hierarchical Model）

层次模型是数据库系统中最早出现的数据模型，它用树型结构表示实体及其之间的联系。IBM公司的 IMS（Information Management System）系统是典型的层次数据模型，且它是世界上最早出现的大型数据库系统。在这种模型中，需要满足如下两个条件：

（1）有且仅有一个结点没有父结点，这个结点即是根结点。

（2）其他结点有且仅有一个父结点。

层次模型具有层次清晰、构造简单、易于实现等特点，在现实生活中，很多实体间的联系本身就是层次关系，如一个学校的组织机构、一个家庭的世代关系等。但由于该模型仅能比较方便地表示出一对一和一对多的实体联系，而不能直接表示出多对多的实体联系，因而，对于复杂的数据关系，实现起来较为麻烦，这就是层次模型的局限性。

2.　网状模型（Network Model）

网状模型是 20 世纪 70 年代产生的，其典型代表是 DBTG 系统，亦称 CODASYL 系统。网状模型是数据系统语言研究会 CODASYL（Conference On Data System Language）下属的数据库任务组（Data Base Task Group，简称 DBTG）提出的一个系统方案。其特点为：

（1）可以有一个以上的结点无父结点。

（2）至少有一个结点有多于一个的父结点。

网状模型用以实体型为结点的有向图来表示实体及其之间的联系，它克服了层次模型的缺点，能够直接表示实体间多对多的联系。然而，由于技术上的困难，一些已实现的网状数据库管理系统中仍然只允许处理一对多的联系。

3. 关系模型（Relational Model）

1970 年美国 IBM 公司 San Jose 研究室的研究员 E.F.Codd 首次提出了数据库系统的关系模型，开创了数据库的关系方法和关系数据理论的研究，为数据库技术奠定了理论基础。E.F.Codd 的杰出工作，使他于 1981 年获得 ACM 图灵奖。

关系模式是目前使用最广泛的数据模型，它与层次模型和网状模型有着本质的差别。关系模式建立在严格的数学理论基础上，它用二维表格来表示实体及其相互之间的联系。在关系模型中，把实体集看成一个二维表，每一个二维表称为一个关系。每个关系均有一个名字，称为关系名。20 世纪 80 年代以来出现的数据库管理系统几乎都支持关系模型。本书讲授的 Access 2010 就是一种关系数据库管理系统。

4. 面向对象的模型（Object Oriented Model）

面向对象模型是近几年发展起来的一种新兴的数据模型。该模型是在吸收了以前的各种数据模型优点的基础上，借鉴了面向对象程序设计方法而建立的一种模型。面向对象的方法为数据模型的建立提供了分类、概括、联合和聚集等四种数据处理技术，这些技术对复杂空间数据的表达较为理想。

在面向对象模型中，面向对象的核心概念构成了面向对象数据模型的基础，其概念包括：

（1）对象（Object）与对象标识（OID）。现实世界中的任何实体都可以统一地用对象来表示。每一个对象都有它唯一的标识，称为对象标识，对象标识始终保持不变。

（2）类（Class）。所有具有相同属性和操作集的对象构成一个对象类（简称类）。任何一个对象都是某一对象类的一个实例（Instance）。

（3）事件（Event）。客观世界是由对象构成的，客观世界中的所有行动都是由对象发出且能够为某些对象感受到，把这样的行动称为事件。在关系数据库应用系统中，事件分为内部事件和外部事件。

1.3　数据库系统

1.3.1　数据库及其特点

1. 数据库（DataBase，DB）

数据库是指存储在计算机存储设备上、结构化的相关数据的集合。数据库中不仅包含描述事物的数据本身，而且还包括相关事物之间的联系。数据库中的数据面向多种应用，可以被多个用户、多个应用程序共享。其数据结构与使用数据的程序之间相互对立，对于数据的增加、删除、修改和检索由数据库管理系统进行统一管理和控制，用户对数据库进行的各种操作都是由数据库管理系统实现的。

2. 数据库的特点

（1）数据结构化

数据库系统实现了整体数据的结构化，这是数据库的最主要的特征之一。这里所说的"整体"

结构化，是指在数据库中的数据不再仅针对某个应用，而是面向全组织；不仅数据内部是结构化，而且整体是结构化，数据之间有联系。

（2）数据的共享性高，冗余度低，易扩充

因为数据是面向整体的，所以数据可以被多个用户、多个应用程序共享使用，可以大大减少数据冗余，节约存储空间，避免数据之间的不相容性与不一致性。

（3）数据独立性高

数据独立性包括数据的物理独立性和逻辑独立性。

物理独立性是指数据在磁盘上的数据库中如何存储是由数据库管理系统管理的、应用程序不需要了解，应用程序要处理的只是数据的逻辑结构，当数据的物理存储结构改变时，应用程序不用改变。

逻辑独立性是指应用程序与数据库的逻辑结构是相互独立的，也就是说，数据的逻辑结构改变了，应用程序也可以不改变。

数据与程序的独立，把数据的定义从程序中分离出去，加上存取数据的由 DBMS 负责提供，从而简化了应用程序的编写，大大减少了应用程序的维护和修改开销。

（4）数据统一管理和控制

数据库的共享是并发的（Concurrency）共享，即多个用户可以同时存取数据库中的数据，甚至可以同时存取数据库中的同一个数据。数据库管理系统提供了数据的安全性保护（Security）、数据的完整性检查（Integrity）、数据库的并发访问控制（Concurrency）和数据库的故障恢复（Recovery）等数据控制功能。

1.3.2 数据库管理系统

1. 数据库管理系统（DataBase Management System，DBMS）

数据库管理系统是数据库系统的核心。它是介于应用程序和操作系统之间，用于帮助管理输入到计算机中的大量数据的应用软件。它用于建立、使用和维护数据库，并通过对数据库进行统一的管理和控制，保证数据库的安全性和完整性。

2. 数据库管理系统的主要功能

（1）数据定义

DBMS 提供数据定义，包括定义数据库的外模式、模式和内模式三级模式结构；定义三级模式间的两级映像；定义完整性约束和保密限制等约束。

（2）数据操作

DBMS 提供的数据操作，包括供用户实现的对数据的追加、删除、更新、查询等操作。

（3）数据库的运行管理

DBMS 提供运行控制、管理功能。包括多用户环境下的并发控制、安全性检查和存取限制控制、完整性检查和执行、运行日志的组织管理、事务的管理和自动恢复，保证事务的原子性等功能。这些功能保证了数据库系统的正常运行。

（4）数据组织、存储与管理

DBMS 要分类组织、存储和管理各种数据，包括数据字典、用户数据、存取路径等，需确定以何种文件结构和存取方式在存储级上组织这些数据，如何实现数据之间的联系。数据组织和存储的基本目标是提高存储空间利用率，选择合适的存取方法可以提高存取效率。

（5）数据库的保护

DBMS 对数据库的保护通过 4 个方面来实现：数据库的恢复、数据库的并发控制、数据库的完整性控制、数据库安全性控制。DBMS 的其他保护功能还有系统缓冲区管理以及数据存储的某些自适应调节机制等。

（6）数据库的维护

DBMS 对数据的维护，包括数据库的数据载入、转换、转储、数据库的重组和重构以及性能监控等功能，这些功能分别由各个子模块来完成。

（7）数据通信

DBMS 具有与操作系统的联机处理、分时系统及远程作业输入的相关接口，负责处理数据的传送。对网络环境下的数据库系统，还包括了 DBMS 与网络中其他软件系统的通信功能以及数据库之间的互操作功能。

1.3.3　数据库系统

1. 数据库系统（DataBase System）

数据库系统是指引进数据库技术后的计算机系统，是实现有组织地、动态地存储大量相关数据、提供数据处理和信息资源共享的便利手段。

从数据库、数据库管理系统和数据库系统 3 个不同的概念中，可以看出，数据库强调的是数据，数据库管理系统是应用软件，而数据库系统强调的是整体。由此我们可以看出数据库管理系统在计算机系统中的地位，如图 1.6 所示。

2. 数据库系统的组成

数据库系统由 4 部分组成：硬件系统、数据库、数据库管理系统及相关软件、数据库系统有关人员。

计算机硬件是数据库系统的物理基础，其主要功能是输入并存储程序和数据，以及执行程序把数据加工成可以利用的形式。计算机硬件主要包括主机、存储设备、输入输出设备以及计算机网络环境。

图 1.6　数据库系统层次示意图

数据库管理系统中的相关软件包括操作系统、数据库管理系统及数据库应用系统等。

数据库系统的相关人员包括数据库管理员（DataBase Administrator, DBA）、数据库应用系统开发人员和最终用户。数据库管理员负责数据库的总体信息控制。DBA 的具体职责包括：设计具体数据库中的信息内容和结构，决定数据库的存储结构和存取策略，定义数据库的安全性要求和完整性约束条件，监控数据库的使用和运行，负责数据库的性能改进、数据库的重组和重构，以提高系统的性能。数据库应用系统开发人员包括系统分析员、系统设计员和程序员。系统分析员负责应用系统的需求分析和规范说明，与用户和 DBA 相配合；系统设计员负责应用系统的设计和数据库的设计；程序员根据设计要求进行编码。最终用户是指利用系统的接口或查询语言访问数据库的人员，一般对数据库知识了解较少。

1.4　关系数据库

尽管数据库领域中存在多种组织数据的方式，但关系数据库是效率最高的一种数据库系统。关系数据库管理系统（Relation DataBase Management System，BMS）采用关系模型作为数据的组织方式。Access 就是基于关系模型的数据库系统。在关系模型中，一个关系的逻辑结构就是一张二维表。这种用二维表的形式表示实体和实体间联系的数据模型称为关系数据模型。

1.4.1　关系术语

1. 关系（Relationship）

一个关系对应一张二维表。该二维表中没有重复行、重复列，并且每个行列的交叉格点只有一个基本数据。每一个关系都有一个关系名和其对应的关系结构，其关系结构为：关系名（属性名 1，属性名 2，…，属性名 n）。在 Access 中，一个关系存储为一张表，表具有表名和其对应的表结构，其表结构为：表名（字段名 1，字段名 2，…，字段名 n）。表 1.1 给出了一张 Access 中的图书表。

2. 元组（Tuple）

二维表的每一行在关系中称为元组，一行描述了现实世界中的一个实体元素，或者描述了不同实体的两个元素间的一种联系。如在表 1.1 中，每行描述了一个读者的基本信息。Access 中每行元组也称为记录（Record），记录是不能重复的，即不允许两行的全部元素完全对应相同。

3. 属性（Attribute）

二维表的每一列在关系中称为属性，每个属性有一个属性名，一个属性在其每个元组上的值称为属性值。如表 1.1 中，图书关系中有 6 列，表示有 6 个属性。在 Access 中，属性表示为字段，属性名为字段名，每个字段的数据类型、宽度等都在创建表结构时规定。

表 1.1　　　　　　　　　　　　　　　图书关系

编　号	书　名	作　者	出　版　社	出　版　日　期	价　格
E00001	欧债真相警示中国	时寒冰	机械工业出版社	2012/9/1	¥39.90
E00002	思考快与慢	卡尼曼	中信出版社	2012/7/1	¥69.00
L00004	何谓文化	余秋雨	长江文艺出版社	2012/10/1	¥38.00
I00001	谁的青春不迷茫	刘同	中信出版社	2010/12/1	¥35.00

4. 域（Domain）

属性的取值范围称为域。例如性别的域是（男，女），年龄的域是大于 0 的整数。

5. 主关键字或主码（Primary Key）

关系中能够唯一标识一个元组的属性或属性的组合称为主关键字或主码。在 Access 中，主码也称为主键，用字段或字段的组合表示。如表 1.1 中，"编号"为主关键字。

6. 外部关键字或外键（Foreign Key）

如果关系中某个属性或属性组合并非本关系的关键字，但却是另一个关系的关键字，则称这样的属性或属性组合为本关系的外部关键字或外键。在关系数据库中，用外部关键字表示两个表间的联系。

1.4.2　对关系的限制

关系模型看起来简单，但并不是将一张表按照一个关系的方式直接存放在数据库系统中的，在关系模型中，对关系的限制如下：

（1）关系必须规范化。所谓规范是指每一个关系模式都必须满足一定的要求。

（2）表中的每一个数据项必须是单值的，每一个属性必须是不可分割的基本数据项。

（3）同一个关系中不能出现相同的属性名，且列次序可以任意。

（4）每一列中的数据项具有相同的数据类型，来自同一个域。

（5）表中的任意两行记录不能完全相同，且元组的次序可以任意。

1.4.3　完整性约束条件

关系模型中有 3 类完整性约束条件，分别是实体完整性、参照完整性和用户定义的完整性。其中，前两者是关系模型中两个最基本的完整性约束，关系模型必须满足，用户定义的完整性是针对具体应用自行设定的约束条件。

1．实体完整性

实体完整性是指基本关系的主属性，即主键不能取空值。所谓空值就是"还没有确定"的，或"不知道"的值。现实世界中实体是可区分的，在关系模型中，主键作为唯一性标识时，若主键取空值，则说明这个实体无法标识，不能区分。在实体完整性规则中，若多个属性的组合构成主键，那么多个属性的值均不能为空值。

2．参照完整性

当一个数据表中有外部关键字时，外部关键字列的所有数据，都必须是其所对应的表中存在的值或为空值。

例如：学生关系和院系关系中，主键分别是学号和学院代码，用下划线标识。学生（学号，姓名，性别，学院代码），院系（学院代码，院系名称）。这两个关系之间通过"学院代码"建立了联系。显然，学生关系中的"学院代码"值必须是确实存在的院系的学院代码，即在学院关系中要有该记录。如果学生关系中的"学院代码"取空值，表示这位同学还未分配到任何一个院系学习。

3．用户定义完整性

用户定义的完整性是针对某一具体关系数据库的约束条件，它反映某一具体应用所涉及的数据必须满足的语义要求。关系模型应提供定义和检验这类完整性规则的机制，其目的是用统一的方式由系统来处理它们，而无需应用程序来完成这项工作。

1.4.4　关系运算

在关系数据库中，关系运算是一种对二维表格进行运算的机制。关系运算的对象是关系，关系运算的结果也是关系。关系的基本运算有两类，一类是传统的集合运算：并、交、差等，另一类是专门的关系运算：选择、投影、连接等。

1．集合运算

（1）并

设 A、B 同为 n 元关系，如图 1.7（a）、图 1.7（b）所示，则 A、B 的并也是一个 n 元关系，记作 A∪B。A∪B 是由属于 A 或属于 B 的元组组成的集合。因为集合中不允许有重复元素，因此，同时属于 A、B 的元组在 A∪B 的结果中只出现一次，如图 1.7（c）所示。

（2）交

设 A、B 同为 n 元关系，则 A、B 的交也是一个 n 元关系，记作 A∩B。A∩B 是由所有同属于 A、B 的元组组成的集合。如图 1.7（d）所示。

（3）差

设 A、B 同为 n 元关系，则 A、B 的差也是一个 n 元关系，记作 A-B。A-B 是由所有属于 A 但不属于 B 的元组组成的集合。如图 1.7（e）所示。

A	B	C
1	2	3
4	5	6
7	8	9

（a）关系 A

A	B	C
4	5	6
7	8	9
10	11	12

（b）关系 B

A	B	C
1	2	3
4	5	6
7	8	9
10	11	12

（c）A∪B

A	B	C
4	5	6
7	8	9

（d）A∩B

A	B	C
1	2	3

（e）A-B

图 1.7　集合运算示例图

（4）笛卡儿积

设 A 为 n 元关系，如图 1.8（a）所示，B 为 m 元关系，如图 1.8（b）所示，则 A、B 的笛卡儿积是一个（n+m）元关系，记作 A×B。A×B 中，每一个元组的前 n 列是来自关系 A 的一个元组，后 m 列是来自 B 的一个元组。若 A 有 k1 个元组，B 有 k2 个元组，则关系 A 和关系 B 的笛卡儿积有 k1×k2 个元组。如图 1.8（c）所示。

A	B
1	2
3	4
5	6

（a）关系 A

C	D	E
1	2	3
4	5	6
7	8	9

（b）关系 B

A	B	C	D	E
1	2	1	2	3
1	2	4	5	6
1	2	7	8	9
3	4	1	2	3
3	4	4	5	6
3	4	7	8	9
5	6	1	2	3
5	6	4	5	6
5	6	7	8	9

（c）A×B

图 1.8　笛卡儿积示例图

2. 关系运算

（1）选择（Select）

选择操作是从关系中找出满足条件的元组。其中的条件是以逻辑表达式给出的，选择的结果是使逻辑表达式结果为真的元组。如要在图书表（如表 1.2 所示）中，查询"中信出版社"出版的所有图书数据，就可以对图书表做选择操作，其操作结果如表 1.3 所示。

表 1.2　　　　　　　　　　　　　　　　图书表

编　号	书　　名	作　者	出 版 社	出 版 日 期	价　格
E00001	欧债真相警示中国	时寒冰	机械工业出版社	2012/9/1	¥39.90
E00002	思考快与慢	卡尼曼	中信出版社	2012/7/1	¥69.00
L00004	何谓文化	余秋雨	长江文艺出版社	2012/10/1	¥38.00
I00001	谁的青春不迷茫	刘同	中信出版社	2010/12/1	¥35.00

表 1.3   选择运算结果

编 号	书 名	作 者	出 版 社	出 版 日 期	价 格
E00002	思考快与慢	卡尼曼	中信出版社	2012/7/1	¥69.00
I00001	谁的青春不迷茫	刘同	中信出版社	2010/12/1	¥35.00

由上表可见，选择运算的结果是原数据表"行"上的子集。

（2）投影（Project）

投影运算是在关系中选取某些属性列组成新的关系。这是从列的角度进行的运算，相当于对关系进行垂直的分解。如要在图书表（如表 1.2 所示）中，查询所有图书的书名、作者、出版社和定价，就可以对图书表做投影操作，其操作结果如表 1.4 所示。

表 1.4   投影操作结果

书 名	作 者	出 版 社	价 格
欧债真相警示中国	时寒冰	机械工业出版社	¥39.90
思考快与慢	卡尼曼	中信出版社	¥69.00
何谓文化	余秋雨	长江文艺出版社	¥38.00
谁的青春不迷茫	刘同	中信出版社	¥35.00

由上表可见，投影运算的结果是原数据表"列"上的子集。但是，投影运算之后不仅会删除原关系中的某些列，还可能会删除某些元组，因为删除原关系的某些列后，两个原来不完全相同的元组就可能相同，这时要删除重复的元组。如要在如要在图书表（如表 1.2 所示）中，查询所有图书的出版社，其操作结果如表 1.5 所示。

表 1.5   投影操作去掉重复元组结果

出版社
机械工业出版社
中信出版社
长江文艺出版社

（3）连接

连接运算与选择和投影运算不同，选择和投影运算都是在一个关系上产生一个新的关系，而连接运算需要两个关系作为操作对象，是从两个关系的笛卡儿积中选取属性间满足一定条件的元组。最常见的连接运算有等值连接和自然连接。

◆ 等值连接（Equi Join）

等值连接是条件连接在连接运算符"="时的特例。它是从两个关系的广义笛卡儿积中取两个属性值相等的那些元组。例如，有如图 1.9（a）、1.9（b）所示的关系 A 和关系 B，则图 1.10 为（C=D）的等值连接，图 1.11 为（A.B=B.B）的等值连接。

A	B	C
a1	b1	2
a1	b2	4
a2	b3	6
a2	b4	8

B	D
b1	5
b2	6
b3	7
b3	8

（a）关系 A   （b）关系 B

图 1.9   等值连接示例图

A	A.B	C	B.B	D
a1	b1	2	b1	5
a1	b2	4	b2	6
a2	b3	6	b3	7
a2	b3	6	b3	8

图 1.11　等值连接（A.B=B.B）

A	A.B	C	B.B	D
a2	b3	6	b2	6
a2	b4	8	b3	8

图 1.10　等值连接（C=D）

◆　自然连接（Natural Join）

自然连接是去掉重复列的等值连接。如上图 1.11 中 A 关系中的 B 列和 B 关系中的 B 列进行等值连接时，有两个重复的属性 B，而进行自然连接时，结果只有一个属性列 B，如图 1.12 所示。

A	B	C	D
a1	b1	2	5
a1	b2	4	6
a2	b3	6	7
a2	b3	6	8

图 1.12　自然连接

1.5　数据库设计基础

1.5.1　设计原则

为了合理组织数据，对数据库的设计应考虑到如下问题。

1. 原始单据与实体之间的关系

一个表仅描述一个实体或实体间的一种联系。避免设计较复杂的表，应从原始单据中分离那些需要作为单个主题而独立保存的信息，然后确定这些信息之间是一对一、一对多还是多对多的联系。

2. 主键与外键

一般而言，一个实体不能既无主键又无外键。在 E-R 图中，处于叶子位置的实体，可以定义主键，也可以不定义主键，但必须要有外键。

3. 基本表的性质

基本表要具有以下四种特性。

（1）原子性。基本表中的字段是不可分割的。

（2）原始性。基本表中的记录是原始数据的记录。

（3）演绎性。根据基本表中的数据，可以派生出所有的输出数据。

（4）稳定性。基本表的结构是相对稳定的，表中的记录是要长期保存的。

4. 要善于识别并正确处理多对多的关系

若两个实体之间存在多对多的关系，则应消除这种关系。消除的办法是，在两者之间增加第三个实体。这样，原来一个多对多的关系，现在变为两个一对多的关系。要将原来两个实体的属性合理地分配到三个实体中去。这里的第三个实体，实质上是一个较复杂的关系，它对应一张基本表。一般来讲，数据库设计工具不能识别多对多的关系，但能处理多对多的关系。

5. 正确认识数据冗余

主键与外键在多表中的重复出现，不属于数据冗余，非键字段的重复出现，才是数据冗余，而且是一种低级冗余，即重复性的冗余。高级冗余不是字段的重复出现，而是字段的派生出现。

1.5.2　设计步骤

数据库系统的设计包括数据库的设计和数据库应用系统的设计。数据库设计是指设计数据库的结构特性，即为特定的应用环境构造最优的数据模型。数据库应用系统的设计是指设计出满足用户对数据库应用需求的应用程序。用户通过应用程序来访问和操作数据库。

数据库的设计分为如下 6 个阶段。

1. 需求分析阶段

需求分析阶段是数据库设计的第一步，也是最困难、最耗时的一步。需求分析的任务是要充分地、准确地了解用户对系统的要求，确定建立数据库的目的。需求分析阶段主要考虑的是"做什么"，该阶段做得是否充分、准确，直接影响到接下来的各阶段能否顺利进行。

需求分析阶段需要重点调查的是用户的信息需求、处理需求、安全性和完整性需求。信息需求是指用户需要从数据库中获得信息的内容与性质。处理需求包括对处理功能的要求及确定所用的处理方式；安全性和完整性需求是指在定义信息需求和处理需求的同时必须相应确定完整性约束条件和安全机制。

需求分析阶段的产物是用户和设计者都能够接受的需求规格说明书，这是下一步数据库概念设计的依据。

2. 概念设计阶段

概念设计是把用户的需求进行综合、归纳与抽象，统一到一个整体概念结构中，形成数据库的概念模型。概念模型是面向现实世界的一个真实模型，它一方面能够充分反映现实世界，同时又容易转换为数据库逻辑模型，更容易被用户理解。数据库的概念模型独立于计算机系统和数据库管理系统。

3. 逻辑设计阶段

数据库逻辑设计是将概念模型转换为逻辑模型，也就是被某个数据库管理系统所支持的数据模型，并对转换结果进行规范化处理。关系数据库的逻辑结构由一组关系模式组成。因而，从概念模型结构到关系数据库逻辑结构的转换就是将 E-R 图转换为关系模型的过程。

4. 物理设计阶段

数据库最终是要存储在物理设备上，数据库的物理设计是指为一个给定的逻辑数据模型选取一个最适合使用环境的物理结构，包括存储结构与存取方法，并把在前述过程中所得到的关系模式在一个选定的数据库管理系统上实现。数据库的物理结构依赖于给定的计算机系统和数据库管理系统。

5. 实施阶段

完成数据库物理设计之后，设计人员就要用数据库管理系统提供的数据定义语言和其他实用程序将数据库逻辑设计和物理设计结果严格地描述出来，成为数据库管理系统可以接受的源代码，再经过调试产生目标模式，然后将数据有组织的入库。数据入库后，数据库要进行试运行，试运行阶段，系统还不稳定，硬件和软件的故障随时都可能发生，因此要做好数据库的转储和恢复工作。

6. 运行与维护阶段

数据库试运行结果符合设计目标后，数据库就可以投入正式运行了。数据库投入运行标志着开发任务的基本完成和维护工作的开始。由于应用环境在不断变化，数据库运行过程中物理存储会不断变化，因此，对数据库设计进行评价、调整、修改等维护工作是一个长期的任务，也是设计工作的继续和提高。

习 题 1

一、选择题

1. 数据库（DB）、数据库系统（DBS）和数据库管理系统（DBMS）之间的关系是（　　）。
   A. DBMS 包括 DB 和 DBS　　　　　　　B. DBS 包括 DB 和 DBMS
   C. DB 包括 DBS 和 DBMS　　　　　　　D. DB、DBS 和 DBMS 平等关系

2. 在数据库管理技术发展的 3 个阶段中，数据独立性最高的阶段是（　　）。
   A. 数据库系统　　　B. 文件系统　　　　C. 人工管理　　　　D. 数据项管理

3. 在数据库中能够唯一地标识一个元组的属性或者属性的组合称为（　　）。
   A. 记录　　　　　　B. 字段　　　　　　C. 域　　　　　　　D. 关键字

4. 数据库系统的核心是（　　）。
   A. 数据模型　　　　B. 数据库管理系统　　C. 软件工具　　　　D. 数据库

5. 下列关于 Access 数据库特点的叙述中，错误的是（　　）。
   A. 可以支持 Internet/Intranet 应用
   B. 可以保存多种类型的数据，包括多媒体数据
   C. 可以通过编写应用程序来操作数据库中的数据
   D. 可以作为网状数据库支持客户机/服务器应用系统

6. 数据模型反映的是（　　）。
   A. 事物本身的数据和相关事物之间的联系
   B. 事物本身所包含的数据
   C. 记录中所包含的全部数据
   D. 记录本身的数据和相互关系

7. 关系数据库管理系统的三种基本关系运算不包括（　　）。
   A. 比较　　　　　　B. 选择　　　　　　C. 连接　　　　　　D. 投影

8. 一辆汽车由多个零部件组成，且相同的零部件可适用于不同型号的汽车，则汽车实体集与零部件实体集之间的联系是（　　）。
   A. 多对多　　　　　B. 一对多　　　　　C. 多对一　　　　　D. 一对一

9. 在关系型数据库管理系统中，查找满足一定条件的元组的运算称为（　　）。
   A. 选择　　　　　　B. 投影　　　　　　C. 链接　　　　　　D. 并

10. 将两个关系拼接成一个新的关系，生成的新关系中包括满足条件的元组，这种操作称为（　　）。
    A. 选择　　　　　　B. 投影　　　　　　C. 链接　　　　　　D. 并

二、填空题

1. 从层次角度看，数据库管理系统是位于_____与_____之间的一层数据管理软件。

2. 用二维表数据来表示实体及实体之间联系的数据模型称为_____。

3. 数据的完整性包括_____、_____、和_____三种。

4. 要想改变关系中属性的排列顺序，应使用关系运算中的_____运算。

5. 工资关系中有工资号、姓名、职务工资、津贴、公积金、所得税等字段，其中可以作为主键的字段是_____。

第2章
Access 2010 数据库概述

Microsoft Office Access 是微软公司把数据库引擎的图形用户界面和软件开发工具结合在一起形成的一个数据库管理系统。它是微软 Office 的一个成员，在包括专业版和更高版本的 Office 版本中被单独出售。本教材选用 Office Access 2010 版本作为教学背景。

Access 2010 不仅继承和发扬了以前版本的功能强大、界面友好、易学易用的优点，而且它又发生了新的巨大变化，这些变化已经展示出它易于使用和功能实用的特性。本章主要介绍 Access 2010 的开发环境，相关知识点如下：

◆ Access 2010 的特点
◆ Access 2010 的启动与退出
◆ Access 2010 的工作界面
◆ Access 2010 的数据库对象

2.1   Access 2010 概述

Access 以它自己的格式将数据存储在基于 Access Jet 的数据库引擎里。它还可以直接导入或者链接数据（这些数据存储在其他应用程序和数据库）。与其他数据库开发系统相比，Access 具有明显的优势。用户不需编写一行代码，就可以在短时间内开发出一个功能强大、具有一定专业水平的数据库应用系统，且开发过程完全可视化。开发人员还可以通过系统提供的编程环境 VBA（Visual Basic for Application）编写程序完成更复杂的工作。

2.2   Access 2010 的新特点

Access 2010 不仅继承和发扬了以前版本的功能强大、界面友好、易学易用的优点，而且进行了巨大的革新，这些变化已经展示出它易于使用和功能实用的特性。无论是对于有经验的数据库设计人员还是那些刚刚接触数据库管理系统的初学者，都会发现 Access 所提供的各种工具既方便又实用，同时还能够获得高效的数据处理能力，其特点主要体现在：

1. 入门比以往更快速更轻松

利用 Access 2010 中的社区功能，可以以他人创建的数据库模板为基础开展工作，并可以共享自己的设计。使用 Office Online 上提供的专为经常请求的任务设计的新预建数据库模板，或从社区提交的模板中选择一些数据库模板并对其进行修改，可以快速地完成用户的具体需求。

2. 应用主题实现专业设计

Access 2010 提供了主题工具，使用主题工具可以快速设置、修改数据库外观。利用熟悉且具有吸引力的自带 Office 主题，或者设计自己定义的主题，可以制作出美观的窗体界面、表格和报表。

3. 文件格式

新的 Access 文件扩展名取代 Access 以前版本的 MDB 文件扩展名。ACCDE 用于处在"仅执行"模式的 Access 2010 文件的扩展名，取代了 Access 以前版本的 MDE 扩展名。ACCDE 文件删除了所有源代码，且该文件的用户只能执行 VBA 代码，而不能修改这些代码。

4. 共享 Web 网络数据库

将数据库扩展到 Web，通过这种方式，没有 Access 客户端的用户就可以通过浏览器打开 Web 表格和报表，而所做的更改自动进行同步。也可以脱机处理 Web 数据库，更改设计和数据，然后在重新联网时将所做更改同步到 Microsoft SharePoint Server 2010。通过 Access 2010 和 SharePoint Server 2010，可以集中保护用户的数据以满足数据符合规范、备份和审核要求，从而使用户可以更容易地访问和管理自己的数据。

5. Web 数据库开发工具

Access 2010 提供了两种数据库类型的开发工具。一种是标准桌面数据库类型，另一种是 Web 数据库类型。使用 Web 数据库开发工具可以轻松方便地开发出网络数据库。

6. 计算数据类型

在 Access 2010 中新增加的计算字段数据类型，可以实现原来需要在查询、控件、宏或 VBA 代码中进行的计算。Access 2010 计算数据类型功能把 Excel 优秀的公式计算功能移植到 Access 中，无论对于熟悉 Excel 用户学习使用 Access，还是 Access 的老用户都带来了极大的方便。

7. 使用智能感知的表达式生成器

使用简化的表达式生成器，可以在数据库中更快速更轻松地编写逻辑表达式。使用智能感知提供快速信息、工具提示和自动完成功能，可以减少错误、用更少的时间来记住表达式名称和语法，并用更多的时间重点关注所编写的应用程序逻辑。

8. 布局视图的改进

Access 2010 中布局视图的功能更加强大。在布局视图中，窗体实际正在运行。因此，看到的数据与使用该窗体时显示的外观非常相似。布局视图的可贵之处是用户还可以在此视图中对窗体设计进行更改。在这个视图中，可以设置控件大小或执行几乎所有可以影响窗体的外观和可用性的任务。特别地，布局视图是唯一可用来设计 Web 数据库窗体的视图。

9. 表中行的数据汇总

汇总行是 Access 新增功能，它简化了对行计数的过程。在早期版本的 Access 中，必须在查询或表达式中使用函数来对行进行计数。现在，可以简单地使用功能区上的命令对它们进行计数。汇总行与 Excel 列表非常相似。显示汇总行时，不仅可以进行行计数，还可以从下拉列表中选择其他常用聚合函数。

10. 比以往更快速地设计宏

Access 2010 具有一个全新的宏设计器，使用该设计器可以更轻松地创建、编辑和自动化地设计数据库逻辑。使用这个宏设计器，可以更高效地工作、减少编码错误，并轻松地整合更复杂的逻辑以创建功能强大的应用程序。通过使用数据宏将逻辑附加到用户数据中来增加代码的可维护性，从而实现源表逻辑的集中化。Access 2010 提供了支持设置参数查询的宏，这样用户开发参数查询就更灵活。

11. 数据宏

数据宏与 Microsoft SQL Server 中的"触发器"相似，使用户能够在更改表中的数据时执行编程任务。用户可以将宏直接附加到特定事件，例如，"插入后""更新后"或"修改后"，也可以创建通过事件调用的独立数据宏。

12. 将数据库的若干部分转变为可重复使用的模板

在数据库中重复使用其他用户创建的部分结构和内容可以节省时间和精力。现在，可以将经常使用的 Access 对象、字段或字段集合保存为模板，并将这些模板添加到现有的数据库中，从而能够更加高效地工作。应用程序部分可以进行共享，从而在创建数据库应用程序方面保持一致性。

13. 导出为 PDF 和 XPS 格式文件

PDF 和 XPS 格式文件是较常用的文件格式。Access 2010 增加了对这些格式的支持，用户只要在微软的网站上下载相应的插件，安装后，就可以把数据表、窗体或报表直接输出为上述两种格式的文件。

2.3　Access 2010 的操作环境

2.3.1　Access 的启动与退出

1. Access 的启动

启动 Access 2010 的方式与启动一般应用程序的方式相同。有四种启动方式：常规启动、桌面图标快速启动、开始菜单选项快速启动和通过已存文件快速启动。启动的具体操作方法这里不再赘述。

2. Access 关闭和退出

与以前版本的 Office 软件的退出操作完全相同。执行下列任意一种操作都可以退出：

（1）在菜单栏中选择【文件】下拉菜单中的【退出】命令。

（2）单击标题栏左端的 Access 窗口上【控制菜单】，在打开的下拉菜单中，单击【关闭】命令。

（3）鼠标右击标题栏，在弹出的快捷菜单中，单击【关闭】命令。

（4）按快捷键【Alt+F4】。

2.3.2　Access 的工作界面

成功启动 Access 2010 后，屏幕上就会出现 Access 2010 的工作首界面。如图 2.1 所示。

在该首界面中，Access 提供了创建数据库的导航。当选择新建空白数据库或者新建 Web 数据库，或者在选择某种模板之后，就正式进入用户界面，如图 2.2 所示。

与以前的版本相比，Access 2010 的用户界面发生了重大变化。其用户界面由 3 个主要的部分组成，分别是功能区、Backstage 视图和导航窗格。这 3 个主要部分构成了供用户创建和使用数据库的环境。

图 2.1　Access 首界面

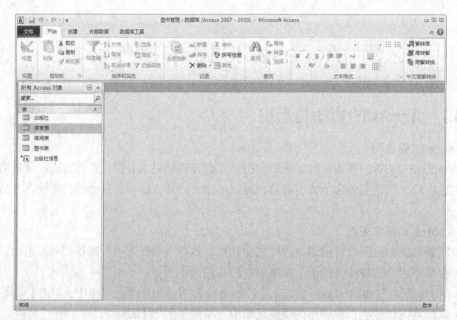

图 2.2　Access 用户界面

1. 功能区

功能区是一个包含多组命令且横跨程序窗口顶部的带状选项卡区域。它位于 Access 主窗口的顶部，替代了 Access 2007 之前的版本中存在的菜单和工具栏的主要功能。它主要有多个选项卡组成，这些选项卡上有多个按钮组。功能区含有将相关常用命令分组在一起的主选项卡、只在使用时才出现的上下文选项卡，以及快速访问工具栏。在功能区选项卡上，某些按钮提供选项样式库，而其他按钮将启动命令。

2. Backstage 视图

Backstage 视图是功能区的"文件"选项卡上显示的命令集合。它是 Access 2010 中的新功能。它包含应用于整个数据库的命令和信息（如"压缩和修复"），以及早期版本中"文件"菜单的命令（如"打印"）。Backstage 视图还包含适用于整个数据库文件的其他命令。在打开 Access 但未打开数据库时（例如，从 Windows "开始"菜单中打开 Access），可以看到 Backstage 视图。在该视图下，可以创建新数据库、打开现有数据库、通过 SharePoint Server 将数据库发布到 Web，以及执行很多文件操作和数据库维护任务。

3. 导航窗格

导航窗格是 Access 程序窗口左侧的窗格，可以在其中使用数据库对象。导航窗格可帮助组织归类数据库对象，并且是打开或更改数据库对象设计的主要方式导航窗格取代了 Access 2007 之前的 Access 版本中的数据库窗口。

导航窗格按类别和组进行组织。可以从多种组织选项中进行选择，还可以在导航窗格中创建自定义组织方案。默认情况下，新数据库使用"对象类型"类别，该类别包含对应于各种数据库对象的组。"对象类型"类别组织数据库对象的方式与早期版本中的默认"数据库窗口"显示屏相似。可以最小化导航窗格，也可以将其隐藏，但是不可以在导航窗格前面打开数据库对象来将其遮挡。

2.4　数据库对象

Access 2010 有 6 种对象，它们是表、查询、窗体、报表、宏和模块。这些对象在数据库中有不同的作用，其中表是数据库的核心与基础，存放数据库的全部数据。报表、查询和窗体都是从表中获得数据信息，以实现用户的某一特定的需求，例如查找、计算统计、打印、编辑修改等。窗体可以提供良好的用户操作界面，通过窗体可以直接或间接地调用宏或模块，并执行查询、打印、计算等功能，还可以对数据库进行编辑修改。

1. 表

表是实现数据组织、存储和管理的对象，是整个数据库系统的基础，是由行和列组成的符合一定要求的二维表，建立一个数据库，首先是确定数据库中所包含的表。表之间是有关联的，在创建表对象之后，要建立表之间的关系。

2. 查询

查询是数据库设计目的的体现，建立数据库之后，数据只有被使用者查询才能体现出它的价值。查询是根据一定的条件从一个或多个表中筛选出所需要的数据，形成一个动态的数据集。查询的结果与表相同，也是由行、列组成，但它不是一个实际的表，而是一个虚表。

3. 窗体

窗体是数据库和用户交互的接口，用于进行数据的输入、显示及应用程序的执行控制。在窗体中可以运行宏和模块，以实现更加复杂的功能，也可以进行打印。

4. 报表

报表用来将选定的数据信息进行格式化显示和打印。报表可以基于某一数据表，也可以基于某一查询结果，这个查询结果可以是在多个表之间的关系查询结果集。报表在打印之前可以预览。另外，报表也可以进行计算，如求和、求平均值等。在报表中还可以加入图表。

5. 宏

宏是若干个操作的集合，用来简化一些经常性的操作。用户可以设计一个宏来控制一系列的操作，当执行这个宏时，就会按这个宏的定义依次执行相应的操作。宏可以用来进行打开并执行查询、打开表、打开窗体、打印、显示报表、修改数据及统计信息等功能一系列操作。利用宏可以简化操作，使大量的重复性操作自动完成，从而使管理和维护 Access 数据库更加简单。

6. 模块

模块的主要作用就是建立复杂的 VBA（Visual Basic for Application）程序以完成宏等不能完成的任务。模块中的每一个过程都是一个函数过程或子程序。通过将模块与窗体、报表等 Access 对象相联系，可以建立完整的数据库应用系统。

习　题　2

一、选择题

1. Access 2010 的数据库类型是（　　　）。

　　A. 层次数据库　　　B. 网状数据库　　　C. 关系数据库　　　D. 面向对象数据库

2. Access 任务窗格中包含了（　　）功能。

　　A. 新建文件　　　　B. 文件搜索　　　　C. 剪贴板　　　　　D. 以上皆是

3. 在 Access 中，可以使用（　　）菜单下的"数据库实用工具"命令进行 Access 数据库版本的转换。

　　A. 文件　　　　　　B. 视图　　　　　　C. 工具　　　　　　D. 编辑

4. 以下叙述中，正确的是（　　　）。

　　A. Access 只能使用菜单或对话框创建数据库应用系统

　　B. Access 不具备程序设计能力

　　C. Access 只具备模块化程序设计能力

　　D. Access 具有面向对象的程序设计能力，并能创建复杂的数据库应用系统。

5. 不属于 Access 对象的是（　　　）。

　　A. 表　　　　　　　B. 文件夹　　　　　C. 窗体　　　　　　D. 查询

二、填空题

1. Access 2010 数据库的文件扩展名为_____。

2. Access 的工作环境分为_____和_____两部分。

3. Access 2010 由六种数据库对象组成，它们是_____、_____、_____、_____、_____和_____。

4. 退出 Access 数据库系统可以使用的快捷键是_____。

5. _____是设置 Access 2010 操作环境的主要工具，它融合了早期版本的"工具"选项和"启动"选项的设置功能。

第3章
数据库与数据表

ACCESS 是一个功能强大的关系数据库管理系统，可以组织、存储并管理文本、数字、图片、动画、声音等多种类型的信息。为了掌握 ACCESS 组织和存储信息的方法，本章将详细介绍 ACCESS 数据库和表的基本操作，包括数据库的创建、表的建立和表的编辑等。

相关知识点如下：

◆ 数据库的创建
◆ 数据库的打开与关闭
◆ 数据表的组成
◆ 字段的数据类型
◆ 数据表的创建
◆ 设置主键
◆ 设置字段属性
◆ 表中数据的输入
◆ 数据的导入与导出
◆ 设置表间的关系
◆ 数据表的外观设置
◆ 查找和替换数据
◆ 记录的排序与筛选

3.1 数据库的创建

Access 2010 版本创建数据库的方法有两种：一种是先创建空数据库，然后依次向其中添加数据表、查询、窗体、报表等数据库对象；一种是使用模板，通过系统提供的向导创建数据库。两种方式所创建的数据库以单独的文件保存在磁盘中，其数据库文件的扩展名为.accdb。

3.1.1 使用模板创建数据库

为了方便用户的操作，Access 2010 提供了样本模板、我的模板、最近打开的模板以及 Office.com 模板几种方式创建数据库。这些模板包含两类数据库，即传统数据库和 Web 数据库。本书以介绍传统数据库的创建和设计为主。

【例 3.1】 使用数据库模板创建 "教职员" 数据库，并将该数据库文件保存在 E：\Access

文件夹中。

操作步骤如下。

（1）启动 Access。

（2）单击【可用模板】区中的【样本模板】，打开【可用模板】窗格，可以看到 Access 提供了 12 个示例模板。这 12 个模板分成两组，一组是 Web 数据库模板，另一组是传统数据库模板——罗斯文数据库。如图 3.1 所示。

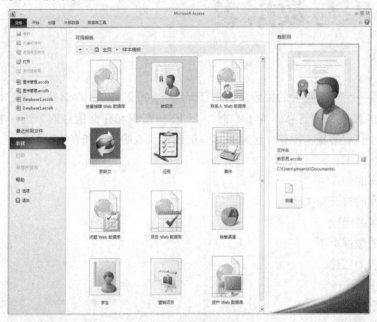

图 3.1　可用模板窗格

（3）从所列模板中选择【教职员】模板。在右侧窗格的【文件名】文本框中，给出了一个默认的文件名【教职员.accdb】。

（4）单击文件名文本框右侧的【浏览】按钮，打开【文件新建数据库】对话框，在该对话框中找到 E 盘 Access 文件夹并打开。单击【确定】按钮，如图 3.2 所示，返回到 Access 窗口。

图 3.2　"文件新建数据库"对话框

（5）单击右侧窗格中的【创建】按钮，完成数据库的创建。在自动打开的数据库窗口中单击导航窗格区域上方的【百叶窗开/关】按钮 » ，可以看到所创建的数据库及各类对象。如图 3.3 所示。

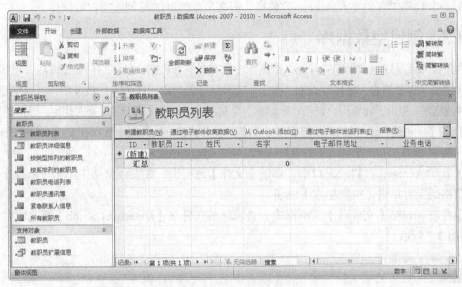

图 3.3　"教职员"数据库

（6）使用模板创建的数据库包含了表、查询、窗体和报表等对象。在图 3.3 所示的【导航窗格】中，单击【教职员导航】栏右侧【下拉箭头】按钮，从打开的组织方式列表中选择【对象类型】选项，这时可以按对象类型看到【教职员】数据库中的表、查询、窗体和报表等对象，如图 3.4 所示。

图 3.4　"教职员"数据库全部对象

1. 如果创建 Web 数据库，Access 还提供了配置数据库和使用数据库教程的链接。
2. 如果计算机在互联网环境下，单击【播放】按钮，就可以播放相关教程。

使用模板创建数据库能够方便、快捷地创建基准数据库，前提是能够找到并使用与设计要求接近的模板，对于部分不满足要求的地方，可以对其进行简单的修改。但如果没有满足要求的模板或在另一个程序中有要导入 Access 的数据，那么最好的办法是创建空白数据库。

3.1.2　创建空数据库

空白数据库就是建立数据库的外壳，数据库中没有对象和数据。创建空白数据库后，根据实际要求，逐步添加所需要的表、窗体、查询、报表、宏和模块等对象。这种方法最灵活，可以创建出所需要的各种数据库，但由于需要用户自己动手创建各个对象，与利用模板创建数据库相比，操作较为复杂。

【例 3.2】　创建一个"图书管理"的空白数据库，并将建好的数据库保存在 E：\Access 文件夹中。操作步骤如下：

（1）启动 Access，在启动窗口中，单击【文件】选项卡，在左侧窗格中单击【新建】命令，在中间窗格的上方单击【空数据库】选项。

（2）在右侧窗格【文件名】文本框中，将默认的文件名【Database1.accdb】修改成"图书管理"。如图 3.5 所示。

图 3.5　创建"空白数据库"

 输入文件名时，如果未输入文件扩展名，Access 会自动添加。

（3）单击其右侧【浏览】按钮，打开【文件新建数据库】对话框。在该对话框中，找到 E 盘 Access 文件夹并打开，单击【确定】按钮，返回到 Access 窗口。

 为了保证数据库安全，尽量不要将创建的数据库保存在 Windows 系统所在的磁盘分区上。

（4）单击【创建】按钮，Access 此时开始创建空白数据库，并自动创建了一个名为"表 1"的数据表，该表以"数据表视图"方式打开，如图 3.6 所示。

图 3.6　创建空白数据库后系统界面

（5）如上图所示，以"数据表视图"形式打开的"表 1"中有两个字段，一个是默认的"ID"字段，另一个是用于添加新字段的标识，此时光标位于"单击以添加"列中的第一个空单元格中。现在就可以输入数据，或者从另一个数据源粘贴数据。

3.1.3　数据库对象的组织

Access 提供了对数据库对象的组织和管理的良好工具。导航窗格就是对 Access 中的表、查询、窗体、报表、宏和模块对象进行管理的工具。

在导航窗格中，Access 采用多种方式组织并高效地管理数据库对象。这些组织方式包括对象类型、表和相关视图、创建日期、修改日期、按组筛选、按对象类别以及自定义。在导航窗格上方，单击【所有 Access 对象】右侧的下拉箭头，可以打开组织方式列表，如图 3.7 所示。

1. 对象类型

按对象类型组织方式与以前版本的组织方式相同，即按表、查询、窗体、报表等对象组织数据。在该类别中，单击其中某一个对象，例如窗体，在导航窗格中将显示存储数据库中的所有窗体。

2. 表和相关视图

这是 Access 2010 采用的一种新的组织方式。这种方式基于数据库对象的逻辑关系进行组织。

在 Access 数据库中，数据表是最基本的对象。查询、窗体、报表等对象都是基于表为数据源而创建的。因此这些对象与某个表有关的对象自然构成了逻辑关系，通过这种组织方式，可以使 Access 开发者比较容易了解数据库内部的对象的关系。

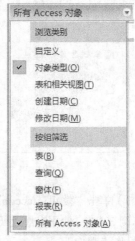

图 3.7　导航窗格中的组织结构列表

3. 自定义

自定义组织方式是一种灵活的组织方式。允许开发者根据开发需要组织数据库的对象。例如，如果一个主窗体由两个子窗体组成，可以把该主窗体和这两个子窗体组织在一起，或者把两个相关的查询组织在一起。

3.1.4　数据库的打开和关闭

数据库建好后，可以对其进行各种操作，如：添加对象、修改对象、删除对象等。但在进行这些操作之前应先打开数据库，操作结束后要关闭数据库。

1. 打开数据库

打开数据库有 3 种方式，一是使用【打开】命令，二是使用【最近所用文件】命令，三是找到数据库文件存放的位置，用鼠标双击打开。

【例 3.3】 使用【打开】命令，打开 E 盘 "Access" 文件夹中 "教职员" 数据库。

操作步骤如下。

（1）在 Access 窗口中，单击【文件】选项卡，在左侧窗格中单击【打开】命令。

（2）在打开的【打开】对话框中，找到 E 盘 "Access" 文件夹并打开，如图 3.8 所示。

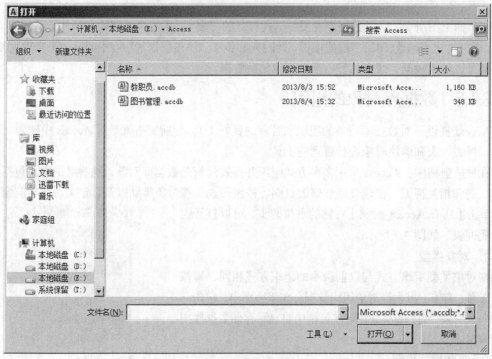

图 3.8 "打开" 对话框

（3）单击 "教职员.accdb" 数据库文件，然后单击【打开】按钮。

【例 3.4】 使用【最近所用文件】命令，打开 E 盘 "Access" 文件夹中 "图书管理" 数据库。

操作步骤如下。

（1）在 Access 窗口中单击【文件】选项卡。

（2）单击左侧窗格中的【最近所用文件】命令，如图 3.9 所示。

（3）在右侧窗格中单击 "图书管理.accdb" 数据库文件名。

2. 关闭数据库

当完成所有的数据库操作之后，需要将其关闭。关闭数据库的常用方法有如下几种。

（1）单击 Access 窗口右上角【关闭】按钮。

（2）双击 Access 窗口左上角【控制】菜单图标。

（3）单击 Access 窗口左上角【控制】菜单图标，从弹出菜单中选择【关闭】命令。

（4）单击【文件】选项卡，选择【关闭数据库】命令。

图 3.9　最近所用文件

3.2　表 的 概 念

一个数据库中包含若干个数据表对象，表是存储和管理数据的最基本对象，也是数据库其他对象的主要数据来源。在 Access 中，数据表有 4 种视图，一是设计视图，用于创建和修改表的结构；二是数据表视图，用于浏览、编辑和修改表的内容；三是数据透视图视图，用于以图形的形式显示数据；四是数据透视表视图，用于按照不同的方式组织和分析数据。其中前两种视图是最基本、最常用的视图。

3.2.1　表的组成

Access 表是由字段名称、数据类型、字段属性和记录 4 部分构成的，其中，我们把前 3 个部分定义为表结构，而记录称为表内容。

3.2.2　命名规则

1. 数据表的命名

（1）表名长度不能超过 30 个字符。

（2）表名是由字母、汉字、数字、下划线和空格组成的字符序列。

（3）表名中含有单词，全部采用单数形式，单词首字母要大写，多个单词间不用任何连接符号。

（4）表名中含有的单词建议用完整的单词。如果导致表名长度超过 30 个字符，则从最后一个单词开始，依次向前采用该单词的缩写。

（5）表名建议使用 T_开头。

2. 字段命名规则

（1）字段名长度不能超过 64 个字符。

（2）字段名是由字母、汉字、数字、下划线和空格组成的字符序列，但不能以空格开头。

（3）不能包含句号、叹号、方括号和单引号。

（4）不能使用 ASCII 码为 0~32 的 ASCII 字符。

（5）如果字段名用英文单词，则全部单词采用小写，单词之间用"_"隔开。

（6）Access 中使用字母时不区分字母的大小写。

3.2.3　字段的数据类型

在表中同一列数据必须具有相同的数据特征，称为字段的数据类型。数据类型决定了数据的存储方式和表示方式，不同数据类型的字段用来表达不同的信息。Access 2010 提供了 12 种数据类型，其中文本、备注、数字、日期/时间、货币、自动编号、是/否、OLE 对象、超链接和查阅向导为 Access 早期版本中已有的数据类型，而附件和计算的数据类型为 Access 2010 中新增加的功能。

1. 文本

文本类型是 Access 默认的数据类型，它可以存储文字、数字、文字与数字的组合。例如书名和作者等文本数据，身份证号、电话号码、图书编号等不需要计算的数字数据等。文本型字段最多存储 255 个字符，当字段中字符个数超过 255 时，应该选择备注类型。

2. 备注

备注类型可以保存长文本、文本和数字的组合、具有 RTF 格式的文本。例如图书摘要、个人简历、操作指南等。备注数据类型最多可以存储 63999 个字符。在备注字段中可以搜索文本，但搜索速度比在有索引的文本字段中慢。

1. 不能对备注字段进行排序或索引。

2. 如果备注字段是通过 DAO 来操作，并且只有文本和数字（非二进制数据）保存在其中，则备注字段的大小受数据库大小的限制。

3. 数字

数字类型用来存储进行数学计算的数值数据。如年龄、身高、高考分数等。数字型字段包括字节、小数、整型、长整型、单精度型、双精度型和同步复制 ID。其详细信息如表 3.1 所示。

表 3.1　　　　　　　　　　　数字字段类型

数字类型	取值范围	小数精度	存储空间
字节	存储 0 到 255 之间的数字（不包括小数）。	无	1 个字节
小数	存储 $-10^{28}-1$ 到 $10^{28}-1$ 之间的数字	28	2 个字节
整型	存储-32,768 到 32,767 之间的数字（不包括小数）。	无	2 个字节
长整型	存储-2,147,483,648 到 2,147,483,647 之间的数字（不包括小数）。	无	4 个字节
单精度型	存储 -3.402823×10^{38} 到 $-1.401298 \times 10^{-45}$ 之间的负数 和 1.401298×10^{-45} 到 3.402823×10^{38} 之间的正数。	7	4 个字节
双精度型	存储 $-1.79769313486231-10^{308}$ 到 $-4.94065645841247 \times 10^{-324}$ 之间的负数 和 $4.94065645841247-10^{-324}$ 到 $1.79769313486231-10^{308}$ 之间的正数。	15	8 个字节
同步复制 ID	全局唯一标识符（GUID）	不适用	16 个字节

4. 日期/时间

日期/时间类型用于存储日期、时间或日期与时间的组合，如出生日期、出版日期等。其字段大小固定为 8 个字节，取值范围从公元 100 年 1 月 1 日到公元 9999 年 12 月 31 日。

5. 货币

货币类型是数字类型的一种特殊表示，其数学计算的对象是带有 1 到 4 位小数的数据。如学费、图书单价等。向货币类型字段输入数据时，Access 会自动添加货币符号、千位分隔符和两位小数。货币类型字段长度为 8 个字节，其精度到小数点前 15 位和小数点后 4 位。

6. 自动编号

自动编号类型是另一种特殊的数字类型，每当向表中添加一条新记录时，由 Access 指定的一个唯一的顺序号（每次递增 1）或随机数，占 4 个字节。自动编号一旦被指定，将永久与表中记录连接。当删除表中含有自动编号字段的某一记录时，系统不会对表中自动编号型的字段值重新编号。

（1）不能为自动编号型字段人为地指定数值或修改其数值。

（2）一个表只能包含一个自动编号型字段。

（3）如果未自动编号型字段设置字段大小属性为同步复制 ID，则其字段长度为 16 个字节。

7. 是/否

是/否类型只能对两种不同取值的字段进行设置，例如 True/False，Yes/No，On/Off 等。在 Access 中，"是" 值用-1 表示，"否" 值用 0 表示，其字段长度为 1 个字节。

8. OLE 对象

OLE 对象类型用于存放 Access 表中的链接或嵌入的对象，如 Microsoft Excel 电子表格、Microsoft Word 文档、图形、声音或其他二进制数据。OLE 对象最多为 1G 字节，但它受可用磁盘空间的限制。

9. 超链接

超链接类型的字段采用为两种方式作为超链接地址，一种是文本，另一种是文本和存储为文本的数字的组合。超链接地址最多包含 4 部分：显示的文本、地址、子地址和屏幕提示，每个部分最多只能包含 2048 个字符。超链接字段中的地址可以用来链接到文件、Web 页、电子邮件地址、本数据库对象等。当单击一个超链接时，Web 浏览器或 Access 将根据超链接地址打开指定的目标。

10. 附件

附件类型是 Access 2010 新增的一个数据类型，该类型用于存储所有种类的文档和二进制文件，可将其他程序中的数据添加到该类型字段中。对于压缩的附件，附件类型字段最大容量为 2GB，对于非压缩的附件，该类型最大容量大约为 700KB。

11. 计算

计算类型也是 Access 2010 新增的一个数据类型，该类型用于显示计算结果，计算时必须引用同一表中的其他字段。可以使用表达式生成器来创建计算。计算字段的字段长度为 8 个字节。

12. 查阅向导

查阅向导类型是一种特殊的数据类型，在进行该字段值输入时，可以在下拉列表中选择值，或者手工输入字段的值。"查阅向导" 不是一种实际的数据类型，它属于文本类型，用来查阅另外表上的数据，或查阅从一个列表中选择的数据。

3.3 创建表

创建表就是对表结构的建立，表结构包括定义字段名称、数据类型、设置字段的属性等。建立表的方法有 3 种。

3.3.1 使用数据表视图创建数据表

数据表视图是用于输入、显示和编辑记录的窗口，数据表视图按照行与列的形式显示表中的数据，是 Access 中最常使用的视图形式。

【例 3.5】 在已创建的"图书管理"数据库中建立"读者表"。读者表结构如表 3.2 所示。

表 3.2　　　　　　　　　　　　　　读者表结构

字 段 名 称	数 据 类 型	字 段 大 小	字 段 名 称	数 据 类 型	字 段 大 小
借书证编号	文本	8	联系电话	文本	15
姓名	文本	8	办证日期	日期/时间	短日期
性别	文本	2	文化程度	查阅向导	
身份证号	文本	18	会员否	是/否	
单位名称	文本	50	照片	OLE 对象	
单位地址	文本	50	备注	备注	

操作步骤如下：

（1）打开"图书管理"数据库。单击功能区上的【创建】选项卡，单击【表格】组中的【表】按钮，此时将创建名为"表 1"的新表，并以"数据表视图"的方式打开，如图 3.10 所示。

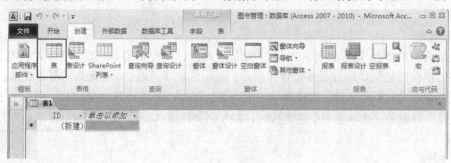

图 3.10　创建数据表

（2）选中"ID"字段列，在【表格工具/字段】选项卡中的【属性】组里，单击【名称和标题】按钮，如图 3.11 所示。

图 3.11　"属性"组

（3）此时打开【输入字段属性】对话框，在【名称】文本框中输入"借书证编号"，如图 3.12 所示，单击【确定】按钮。

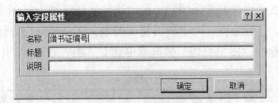

图 3.12　"输入字段属性"对话框

　ID 字段默认数据类型为"自动编号"，添加新字段的数据类型为"文本"。如果用户所添加的字段是其他的数据类型，可以在【表格工具/字段】选项卡的【添加和删除】组中，单击相应的一种数据类型的按钮。

（4）选中【借书证编号】字段列，在【字段】选项卡的【格式】组中，单击【数据类型】下拉列表框右侧的【下拉箭头】按钮，从弹出的下拉列表中选择【文本】，在【属性】组的【字段大小】文本框中输入字段大小值"8"，如图 3.13 所示。

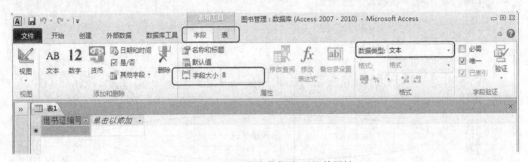

图 3.13　设置字段数据类型及其属性

（5）单击【单击以添加】列，从弹出的下拉列表中选择【文本】，此时系统自动为新字段命名为"字段 1"，如图 3.14 所示。

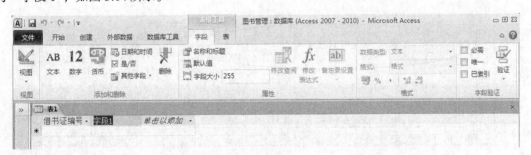

图 3.14　添加新字段

（6）在【字段 1】中输入"姓名"，在【属性】组的【字段大小】文本框中输入"8"。

（7）按照表 3.2 给出的读者表结构，重复执行步骤（5）、（6），依次添加其他字段。

（8）在【快速访问工具栏】中，单击【保存】按钮，在打开的【另存为】对话框【表名称】文本框中输入"读者表"，单击【确定】按钮。

如果需要修改数据类型，以及对字段的属性进行更详细的设置，最好的方法是在表设计视图中进行。

3.3.2 使用表设计创建数据表

使用设计视图创建表是用户经常采用的一种方法。使用这种方式创建表十分灵活，但创建过程需要花费较多的时间。尽管如此，对于较为复杂的表，还是需要在设计视图中创建。

【例 3.6】 在已创建的"图书管理"数据库中建立"图书表"。图书表结构如表 3.3 所示。

表 3.3   图书表结构

字 段 名 称	数 据 类 型	字 段 名 称	数 据 类 型	字 段 名 称	数 据 类 型
编号	文本	出版社	文本	入库时间	日期/时间
书名	文本	出版日期	日期/时间	借出否	是/否
作者	文本	价格	货币	摘要	备注

操作步骤如下。

（1）在 Access 窗口中，单击【创建】选项卡，单击【表格】组中的【表设计】按钮，进入表设计视图，如图 3.15 所示。

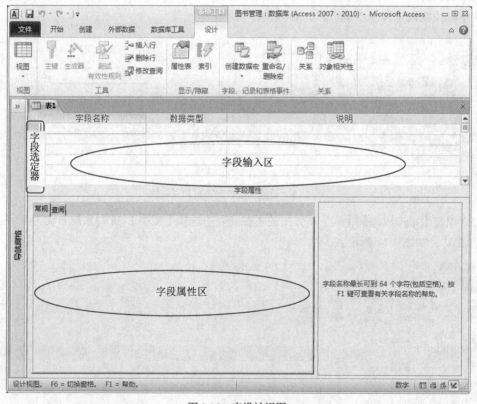

图 3.15 表设计视图

注意

  表表设计视图分为上下两部分，上半部分是字段输入区，下半部分为字段属性区。在字段输入区中，最左侧为【字段选定器】，如图所示，后面依次是【字段名称】、【数据类型】和【说明】。"字段选择器"用来选择某一字段，"字段名称"需要根据字段命名规则进行命名，用以简单表示某个字段将要存储的内容，"数据类型"用来定义该字段的数据类型，"说明"为可选项，对该字段设置的解释说明和提示备忘，如不进行设置，也不会对系统的操作有影响。在字段属性区中，用来设置字段的属性，属性设置将在 3.3.4 小节中作详细介绍。

（2）单击【字段名称】列的第 1 行，输入"编号"，在【数据类型】列的下拉列表中选择【文本】，在【说明】列中输入"主键"。

（3）重复上步操作，依次按表 3.3 列出的字段名和数据类型等分别定义其他字段。

（4）在【快速访问工具栏】中，单击【保存】按钮，在打开的【另存为】对话框【表名称】文本框中输入"图书表"，单击【确定】按钮。

3.3.3　设置主键

在 Access 中，通常每张表创建后都要为其设置主键，用它唯一标识表中每一条记录。只有定义了主键，表与表之间才能建立起联系，而关系型数据库的强大功能在于它能够利用查询、窗体和报表快速地查找并组合保存在各个不同表中的信息。在 Access 中设置的主键要满足实体完整性约束条件。

1．主键的分类

在 Access 中，主键有 3 种类型：自动编号、单字段主键、多字段主键。

（1）自动编号。

向表中添加一条记录时，可以将自动编号字段设置为自动输入连续数字的编号。将自动编号字段指定为表的主键是创建主键的最简单的方法。如果在保存新表之前未设置主键，则 Access 会询问是否要创建主键。如果回答【是】，则将创建自动编号类型的主键。

（2）单字段主键。

单字段主键是以某一个字段作为主键来唯一标识表的记录。这类主键的值可以由用户自行定义。例如图书表中的"编号"字段，就可以设置为主键。如果选择的字段有重复值或 Null 值，Microsoft Access 将不会设置主键。通过运行【查找重复项】查询，可以找出包含重复数据的记录。

（3）多字段主键。

在不能保证任何单字段都包含唯一值时，可以将两个或更多的字段设置为主键。多字段主键的字段顺序非常重要，这种情况通常用于多对多关系中关联另外两个表的表中。

2．主键的创建与删除

【例 3.7】　为【例 3.5】中已建立的"读者表"创建主键。其操作步骤如下：

【分析】　在该数据表中，能够唯一标识一行记录的字段有两个，一个是借书证编号，另一个是身份证号。我们可以把其中任意一个字段作为主键，而另外一个字段叫"候选关键字"。考虑到与其它表的联系，这里设置"借书证编号"为该表的主键。

（1）启动 Access，打开"图书管理"数据库，右键单击【读者表】，从弹出的快捷菜单中选择【设计视图】命令，打开设计视图。

（2）单击【借书证编号】字段的字段选定器。

（3）单击【设计】选项卡【工具】组中的【主键】按钮。这时主键字段选定器上显示【主键】图标，表明该字段已经被定义为主键。如图 3.16 所示。

【例 3.8】　为【例 3.6】中已建立的"图书表"创建主键。

【分析】　在"图书表"中，能够唯一标识一条记录的是"编号"字段，所以，把"编号"字段设为该表的主键。

操作步骤如下。

（1）启动 Access，打开"图书管理"数据库，右键单击【图书表】，从弹出的快捷菜单中选择【设计视图】命令，打开设计视图。

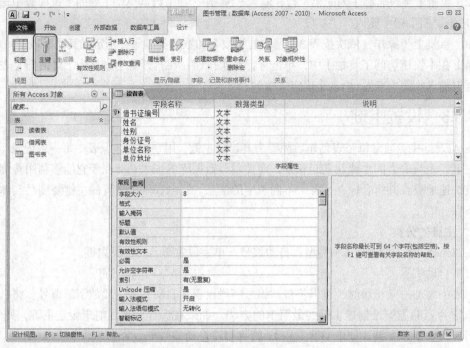

图 3.16　设置主键方法 1

（2）右键单击【编号】字段的字段选定器。在弹出的快捷菜单中选择【主键】命令，完成对该字段主键的设置。如图 3.17 所示。

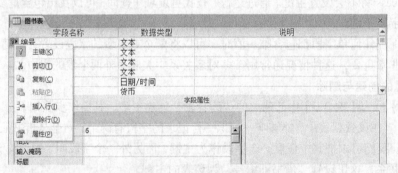

图 3.17　设置主键方法 2

主键的删除与主键的创建方式相似，对于已经设置主键的字段再次执行"主键"命令，则是删除主键。

3.3.4　设置字段属性

在定义字段的过程中，除了定义字段名称及字段类型外，还需要对每一个字段进行属性说明。字段属性说明字段所具有的特性。字段的数据类型不同，字段的属性也不相同，即字段的类型决定字段的属性。字段属性包括字段大小、格式、小数位数、输入掩码、有效性规则和有效性文本等。

1. 字段大小

字段大小属性用于限制输入到该字段的数据最大长度，当输入的数据超过该字段设置的字段大小时，系统将拒绝接收。字段大小只适用于"文本"、"数字"和"自动编号"类型的字段。

（1）对于文本类型字段，字段大小属性的取值范围为 0 ~ 255 之间的整数，默认值为 255，可以在数据表视图和设计视图中进行设置。

 　　在 Access 中采用 UNICODE 编码，即二字节编码，如设置字段大小为 1，则系统可以接收一个汉字或者一个西文字符。

（2）对于数字类型字段，用户只需要选择某一类型即可，这些类型包括字节、整型、长整型、单精度型或双精度型。

（3）对于自动编号类型字段，其字段大小属性可设置为"长整型"或"同步重复 ID"其中的一种。

 　　数字型字段和自动编号型字段的"字段大小"属性只能在设计视图中设置。设置时单击【字段大小】属性框，然后再单击右侧【下拉箭头】按钮，从弹出的下拉列表中选择某一种类型。

【例 3.9】　将"读者表"中"身份证号"字段大小设置为"18"。

操作步骤如下。

（1）启动 Access，打开"图书管理"数据库，右键单击【读者表】，从弹出的快捷菜单中选择【设计视图】命令，打开设计视图。

（2）选择【身份证号】字段，在【字段属性】区域中，单击【字段大小】属性框，然后输入"18"，如图 3.18 所示。

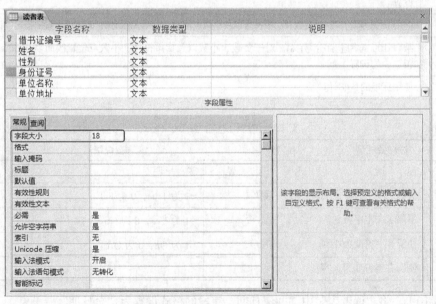

图 3.18　设置"文本"的字段大小

2. 格式

格式设置用来改变数据的输出样式，对于输入数据本身没有影响。不同类型的字段格式有所不同，预定义格式可用于设置自动编号、数字、货币、日期/时间和是/否等字段，如表 3.4 ~ 表 3.6 所示。对于文本、备注、超级链接等字段，可自行定义格式。

表 3.4 日期/时间预定义格式

设 置	说 明
常规日期	一种默认的格式，如果数值只是一个日期，则不显示时间；如果数值只是一个时间，则不显示日期。该设置是下面"短日期"与"长时间"的组合。如：2007/6/19 17:34:23
长日期	与 Windows "控制面板"中"区域设置属性"对话框中的"长日期"设置相同。如：2007 年 6 月 19 日
中日期	如：07 年 6 月 19 日
短日期	与 Windows 区域设置中的"短日期"设置相同。"短日期"设置假设 00-1-1 和 29-12-31 之间的日期是二十一世纪的日期（即假定年从 2000～2029 年）。而 30-1-1 到 99-12-31 之间的日期假定为二十世纪的日期（即假定年从 1930～1999 年）。如：6/19/07
长时间	与 Windows 区域设置中的"时间"选项卡上的设置相同。如：17:34:23
中时间	如：5:34 PM
短时间	如：17:34

表 3.5 数字/货币预定义格式

设置	说明
常规数字	一种默认的格式，按原样显示输入的数字
货币	使用千位分隔符（分隔符：用来分隔文本或数字单元的字符）。对于负数、小数以及货币符号、小数点位置按照 Windows "控制面板"中的设置
欧元	使用欧元符号（€），不考虑 Windows 的"区域设置"中指定的货币符号
固定	至少显示一位数字，对于负数、小数以及货币符号、小数点位置按照 Windows "控制面板"中的设置
标准	使用千位分隔符。对于负数、小数符号以及小数点位置，遵循 Windows 的区域设置中指定的设置
百分比	乘以 100 再加上百分号(%)。对于负数、小数以及货币符号、小数点位置按照 Windows "控制面板"中的设置
科学计数法	使用标准的科学计数法

表 3.6 文本/备注型和是/否型预定义格式

	文本/备注型		是/否型	
符 号	说 明	设 置	说 明	
@	要求文本字符（字符或空格）	真/假	−1 为 True，0 为 False	
&	不要求文本字符	是/否	−1 为 Yes，0 为 No	
<	使所有字符变为小写	开/关	−1 为 On，0 为 Off	
>	使所有字符变为大写			

【例 3.10】 将"读者表"中"办证日期"字段的格式设置为"短日期"。

操作步骤如下。

（1）用设计视图打开"读者表"。

（2）选择【办证日期】字段，在字段属性区中单击【格式】属性框，然后再单击右侧【下拉箭头】按钮，从打开的下拉列表中选择【短日期】格式，如图 3.19 所示。

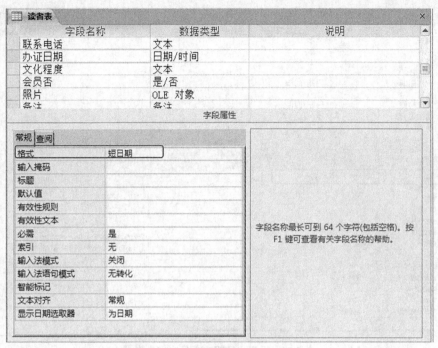

图 3.19　设置"日期/时间"的格式

（3）切换到数据表视图，其显示结果如图 3.20 所示。

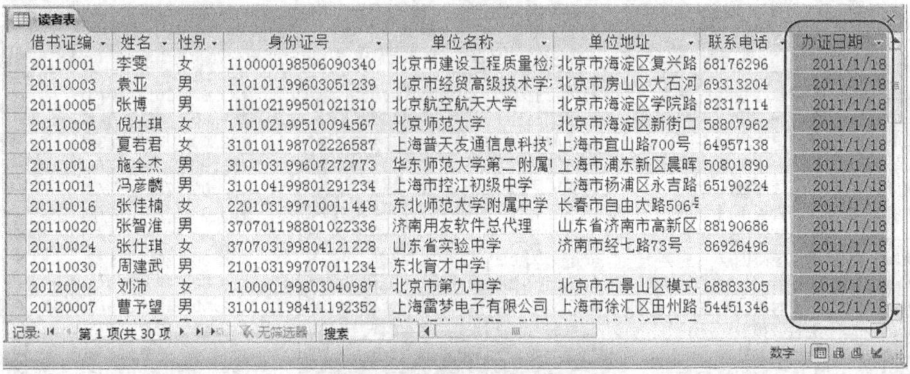

图 3.20　"格式"属性设置后结果

【例 3.11】　将"图书表"中"出版日期"字段的格式设置为"mm 月 dd 日 yyyy 年"。

【分析】　这里需要设置的"日期/时间"数据类型的格式并不是系统给定的某一种预定义类型，因此需要用户自行编写格式属性，其中 mm 表示 2 位月份，dd 表示 2 位日期，yyyy 表示 4 位年份。更多的内容请参考"Access 帮助"。

操作步骤如下。

（1）用设计视图打开"图书表"。

（2）选择【出版日期】字段，在字段属性区中的【格式】属性框中输入"mm\月 dd\日 yyyy\年"，如图 3.21 所示。

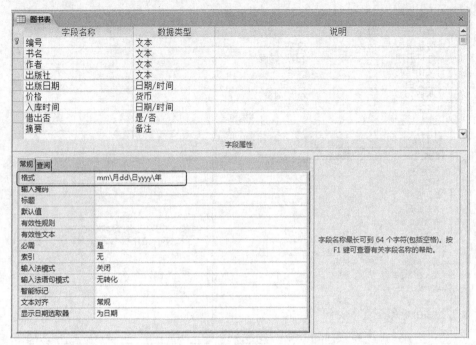

图 3.21 设置"日期/时间"自定义格式

（3）切换到数据表视图，其显示结果如图 3.22 所示。

编号	书名	作者	出版社	出版日期	价格	入库时间	借出否
E00001	欧债真相警示	时寒冰	机械工业出版	09月01日2012年	¥39.90	2012/10/31	☐
E00002	思考快与慢	卡尼曼	中信出版社	07月01日2012年	¥69.00	2012/8/30	☐
E00003	我们怎样过上	牛刀	辽宁教育出版	01月01日2012年	¥32.00	2012/3/1	☐
E00004	经济大棋局我	时寒冰	上海财经大学	05月31日2011年	¥39.90	2011/7/30	☐
E00005	穷人通胀富人	牛刀	江苏人民出版	11月01日2010年	¥28.00	2010/12/31	☐
I00001	谁的青春不迷	刘同	中信出版社	12月01日2011年	¥35.00	2013/1/31	☐
I00002	没有翅膀所以	诸葛铱烈 金	湖南文艺出版	07月01日2013年	¥29.80	2013/8/31	☑
I00003	哈佛凌晨四点	韦秀英	安徽人民出版	10月01日2012年	¥28.00	2012/11/30	☑
I00004	学会自己长大	和云峰	光明日报出版	08月01日2012年	¥29.80	2012/9/30	☐
I00005	你在为谁图书	尚阳 余闲	长江文艺出版	08月01日2012年	¥92.00	2012/9/30	☑
L00001	重温最美古诗	于丹	北京联合出版	06月01日2012年	¥38.00	2012/7/31	☐
L00002	撒哈拉的故事	三毛	北京十月文艺	07月01日2011年	¥24.00	2011/8/30	☐
L00003	人生不过如此	林语堂	陕西师范大学	03月01日2007年	¥25.00	2007/4/30	☑

记录：第 1 项（共 20 项）　无筛选器　搜索

图 3.22 "格式"属性设置后结果

3. 输入法模式

输入法模式用来设置是否允许输入汉字，有 3 种状态："随意""输入法开启"和"输入法关闭"。其中"随意"为保持原来的汉字的输入状态。

4. 输入掩码

在输入数据时，会遇到有些数据有相对固定的书写格式，输入掩码就是用来设置字段中的数据输入格式的，可以控制用户按指定格式在文本框中输入数据，输入掩码只允许对文本、数字、日期/时间、货币类型进行设置，并为文本型和日期/时间型字段提供了输入掩码向导。此外，输入掩码也可以直接使用字符进行定义，其含义如表 3.7 所示。

表 3.7　　　　　　　　　　　　　　　　　　输入掩码字符表

字　　符	说　　明
0	数字（0 到 9，必需输入，不允许使用加号 [+] 与减号 [-]）
9	数字或空格（非必需输入，不允许使用加号和减号）
#	数字或空格（非必需输入，在"编辑"模式下空格显示为空白，但是在保存数据时空白将删除，允许加号和减号）
L	字母（A 到 Z 或 a-Z 必需输入）
?	字母（A 到 Z 或 a-Z，可选输入）
A	字母或数字（必需输入）
a	字母或数字（可选输入）
&	任一字符或空格（必需输入）
C	任一字符或空格（可选输入）
.,:;-/	小数点占位符及千位、日期与时间的分隔符（实际使用的字符将根据 Windows"控制面板"中"区域设置属性"对话框中的设置而定）
<	将所有字符转换为小写
>	将所有字符转换为大写
!	使输入掩码从右到左显示，而不是从左到右显示。键入掩码中的字符始终都是从左到右填入。可以在输入掩码中的任何地方使用感叹号
\	使接下来的字符以字面字符显示（例如，\A 只显示为 A）
密码	将"输入掩码"属性设置为"密码"可创建密码输入控件。在该控件中键入的任何字符都将以原字符保存，但显示为星号 (*)

【例 3.12】　将"读者表"中"身份证号"字段的输入掩码属性设置为"身份证号码"。

操作步骤如下。

（1）用设计视图打开"读者表"

（2）选择【身份证号】字段，在字段属性区的【输入掩码】属性框中单击右侧的【生成器】按钮，打开【输入掩码向导】第一个对话框，如图 3.23 所示。

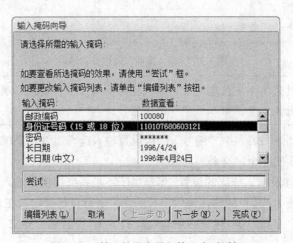

图 3.23　"输入掩码向导"第 1 个对话框

（3）在如图 3.23 所示的【输入掩码】列表中选择【身份证号码（15 或 18 位）】选项，单击【下一步】按钮，打开【输入掩码向导】第 2 个对话框，如图 3.24 所示。

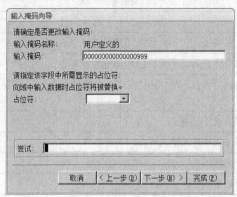

图 3.24 "输入掩码向导" 第 2 个对话框

（4）在如图 3.24 所示的对话框中，确定输入掩码方式和分隔符。单击【下一步】按钮，在打开的最后一个对话框中，单击【完成】按钮，其设置结果如图 3.25 所示。

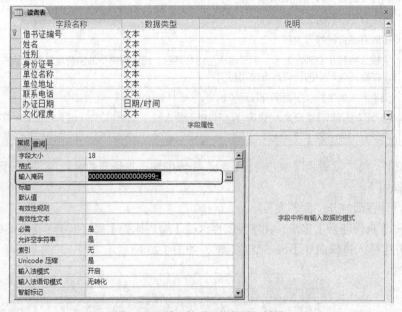

图 3.25 "输入掩码" 属性设置结果

如果同时为某个字段定义了"输入掩码"属性和"格式"属性，则"格式"属性将在数据显示时优先于"输入掩码"的设置。

【例 3.13】 将"图书表"中"编号"字段设置输入掩码属性，要求"编号"字段中第一个字符必须为字母，后面的 5 个字符必须为数字。

【分析】 该题目涉及输入掩码的设置，但是由于不是系统提供的输入掩码向导中的某种特定格式，所以需要利用表 3.7 提供的输入掩码字符的含义进行自行设定。在表 3.7 中，字符"L"代表必须输入字符 a~z，字符"0"代表必须输入数字 0~9，符合题目要求。

操作步骤如下。

（1）用设计视图打开"读者表"。

（2）选择【编号】字段，在字段属性区的【输入掩码】文本框中输入"L00000"，设置结果如图 3.26 所示。

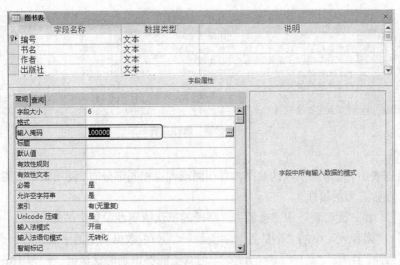

图 3.26 "输入掩码"属性设置

注意

对于"文本"或"日期时间"型字段，也可以直接使用字符进行定义，如电话号码书写为"（86）87654321"。其中（86）为固定部分。这种形式也可以通过设置输入掩码，将格式中不变的内容固定成格式的一部分，这样输入数据时，只输入变化的部分即可。

5. 标题

标题属性用来设置该字段用于窗体时的标签，即用标题属性中输入的名称取代原来字段名称在表中的显示。默认情况下将字段名用作标签。

【例 3.14】 将"图书表"中"编号"字段设置标题属性为"图书编号"。

操作步骤如下。

（1）用设计视图打开"图书表"。

（2）选择【编号】字段，在字段属性区的【标题】文本框中输入"图书编号"，设置结果如图 3.27 所示。

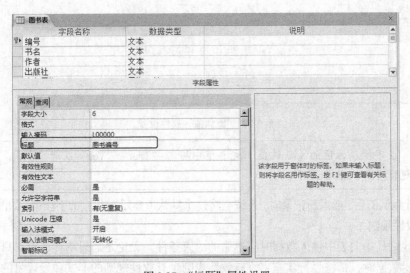

图 3.27 "标题"属性设置

（3）设置后，在数据表视图中显示输出的形式如图 3.28 所示。

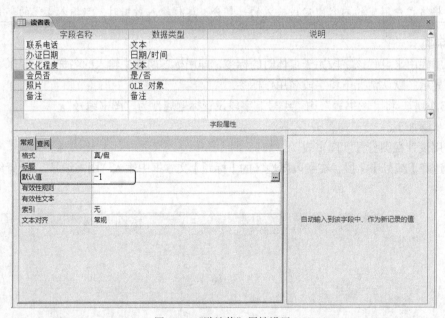

图 3.28 "标题"属性设置结果

6. 默认值

在一个数据表中，通常某字段的数据内容相同或含有相同部分时，使用默认值能够简化输入。默认值是一个非常有用的属性。

【例 3.15】 将"读者表"中"会员否"字段的默认值属性设置为"是"。

【分析】 "读者表"中的"会员否"字段是一个是/否数据类型的字段，对于这种类型的字段，其格式有三种"真/假""是/否"和"开/关"。但真正能够识别的默认值，-1 为 True，0 为 False。

操作步骤如下。

（1）用设计视图打开"读者表"。

（2）选择【会员否】字段，在字段属性区的【默认值】文本框中输入"-1"，如图 3.29 所示。

图 3.29 "默认值"属性设置

在字段属性区的【默认值】文本框中输入"True""Yes"或者"On"，都可以完成该题目对默认值的设置。

（3）设置默认值后，插入新记录时，系统会将这个默认值显示在相应的字段中，如图 3.30 所示。

7. 有效性规则

有效性规则是指向表中输入数据时应遵循的约束条件。无论是通过哪种形式，只要往数据表中添加或编辑数据时，都将强行实施字段有效性规则。有效性规则的形式和设置目的随字段的数据类型不同而不同。对于"文本"型字段，可设置输入的字符个数不能超过某一个值。对于"数字"型字段，可设置输入数据的范围。对于"日期/时间"字段，可设置输入日期的月份或年份范围。

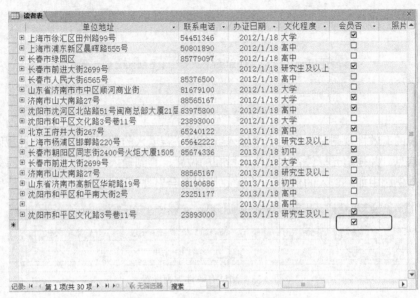

图 3.30 "默认值"属性设置结果

【例 3.16】 将"图书表"中"价格"字段的取值范围设在 0~500 之间。其操作步骤如下。

（1）用设计视图打开"图书表"。

（2）选择【价格】字段，在字段属性区的【有效性规则】文本框中输入表达式">=0 And <=500"，也可以单击【有效性规则】属性框右边的【生成器】按钮，启动表达式生成器，利用【表达式生成器】输入表达式。如图 3.31 和图 3.32 所示。

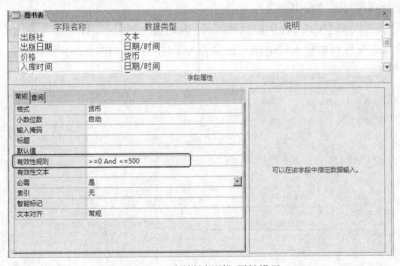

图 3.31 "有效性规则"属性设置

注意　　这里输入的表达式，表示价格大于等于 0 并且小于等于 500，即在 0~500 之间。有效性规则的实质是一个限制条件，完成对输入数据的检查，其限制条件可能会有多种表示方法，如上题中，在【有效性规则】文本框中输入"Between 0 And 500"，也符合题目设置的要求。

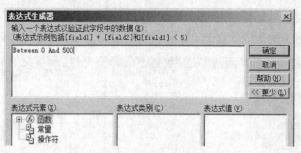

图 3.32 表达式生成器

设置字段的有效性规则后，在向表中输入数据时，若输入的数据不符合有效性规则，则系统将显示提示信息，并强迫光标停留在该字段所在的位置，直到输入的数据符合字段有效性规则为止。例如，本例题中如果输入的价格为"-9"，则屏幕会出现如图 3.33 所示的提示。

图 3.33 测试有效性规则设置

8. 有效性文本

当输入的数据违反了有效性规则，系统会显示如图 3.33 所示的提示信息。但往往系统给出的提示信息并不是很明确。因此，可以通过定义有效性文本自行设置提示信息。

【例 3.17】 将"图书表"中"入库时间"字段的取值范围设为至少比系统日期早 2 天时间，并将字段的有效性文本设置为"请输入正确的入库时间"。

操作步骤如下。

（1）用设计视图打开"图书表"。

（2）选择【入库时间】字段，在字段属性区的【有效性规则】文本框中输入表达式 ">Date()-2"，在【有效性文本】属性框中输入"请输入正确的入库时间!"。如图 3.34 所示。

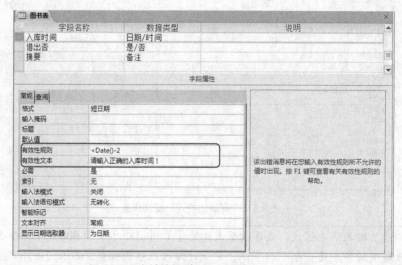

图 3.34 "有效性规则"和"有效性文本"设置

完成上述操作后，将图书表切换到"数据表视图"，在任一记录的入库时间字段中输入

#2014-9-9#，单击【Enter】键，屏幕上显示图 3.35 所示的提示框。

9. 必填字段

"必填"字段属性值为"是"或"否"项。设置"是"时，表示此字段值必须输入，设置为"否"时，可以不填写本字段数据，允许此字段值为空。

图 3.35　测试"有效性文本"设置

10. 允许空字符串

"允许空字符串"属性仅用来设置文本字段，所谓空字符串，是指用英文双引号括起来的 0 个字符（即""），它的长度为 0。该属性值为"是"或"否"项，设置"是"，表示可以输入空字符串，但显示为空。

11. 索引

索引最大特点是能够根据键值提高数据查找和排序的速度，并且能对表中的记录设置唯一性。数据库中的文本型、数字型、货币型及日期/时间型字段可以设置索引，但是备注型、超链接及 OLE 对象等类型的字段则不能设置索引。

按索引的功能分，索引有唯一索引、普通索引和主索引 3 种。其中唯一索引的索引字段值不能相同，即没有重复值。如果为该字段输入重复值，系统会提示操作错误。如果已有重复值的字段要创建索引，则不能创建唯一索引。普通索引的索引字段值可以相同，即有重复值。在 Access 中，同一个表可以创建多个唯一索引，其中一个可设置为主索引，且一个表只有一个主索引。

【例 3.18】　为"读者表"创建索引，索引字段为"性别"。

【分析】　打开"读者表"，可以看到，对于性别字段的取值是有重复的，所以不能够建立唯一索引和主索引，只能建立普通索引。

操作步骤如下。

（1）用设计视图打开"读者表"。

（2）选择【性别】字段，单击【索引】属性框的【下拉箭头】按钮，从打开的下拉列表框中选择【有（有重复值）】选项。

　　　　从【索引】属性框的下拉列表中可以看到其选项有 3 个，"无"表示该字段不建立索引（默认值）；"有（有重复）"表示以该字段建立索引，且字段中的值可以重复；"有（无重复）"表示以该字段建立索引，且字段中的值不能重复，这种字段适合做主键。当字段被设定为"主键"时，字段的索引属性被自动设为"有（无重复值）"。

如果经常需要同时搜索或排序两个或更多的字段，可以创建多字段索引。使用多个字段索引进行排序时，将首先用定义在索引中的第一个字段进行排序，如果第一个字段有重复值，再用索引中的第二个字段排序，依此类推。

【例 3.19】　为"读者表"创建多字段索引，索引字段包括为"借书证编号"、"姓名"、"性别"和"办证日期"。其操作步骤如下。

（1）用设计视图打开"读者表"。

（2）单击【表格工具/设计】选项卡，单击【显示/隐藏】命令组中【索引】按钮，打开【索引对话框】，如图 3.36 所示。

　　　　由于已经为"读者表"设置了主键为"借书证编号"，所以这里系统默认该字段为主索引，且默认的系统名称为"PrimaryKey"。

（3）在"索引"对话框中，从第二行开始，【索引名称】列留空，单击【字段名称】右侧的【下拉箭头】按钮，从打开的下拉列表框中选择【姓名】字段，再将光标移至下一行，用同样的方法将【性别】字段、【办证日期】字段加入到【字段名称】列。【排序次序】列都沿用默认的"升序"排列方式。其设置结果如图3.37所示。

图3.36　"索引"对话框

图3.37　设置多字段索引

（4）关闭"索引"对话框。

3.3.5　数据的输入

在建立了表结构之后，就可以向表中输入数据了。在Access中，可以利用"数据表视图"向表中输入数据，也可以利用已有的表进行数据的导入。

数据表中的数据要实现"按行"输入的原则，从第1个空记录的第1个字段开始输入，每输入完一个字段值后，按【Enter】或者【Tab】键转至下一个字段。当整条记录输入完成后，按【Enter】键或【Tab】键转至下一条记录。

1. 编辑简单数据类型的字段

（1）文本或数字类型字段：直接通过键盘输入。

（2）日期/时间类型字段：字段右侧出现一个如图 3.38 所示的日期选择器，如果输入当前日期，直接单击【今日】按钮；如果输入其他日期，在选择器中点取某一年度、月份和日期即可完成日期数据的输入。

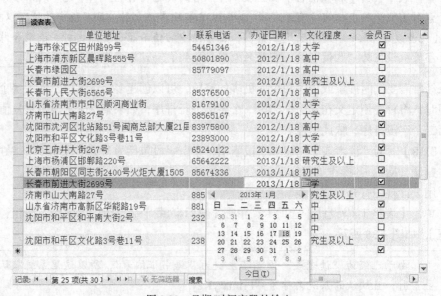

图3.38　日期/时间字段的输入

（3）是/否类型字段：在提供的复选框内单击鼠标左键会显示出一个"√"，表示"是"（存储值是-1），再次单击鼠标左键可以去掉"√"，表示"否"（存储值是 0）。

2. 编辑查阅列表类型的字段

一般情况下，表中大部分字段值都来自于直接输入的数据，或从其他数据源导入的数据。如果某字段值是一组固定数据，那么输入时，通过手工直接输入显然比较麻烦。这时可将这组固定值设置为一个列表，输入时直接从列表中选择，既可以提高输入效率，也能够减少输入差错。"查阅向导"常用于将字段设置为查阅值列表或查阅已有数据，帮助用户方便地设置字段的查阅属性。

【例 3.20】　为"读者表"中的"文化程度"字段创建查阅列表，列表中显示"初中"、"高中"、"大学"和"研究生及以上"4 个值。

【分析】　由于需要创建查阅列表的字段，所涉及到的值并不多，且这些值不是来源于其他表，所以我们可以采用"自行键入所需的值"的方式创建查阅列表。

操作步骤如下。

（1）用设计视图打开"读者表"。

（2）选择【文化程度】字段，在【数据类型】列中选择【查阅向导】，打开【查阅向导】第 1 个对话框，选中【自行键入所需的值】单选按钮，然后单击【下一步】按钮，打开【查阅向导】第 2 个对话框。

（3）在第 1 列的每行中依次输入"初中"、"高中"、"大学"和"研究生及以上"4 个值。每输入完一个值按向下光标移动键或 Tab 键转至下一行，列表设置结果如图 3.39 所示。

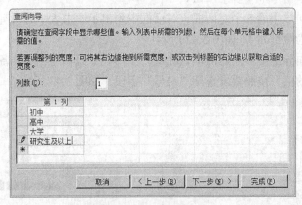

图 3.39　查阅列表设置

（4）单击【下一步】按钮，打开【查阅向导】第 3 个对话框，在该对话框的【请为查阅列表指定标签】文本框中输入名称，可采用默认值，单击【完成】按钮。

这时"文化程度"字段的查阅列表设置完成，切换到读者表的数据表视图，可以看到"文化程度"字段值右侧出现向下箭头，单击该【下拉箭头】按钮，会打开一个下拉列表，列表中显示了图 3.39 中所设置的 4 个值。输入"文化程度"字段时，直接从列表中选择即可。

【例 3.21】　使用查阅向导将"借阅表"中的"图书编号"字段设置为查阅"图书表"的"编号"字段，即该字段组合框下拉列表中仅出现图书表中已有的图书信息。

【分析】　由于"图书表"中图书的记录很多，所以在设置查阅向导过程中，像上例那样自行键入所需的值就非常麻烦，且"借阅表"中的"图书编号"字段的值来源于"图书表"的"编号"字段，所以将采用"使用查阅列查阅表或查询中的值"。

操作步骤如下。

（1）用设计视图打开"借阅表"。

（2）选择【图书编号】字段，在【数据类型】列中选择【查阅向导】，打开【查阅向导】第 1 个对话框，选中【使用查阅列查阅表或查询中的值】单选按钮，然后单击【下一步】按钮。

（3）打开【查阅向导】第 2 个对话框，在对话框中列出了可以选择的已有表和查询，如图 3.40 所示。选定字段列表内容的来源"图书表"后，单击【下一步】按钮。

（4）打开【查阅向导】第 3 个对话框，在该对话框中列出了图书表中的所有字段，通过双击左侧列表中的字段名将【编号】和【书名】字段添加到右侧列表中，如图 3.41 所示。

图 3.40　选择"图书表"作为列表内容的来源

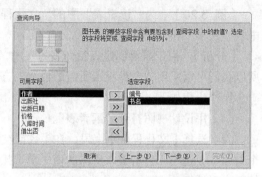

图 3.41　选择列表中的字段

（5）单击【下一步】按钮，打开【查阅向导】第 4 个对话框，确定列表使用的排序次序，也可不做任何选择，再单击【下一步】按钮。

（6）打开【查阅向导】第 5 个对话框，对话框中列出了图书表中的所有数据，因为要使用编号字段，所以取消【隐藏键列】，如图 3.42 所示。

（7）打开【查阅向导】第 6 个对话框，确定"图书表"哪一列含有准备在"借阅表"的"图书编号"字段中使用的值，按照要求选择"编号"字段，如图 3.43 所示。

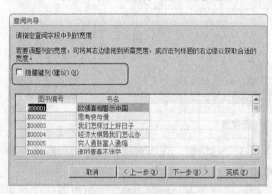

图 3.42　取消隐藏键列

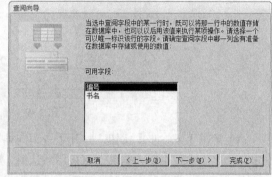

图 3.43　确定表中存储的查阅列字段

（8）单击【下一步】按钮，打开【查阅向导】第 7 个对话框，为查阅字段输入名称，单击【完成】按钮。将"借阅表"切换到数据表视图，结果如图 3.44 所示。

3. 编辑计算类型的字段

计算数据类型是 Access 2010 版本中新增加的一个数据类型，可以将计算结果保存在该类型的字段中。

【例 3.22】　将"借阅表"中的"应还日期"字段设置为计算类型，其计算结果为对应的"借阅日期"后 30 天的值。

图 3.44 查阅列表字段设置结果

【分析】 日期/时间型常量也可以进行加减运算，如#2013/6/6#-#2013/5/6#表示两个日期相差的天数；如#2013/6/6#+10 表示该日期后 10 天的日期值；如#2013/6/6#-10 表示该日期前 10 天的日期值。所以该题目的计算公式为：应还日期=借阅日期+30。

操作步骤如下。

（1）用设计视图打开"借阅表"。

（2）选择【应还日期】字段，将【数据类型】设置为"计算"。

（3）在字段属性区的【表达式】文本框中输入表达式"[借阅日期]+30"，或者单击【表达式】文本框右侧的【表达式生成器】按钮，在打开的【表达式生成器】窗口中输入表达式"[借阅日期]+30"，如图 3.45 所示。

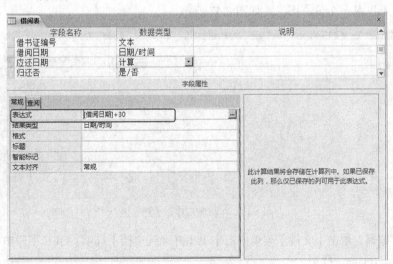

图 3.45 "计算"类型的数据输入

4. 输入备注类型的字段

备注型字段包含的数据量很大，而表中字段列的数据输入空间有限，可以使用【Shift+F2】组合键打开【缩放】窗口，在该窗口中输入编辑数据。该方法同样适用于文本、数字等类型数据的输入。

5. 输入 OLE 对象类型的字段

【例 3.23】 向"读者表"中的"照片"字段添加图像文档。

操作步骤如下：

（1）用数据表视图打开"读者表"。

（2）将焦点定位在某一条记录的"照片"字段上，该字段的数据类型为 OLE 对象。

（3）右击鼠标，在图 3.46 所示的快捷菜单中单击【插入对象】命令，Access 将显示对象类型对话框。

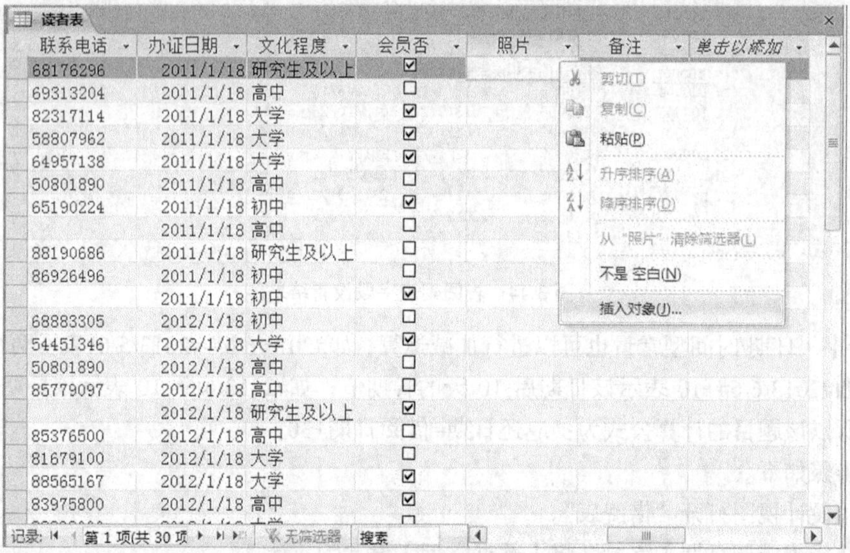

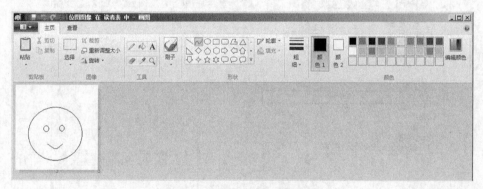

图 3.46　输入 OLE 对象字段值

（4）选择插入对象的类型，如本例中选择【Bitmap Image】。

（5）Access 自动调用 Windows "画图"程序，此时可以自行编辑一个位图图像，也可以采用粘贴的形式，粘贴某一个位图图像。如图 3.47 所示

图 3.47　在画图程序中编辑位图

（6）保存编辑。单击【文件】菜单中的【退出并回到文档】选项。OLE 字段中显示"画笔图片"（或 Bitmap Image）标记。

6. 输入附件类型的字段

使用附件数据类型，可以将 Word 文档、演示文稿、图像等文件的数据添加到记录中。"附件"类型可以在一个字段中存储多个文件，而且这些文件的数据类型可以不同。

3.3.6　数据的导入

如果需要将其他文件中的数据输入到当前数据库的表中，当数据量很大时从键盘上输入数据的任务会变得很艰巨。可以通过导入现有的外部文件数据完成这项任务。

从外部导入数据是指从外部获取数据后形成数据库中的数据表对象，并与外部数据源断绝链接。这意味着当导入操作完成后，即使外部数据源的数据发生了变化，也不会影响已经导入的数据。

1．从电子表格或其他程序导入数据

在 Access 中，可以导入的表类型包括 Excel 工作表、SharePoint 列表、XML 文件、其他 Access 数据库以及其他类型文件。

【例 3.24】　将 Excel 文件"出版社信息.xlsx"中的所有记录导入到"图书管理"数据库，但不导入邮政编码列。

操作步骤如下。

（1）打开"图书管理"数据库。

（2）单击【外部数据】选项卡，在【导入并链接】组中单击【Excel】按钮，打开【获取外部数据—Excel 电子表格】对话框，如图 3.48 所示。

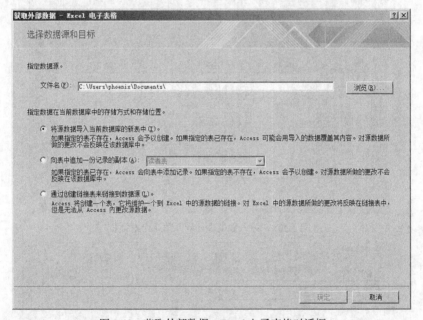

图 3.48　获取外部数据—Excel 电子表格对话框

（3）在图 3.48 所示的对话框中，选择第一个单选按钮【将源数据导入当前数据库的新表中】，再单击【浏览】按钮，打开【打开】对话框，如图 3.49 所示，找到并选中要导入的"出版社信息.xlsx"文件，单击【打开】按钮，返回到图 3.48 所示的对话框中。

（4）单击【确定】按钮，打开【导入数据向导】第 1 个对话框，如图 3.50 所示。

注意　Excel 文件中可能会包含多个工作表，选择存放要导入数据库中的数据的工作表。

（5）打开【导入数据向导】第 2 个对话框，选中【第一行包含列标题】复选框，如图 3.51 所示。

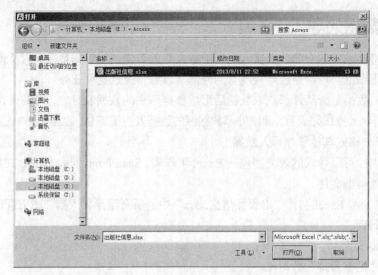

图 3.49 "打开"对话框

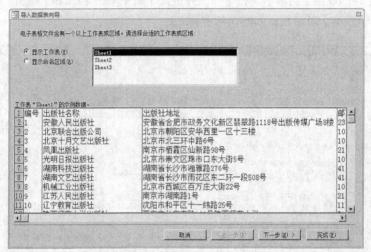

图 3.50 "导入数据表向导"第 1 个对话框

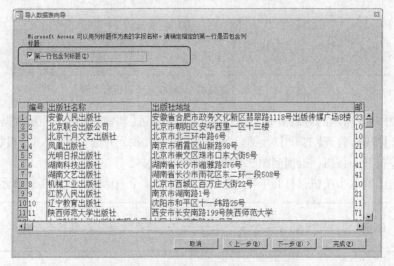

图 3.51 "导入数据表向导"第 2 个对话框

（6）单击【下一步】按钮，打开【导入数据向导】第 3 个对话框，在该对话框中选择字段名【邮政编码】，再选择【不导入字段（跳过）】复选框，如图 3.52 所示。

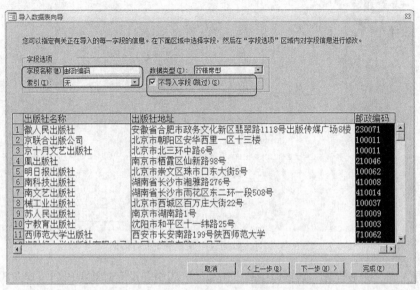

图 3.52　"导入数据表向导"第 3 个对话框

（7）单击【下一步】按钮，打开【导入数据向导】第 4 个对话框，单击【我自己选择主键】按钮自行确定主键，如图 3.53 所示。

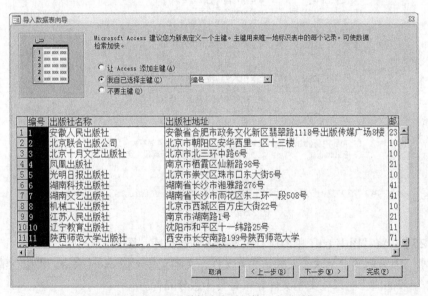

图 3.53　"导入数据表向导"第 4 个对话框

（8）单击【下一步】按钮，打开【导入数据向导】第 5 个对话框，确定导入表的名称。在该对话框的【导入到表】文本框中输入导入表的表名"出版社"。如图 3.54 所示。

（9）单击【完成】按钮，弹出【获取外部数据—Excel 电子表格】对话框，取消该对话框中的"保存导入步骤"复选框。单击【关闭】按钮，完成数据导入。

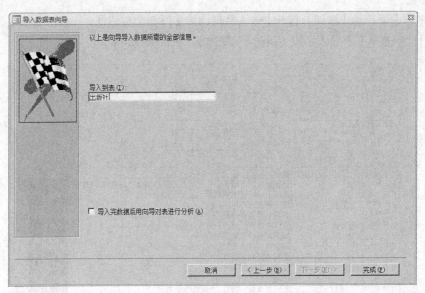

图 3.54 "导入数据表向导"第 5 个对话框

（10）导入到"图书管理"数据库中的"出版社"表中并没有邮政编码列，如图 3.55 所示。

编号	出版社名称	出版社地址	单击以添加
1	安徽人民出版社	安徽省合肥市政务文化新区翡翠路1118号出	
2	北京联合出版公司	北京市朝阳区安华西里一区十三楼	
3	北京十月文艺出版社	北京市北三环中路6号	
4	凤凰出版社	南京市栖霞区仙新路98号	
5	光明日报出版社	北京市崇文区珠市口东大街5号	
6	湖南科技出版社	湖南省长沙市湘雅路276号	
7	湖南文艺出版社	湖南省长沙市雨花区东二环一段508号	
8	机械工业出版社	北京市西城区百万庄大街22号	
9	江苏人民出版社	南京市湖南路1号	
10	辽宁教育出版社	沈阳市和平区十一纬路25号	
11	陕西师范大学出版社	西安市长安南路199号陕西师范大学	
12	上海财经大学出版社有	中国上海武东路321号乙	
13	译林出版社	南京市湖南路1号凤凰广场A楼15/16层	
14	长江文艺出版社	武昌雄楚大街268号	
15	浙江科学技术出版社	杭州市体育场路347号	
16	中国协和医科大学出版	北京市东单三条9号	
17	中国中医药出版社	北京市朝阳区北三环东路28号易亨大厦16层	
18	中信出版社	北京市朝阳区惠新东街甲4号富盛大厦2座8-	

图 3.55 导入数据结果

【例 3.25】 将"图书.txt"中的所有数据导入到数据库"图书表"中。

【分析】 因为例题中要求导入的是文本文件，文本文件不像 excel 表格，可以很清晰的区分记录中每个字段的值，所以在文本文件导入时要注意分隔符。

操作步骤如下。

（1）打开"图书管理"数据库。

（2）单击【外部数据】选项卡，在【导入并链接】组中单击【文本文件】按钮，打开【获取外部数据—文本文件】对话框，如图 3.56 所示，在【指定数据源】的【文件名】的文本框中输入文本文件的存放位置，选择导入类型为【向表中追加一份记录的副本】，并从下拉列表中选择【图书表】。

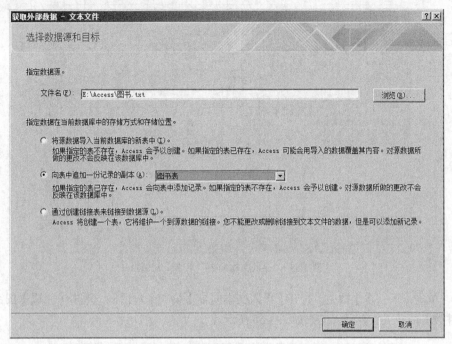

图 3.56　获取外部数据—文本文件对话框

（3）单击【确定】按钮，打开【导入文本向导】第 1 个对话框，如图 3.57 所示，确定各数据项的分割标准，此处选择【带分隔符 – 用逗号或制表符之类的符号分隔每个字段】。

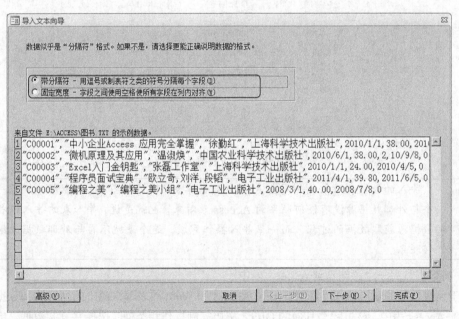

图 3.57　"导入文本向导"第 1 个对话框

（4）单击【下一步】按钮，打开【导入文本向导】第 2 个对话框，确定分隔符为【逗号】，文本识别符为【双引号】，如图 3.58 所示。

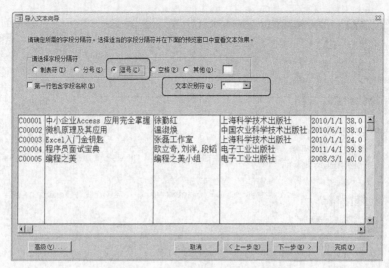

图 3.58 "导入文本向导"第 2 个对话框

（5）单击【下一步】按钮，打开【导入文本向导】第 3 个对话框，单击【完成】按钮，完成文本文件数据的导入，其导入结果如图 3.59 所示。

图 3.59 文本文件导入结果

导入的数据表对象就如同在 Access 数据库表"设计视图"中的数据表对象一样，是一个与外部数据源没有任何联系的 Access 表对象。也就是说，导入表的导入过程是从外部数据源获取数据的过程，而一旦导入操作完成，这个表就不再与外部数据源继续存在任何联系。

2. 将数据从另一个源粘贴到 Access 表中

对于大量数据的输入，可以复制 Excel、Access 和 Word 图表等来源中的列标题和数据、并将其粘贴到 Access 表中。该过程与其他的 Office 文档复制操作相类似：选择并复制数据，单击表中的第一个空白单元格，然后单击"粘贴追加"选项。

【例 3.26】 将"新增借书.xlsx"中的所有数据粘贴到数据库"借阅表"中。

操作步骤如下。

（1）打开"新增借书.xlsx"外部文件。

（2）在外部文件中，选择所有数据，按【Ctrl+C】组合键复制需要粘贴的数据。

（3）打开"图书管理"数据库，并以数据表视图的方式打开"借阅表"。将焦点定位在空白行上的第一个字段。

（4）单击【开始】选项卡，单击【剪贴板】组中【粘贴】按钮下拉列表中的【粘贴追加】命令，如图 3.60 所示。

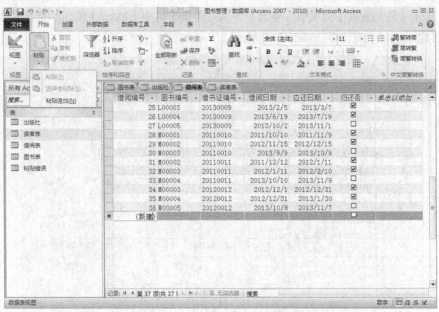

图 3.60　从外部文件粘贴数据到表

（5）其粘贴追加结果如图 3.61 所示。

图 3.61　粘贴追加结果

3. 链接数据

从外部链接数据是指在当前的数据库中形成一个链接表对象，每次在 Access 数据库中操作数据时，都是即时从外部数据源获取数据。这意味着链接的数据并未与外部数据源断绝链接，而将随着外部数据源数据的变动而变动。

【例 3.27】 将"出版社信息.xlsx"链接到"图书管理"数据库中。

【分析】 此题目涉及到从外部链接数据，而非真正的数据导入，虽然其操作相似，同样是在向导的引导下完成的，但导入的数据表对象和链接的数据表对象是完全不同的。

操作步骤如下。

（1）打开"图书管理"数据库。

（2）单击【外部数据】选项卡，单击【导入并链接】组中【Excel】按钮，打开【获取外部数据—Excel 电子表格】对话框，如图 3.62 所示。

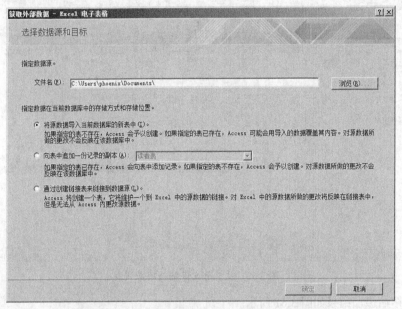

图 3.62　获取外部数据—Excel 电子表格对话框

（3） 在图 3.62 所示的对话框中，选择第三个单选按钮【通过创建链接表来链接到数据源】，再单击【浏览】按钮，打开【打开】对话框，如图 3.63 所示，找到并选中要导入的"出版社信息.xlsx"文件，单击【打开】按钮，返回到图 3.62 所示的对话框中。

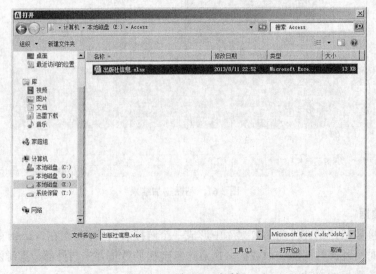

图 3.63　"打开"对话框

（4）单击【确定】按钮，打开【链接数据表向导】第 1 个对话框，如图 3.64 所示。

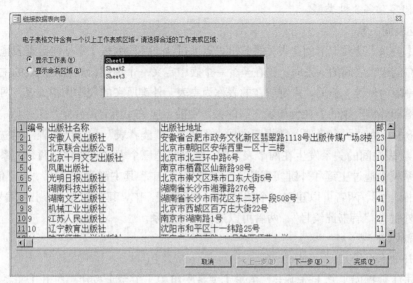

图 3.64　"链接数据表向导"第 1 个对话框

（5）单击【下一步】按钮，打开【链接数据表向导】第 2 个对话框，如图 3.65 所示。

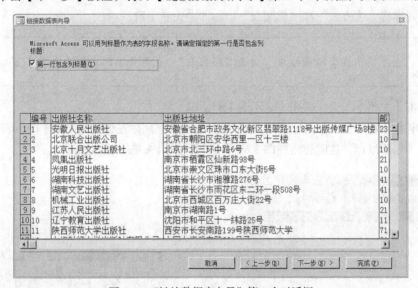

图 3.65　"链接数据表向导"第 2 个对话框

（6）单击【下一步】按钮，打开【链接数据表向导】第 3 个对话框，输入链接表名称，单击【确定】按钮，完成链接数据表。

 　　链接表只是在 Access 数据库内创建一个数据表链接对象，从而允许在打开链接时从数据源获取数据，即数据本身并不在 Access 数据库中，而是保存在外部数据源处。

3.3.7　创建表间关系

在 Access 数据库系统中，创建了多个表之后，还要在各个表之间建立联系，然后才可以通过创建查询、窗体以及报表来显示多个表中检索的信息。关系是在两个表之间建立的联系，有一对一、一对多和多对多 3 种类型。

1. 建立表间关系

可以在【关系】选项卡中创建表关系，也可以通过从【字段列表】窗格向数据表拖动字段来创建表关系。在创建表之间的关系时，先在至少一个表中定义一个主键，然后使该表的主键与另一表的对应列（一般为外键）相关。主键所在的表称为主表，外键所在的表称为相关表，两个表的联系就是通过主键和外键实现的。在创建表之间的关系之前，应关闭所有需要定义关系所需要的表。

【例 3.28】 为"图书管理"数据库中的"图书表""读者表"和"借阅表"建立关系。

【分析】 表之间的关系发生在两个表之间，所以此题三个表之间要建立两个关系。前面讲过两个表的联系就是通过主键和外键实现的，在"图书表"中，其主键为"编号"，在"借阅表"中，外键为"图书编号"，两者可以建立一个关系。在"读者表"中，其主键为"借书证编号"，在"借阅表"中，外键为"借书证编号"，两者可以建立一个关系。

操作步骤如下。

（1）打开"图书管理"数据库。

（2）单击【数据库工具】选项卡，单击【关系】组中【关系】按钮，打开【关系】窗口。在【设计】选项卡的【关系】组中，单击【显示表】按钮，打开【显示表】对话框，如图 3.66 所示。

（3）在【显示表】对话框中，单击"图书表"，然后单击【添加】按钮，将图书表添加到【关系】窗口，同样将"读者表"和"借阅表"添加到【关系】窗口。

 在【显示表】对话框中，双击"图书表"，也可将其添加到【关系】窗口。

（4）单击【关闭】按钮，关闭【显示表】对话框。

（5）选定【借阅表】中的【图书编号】字段，然后按下鼠标左键并拖动到【图书表】中的【编号】字段上，松开鼠标，这时弹出如图 3.67 所示的"编辑关系"对话框。

图 3.66 "显示表"对话框

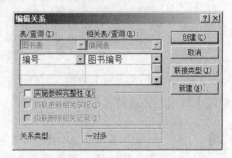

图 3.67 "编辑关系"对话框

（6）单击【实施参照完整性】复选框，然后单击【创建】按钮。

（7）使用相同方法将"借阅表"中的"借书证编号"拖到"读者表"中的"借书证编号"字段上。设置结果如图 3.68 所示。

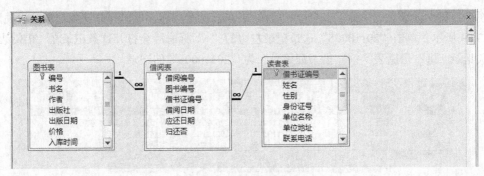

图 3.68　建立关系结果

（8）单击【关系】窗口中的【关闭】按钮，这时会询问是否保存"关系"布局的更改，单击【是】按钮。

在表之间创建关系时，关联字段不一定具有相同的名称，但必须具有相同的数据类型。对于关联字段是"自动编号"或者"数字"数据类型的字段，要求其"字段大小"属性也相同。例如，自动编号字段与数字字段的"字段大小"属性都是"长整型"，才可以将这两个字段相匹配。另外，即使两个关联字段都是"数字"字段，它们也必须具有相同的"字段大小"属性设置。

2. 实施参照完整性

参照完整性是指在输入或删除记录时，主表和相关表之间必须保持一种联动关系。在定义表之间的关系时，应设立一些准则，从而保证各个表之间数据的一致性。

如例 3.27 的步骤（4）中，在"编辑关系"对话框的【表/查询】列表框中，列出了主表"图书表"的"编号"。在【相关表/查询】列表框中，列出了相关表"借阅表"的"图书编号"。在列表框下方有 3 个复选框，如果选择了【实施参照完整性】复选框，然后选择【级联更新相关字段】复选框，可以在更改主表的主键值时，自动更新相关表中对应的数值；如果选择了【实施参照完整性】复选框，然后选择【级联删除相关记录】复选框，可以在删除主表中的记录时，自动删除相关表中相关记录；如果只选择了【实施参照完整性】复选框，则相关表中相关记录发生时，主表中主键不会相应改变，而且当删除相关表中任何记录时，也不会更改主表中记录。

3. 编辑表间关系

定义关系后，还可以编辑表间关系，也可以删除不再需要的关系。编辑关系的操作步骤如下：

（1）关闭所有需要编辑关系的表。

（2）单击【数据库工具】选项卡，单击【关系】组中的【关系】按钮，打开【关系】窗口。

（3）如果要删除两个表之间的关系，那么单击要删除的关系连线，然后按键盘上【Del】键。如果要更改两个表之间的关系，那么单击要更改的关系连线，然后在【设计】选项卡的【工具】组中单击【编辑关系】按钮，或直接双击要更改的关系连线，打开图 3.66 所示的"编辑关系"对话框，在该对话框中，重新选择复选框，单击【确定】按钮。如果要清除"关系"窗口，那么在【设计】选项卡的【工具】组中，单击【清除布局】按钮。

4. 使用子数据表

在为表建立了关系之后，Access 2010 会自动在表的数据表视图中启用子数据表功能。可以通过子数据表查看每一条记录在其他表中的相关记录。

例如，为"读者表"和"借阅表"建立了"一对多"的关系后，可以发现"读者表"的数据表视图中，每个记录左边都多了一个"+"标志，单击这个标志，可以打开这条记录的相关记录，如图 3.69 所示。单击"20110006"这条记录左边的"+"标志后会打开这条记录在"借阅表"中的相关记录，即"借阅表"中"借书证编号"为"20110006"的记录。

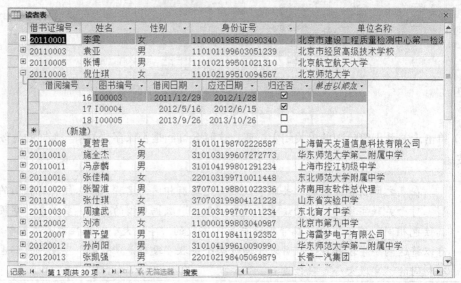

图 3.69　子数据表

3.4 表的维护

在创建表之后，可能由于种种原因，表的结构设计不合适，或表的内容不能满足实际需要。因此要对表结构和表内容进行维护，从而更好地实现对表的操作。

3.4.1 表结构的修改

修改表结构的操作主要包括添加字段、删除字段、移动字段、修改字段和重新设置主键等。

1. 添加字段

向表中添加字段，有两种方法：

（1）在"设计视图"中添加。用表设计视图打开需要添加字段的表，然后将光标移动到要插入新字段的位置，单击【设计】选项卡的【工具】组中的【插入行】按钮，在新行上输入字段名称，再设置新字段数据类型等相关属性。

（2）在"数据表视图"中添加。用数据表视图打开需要添加字段的表，在某一列标题上单击鼠标右键，在弹出的快捷菜单中选择【插入列】命令，在当前列的左侧插入一个空列，再双击新列中的字段名"字段1"，为该列输入字段的名称。

　　　　在表中添加一个新字段不会影响其他字段和现有数据，但利用该表已建立的查询、窗体或报表，新字段不会自动加入，需要手工添加上去。

2. 删除字段

与添加字段操作相似，删除字段也有两种方法：

（1）用"设计视图"打开需要删除字段的表，然后将光标移到要删除的字段行上。如果要选择一组连续的字段，可将鼠标指针拖过所选字段的字段选定器。如果要选择一组不连续的字段，可先选中要删除的某一个字段的字段选定器，然后按住【Ctrl】键不放，再单击每一个要删除字段的字段选定器，最后单击鼠标右键，在弹出的快捷菜单中选择【删除行】命令。

（2）用"数据表视图"打开需要删除字段的表，选中要删除的字段列，然后右击，在弹出的快捷菜单中选择【删除列】命令。

3. 移动字段

移动字段同样可以在设计视图和数据表视图中进行。

（1）用"设计视图"打开需要移动字段的表，选中需要移动的字段行，拖曳鼠标即可将该字段移到新的位置。

（2）用"数据表视图"打开需要移动字段的表，选中需要移动的字段列，拖曳鼠标即可移动该字段列。

在数据表视图中移动字段，仅仅影响到数据列显示的布局位置，并不会改变表的结构。

4. 修改字段

修改字段包括修改字段的名称、数据类型、说明和属性等。在数据表视图中，只能修改字段名，如果要改变其数据类型或定义字段的属性，需要切换到设计视图进行操作。具体操作步骤如下。

（1）用"设计视图"打开需要修改字段的表。

（2）如果要修改某字段名称，在该字段的"字段名称"列中，单击鼠标左键，然后修改字段名称。

（3）如果要修改某字段数据类型，单击该字段【数据类型】列右侧【下拉箭头】按钮，从弹出的下拉列表中选择需要的数据类型。

在 Access 中，"数据表视图"中字段列顶部的名称可以与字段名称不相同，因为"数据表视图"中字段列顶部显示的名称来自于该字段的"标题"属性。如果"标题"属性为空，则"数据表视图"中字段列顶部将显示对应字段的名称。如果"标题"属性中输入了新名字，则该新名字将显示在"数据表视图"中相应字段列的顶部。

5. 重新设置主键

重新设置主键需要先删除已定义的主键，然后再定义新的主键，具体操作步骤如下。

（1）使用设计视图打开需要重新定义主键的表。

（2）单击主键所在行字段选定器，然后单击【表格工具/设计】选项卡，再单击【工具】组中【主键】按钮，系统将取消以前设置的主键。

（3）单击要设为主键的字段选定器，然后单击【表格工具/设计】选项卡，再单击【工具】组中【主键】按钮，这时字段选定器上显示一个主键图标，表明已设置该字段是主键字段。

3.4.2 编辑数据表中的记录

编辑表中内容是为了保证表中数据的准确性，使所建表能够满足实际需要。编辑表中内容的操作主要包括定位记录、选择记录、添加记录、删除记录、修改数据以及复制字段中的数据等。

1. 定位记录

进行表操作时，记录的定位和选择是首要操作。常用的定位记录方法有 3 种：使用"记录导航条"定位、使用快捷键定位和使用"转至"按钮定位。

【例 3.29】 将指针定位到"图书表"中第 10 条记录上。

操作步骤如下。

（1）用数据表视图打开"图书表"。

（2）双击记录导航条的记录编号框，在该框中输入 10 并按【Enter】键，这时光标将定位在第 10 条记录上，如图 3.70 所示。

图 3.70　记录定位操作

单击记录定位器的不同按钮将定位到不同记录，其记录导航条中的五个按钮从左到右依次为定位到第一条记录、定位到上一条记录、定位到下一条记录、定位到最后一条记录和定位到新记录。使用全屏幕编辑的快捷键可以快速定位记录或字段，其操作方法与一般字处理软件中的操作方法类似，这里不再赘述。

2. 选择记录

可以在数据表视图下使用鼠标或键盘两种方法选择记录或数据的范围。使用鼠标操作的方法如表 3.8 所示，使用键盘操作的方法如表 3.9 所示。

表 3.8　　　　　　　　　　　　　　　　鼠标操作方法

数据范围	操作方法
字段中的部分数据	单击开始处，拖动鼠标到结尾处
字段中的全部数据	移动鼠标到字段左侧，待鼠标指针变成"+"后单击鼠标左键
相邻多字段中的数据	移动鼠标到第一个字段左侧，待鼠标指针变成"+"，拖动鼠标到最后一个字段尾部
一列数据	单击该列的字段选定器
多列数据	将鼠标放到第一列顶端字段名处，待鼠标指针变为下拉箭头后，拖动鼠标到选定范围的结尾列
一条记录	单击该记录的记录选定器
多条记录	单击第一条记录的记录选定器，按住鼠标左键，拖动鼠标到选定范围的结尾处
所有记录	选择【编辑】菜单下的【选择所有记录】命令

表 3.9	键盘操作方法
选择对象	操作方法
一个字段的部分数据	光标移到字段开始处，按住【Shift】键，再按方向键到结尾处
整个字段的数据	光标移到字段中，按【F2】键
相邻多个字段	选择第一个字段，按住【Shift】键，再按方向键到结尾处

3.　添加记录

（1）使用数据表视图打开要添加记录的表。

（2）用鼠标单击表末尾有"*"标记的空白行，直接输入要添加的数据。

也可以单击【记录导航】条上的新空白记录按钮，或单击【开始】选项卡下【记录】组中的【新建】按钮，待光标移到表的最后一行后输入要添加的数据。

（3）只要将插入点移动到其他记录，数据库就会保存刚刚输入的数据，如果要保存所做的编辑，可以选择【记录】组中的【保存】命令。

4.　删除记录

（1）使用数据表视图打开要删除记录的表。

（2）用鼠标单击需要删除记录的【行选定器】，选定需要删除的一行或多行，然后单击【开始】选项卡下【记录】组中的【删除】按钮，或按键盘上【Del】键，即可将所选定的记录删除。此时系统弹出对话框，单击【是】按钮将删除选定记录。此时删除的记录将无法恢复。

在关系数据库中，各表之间建立了关系，表中记录不要轻易修改和删除，主键一般不允许修改和删除。

5.　修改数据

（1）使用数据表视图打开要修改数据的表。

（2）用鼠标将插入点置于需要修改的各个字段中，删除错误数据，输入新数据即可。

（3）如果要撤销对当前记录的修改，可以单击快速访问工具栏上的【撤销】按钮。

（4）在修改数据时，只要将插入点移动到其他记录，数据库就会保存刚刚修改的数据，如果要保存所做的编辑，可以选择【记录】组中的【保存】命令。

6.　复制数据

（1）使用数据表视图打开要复制数据的表。

（2）将鼠标指针指向要复制数据字段的最左边，当鼠标指针变为"+"时，单击鼠标左键，这时选中整个字段。如果要复制部分数据，则将鼠标指针指向要复制数据的开始位置，然后拖动鼠标到结束位置，这时字段的部分数据被选中。

（3）单击【开始】选项卡，单击【剪贴板】组中的【复制】按钮。

（4）将鼠标指针移动到目标字段并单击左键，单击【剪贴板】组中的【粘贴】按钮。

3.4.3　表的修饰

对表进行修饰可以使表的外观更加美观、清晰。表修饰的操作包括：改变字段显示次序、调整字段显示宽度和高度、设置数据字体、调整表中网格线样式及背景颜色、隐藏列等。

1. 改变字段显示次序

默认情况下，Access 数据表中字段的显示次序与其在表或查询中创建的次序相同。但是，在使用数据表视图时，往往需要移动某些列来满足查看数据的需要。此时，可以改变字段的显示次序。

【例 3.30】 将"读者表"中"姓名"字段和"借书证编号"字段互换位置。

操作步骤如下：

（1）使用数据表视图打开"读者表"。

（2）选择"姓名"字段列，将鼠标放在"姓名"字段列的字段名上，然后按下左键并拖曳鼠标到"学号"字段前，释放左键。

使用此方法，可以移动任何单独的字段或者所选的多个字段。移动数据表视图中的字段，不会改变表设计视图中字段的排列顺序，而只是改变在数据表视图中字段的显示顺序。

2. 调整行高

调整行显示高度有两种方法，使用鼠标和菜单命令。其中鼠标的方法只会对行高进行粗略的调整，而菜单命令的方法会较精确的设定行高。

（1）使用鼠标调整。首先使用数据表视图打开要调整的表，然后将指针放在表中任意两行选定器之间，当指针变为上下双箭头时，拖曳鼠标上下移动，调整到所需高度后，松开左键。

（2）使用菜单命令。首先使用数据表视图打开要调整的表，单击表中任一单元格，然后单击【开始】选项卡，单击【记录】组中的【其他】按钮，在打开的下拉列表中选择【行高】命令（或者右键单击记录选定器，从弹出的快捷菜单中选择"行高"命令）。在打开的"行高"对话框中输入所需的行高值，单击【确定】按钮。

改变行高是对整个数据表中的所有行的高度进行修改。

3. 调整列宽

与调整行高的操作一样，调整列的显示宽度也有鼠标和菜单命令两种。其中鼠标的方法只会对列宽进行粗略的调整，而菜单命令的方法会较精确的设定列宽。重新设定列宽不会改变表中字段的"字段大小"属性所允许的字符数，它只是简单地改变字段列所包含数据的显示空间。

（1）使用鼠标调整。首先使用数据表视图打开要调整的表，然后将指针放在要改变宽度的两列字段名中间，当指针变为左右双箭头时，拖曳鼠标左右移动，当调整到所需宽度时，松开左键。

在拖曳字段列中间的分割线时，如果将分割线拖曳超过下一个字段列的右边界时，将会隐藏该列。

（2）使用菜单命令。首先使用数据表视图打开要调整的表，选择要改变宽度的字段列，然后单击【开始】选项卡，单击【记录】组中的【其他】按钮，在打开的下拉列表中选择【列宽】命令（或者右键单击字段名行，从弹出的快捷菜单中选择"列宽"命令）。在打开的"列宽"对话框中输入所需的列宽值，单击【确定】按钮。

如果在"列宽"对话框中输入的数值为 0，则会隐藏该字段列。

4.　隐藏列

在数据表视图中，为了便于查看表中主要数据，可以将某些字段列暂时隐藏起来，需要时再将其显示出来。

【例 3.31】　将"读者表"中的"身份证号"字段列隐藏起来。

操作步骤如下。

（1）用数据表视图打开"读者表"。

（2）单击"身份证号"字段选定器，单击【开始】选项卡，单击【记录】组中的【其他】按钮，在打开的下拉列表中选择【隐藏字段】命令。或者右键单击选定列，从弹出的快捷菜单中选择【隐藏字段】命令，将选定的列隐藏起来。

　　　如果要一次隐藏多列，那么单击要隐藏的第一列字段选定器，然后按住鼠标左键不放，拖动鼠标到达最后一个需要选择的列。

5.　显示隐藏的列

如果希望将隐藏的列重新显示出来，操作步骤如下。

（1）用数据表视图打开"读者表"。

（2）右键单击任意字段列的字段名行，从打开的快捷菜单中选择【取消隐藏字段】命令；或单击【开始】选项卡下【记录】组中的【其他】按钮，从打开的菜单中选择【取消隐藏字段】命令，打开"取消隐藏列"对话框，如图 3.71 所示。

（3）在【列】列表中选中要显示列的复选框，单击【关闭】按钮。

图 3.71　"取消隐藏列"对话框

　　　隐藏的列重新显示出来后，会显示在数据表中隐藏前的原位置，字段的次序不会发生改变。

6.　冻结列

如果所建表中的字段很多，那么查看时有些字段就必须通过滚动条才能看到。若希望始终能看到某些字段，而不受到滚动条的影响，可将其冻结。

【例 3.32】　冻结"借阅表"中的"姓名"字段列。

操作步骤如下。

（1）用数据表视图打开"借阅表"。

（2）单击"姓名"字段选定器，单击【开始】选项卡下【记录】组中的【其他】按钮，从打开的菜单中选择【冻结字段】命令。或右键单击选定列，从打开的菜单中选择【冻结字段】命令。这时，"姓名"字段列出现在最左边，当水平滚动窗口时，可以看到"姓名"字段列始终显示在窗口的最左侧，如图 3.72 所示。

如果要解除冻结，只需选择快捷菜单中的【取消对所有列的冻结】命令即可。

　　　取消冻结的列后，列仍然停留在数据表的最左边，不会回到原始位置，如果想回到原始位置，需要通过改变字段次序设置。

姓名	借书证编号	性别	身份证号	单位名称
李雯	20110001	女	110000198506090340	北京市建设工程质量检测中心
袁亚	20110003	男	110101199603051239	北京市经贸高级技术学校
张博	20110005	男	110102199501021310	北京航空航天大学
倪仕琪	20110006	女	110102199510094567	北京师范大学
夏若君	20110008	女	310101198702226587	上海普天友通信息科技有限公
施全杰	20110010	男	310103199607272773	华东师范大学第二附属中学
冯彦麟	20110011	男	310104199801291234	上海市控江初级中学
张佳楠	20110016	女	220103199710011448	东北师范大学附属中学
张智淮	20110020	男	370701198801022336	济南用友软件总代理
张仕琪	20110024	女	370703199804121228	山东省实验中学
周建武	20110030	男	210103199707011234	东北育才中学
刘沛	20120002	女	110000199803040987	北京市第九中学
曹予望	20120007	男	310101198411192352	上海雷梦电子有限公司
孙尚阳	20120012	男	310104199610090990	华东师范大学第二附属中学
张凯强	20120013	男	220102198405069879	长春一汽集团
周超	20120015	男	220103199003067731	吉林大学
王成龙	20120017	男	220104199809093574	吉林省实验中学
林川杰	20120019	男	370701198407284773	济南万达商业广场置业有限公
蔡金鹏	20120022	男	370702199512141439	山东大学
陈振兴	20120026	男	210101198405063498	沈阳万科房地产开发有限公司

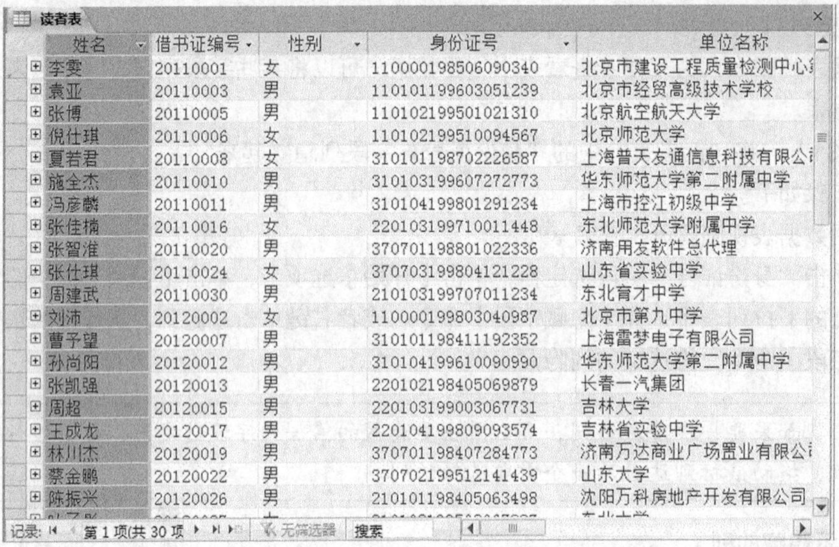

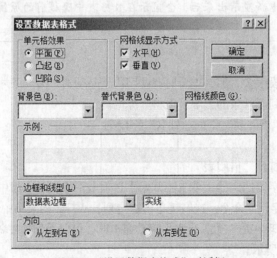

图 3.72 冻结后的数据表

7. 设置数据表格式

在数据表视图中，一般在水平和垂直方向显示网格线，而且网格线、背景色和替换背景色均采用系统默认的颜色。如果需要，可以改变单元格的显示效果，可以选择网格线的显示方式和颜色，也可以改变表格的背景颜色。设置数据表格式的操作步骤如下。

（1）用数据表视图打开要设置格式的表。

（2）单击【开始】选项卡，单击【文本格式】组中的【网格线】按钮，从打开的下拉列表中选择不同的网格线。单击【文本格式】组右下角的【设置数据表格式】按钮，打开“设置数据表格式”对话框，如图 3.73 所示。

图 3.73 “设置数据表格式”对话框

（3）在对话框中，可以根据需要选择所需的项目。例如，如果要去掉水平方向的网格线，则可取消【网格线显示方式】框中的【水平】复选框。如果要将背景颜色变为“蓝色”，则可单击【背景色】下拉列表框中的【下拉箭头】按钮，并从打开的列表中选择蓝色。如果要使单元格在显示时具有“凸起”效果，则可在【单元格效果】框中选中【凸起】单选按钮。当选择了【凸起】或【凹陷】单选按钮后，不能再对【背景色】、【替代背景色】等其他选项进行设置。单击【确定】按钮。

8. 改变字体

为了使数据的显示美观清晰、醒目突出，可以改变数据表中数据的字体、字型和字号。

【例 3.33】 将"图书表"中文字字体改为"华文行楷"，字号改为"12"，字型改为"加粗"，颜色改为"深蓝"。

操作步骤如下。

（1）用数据表视图打开"图书表"。

（2）在【开始】选项卡的【文本格式】组中，单击【字体】按钮右侧下拉箭头，在弹出的下拉列表中选择【华文行楷】；单击【字号】按钮右侧下拉箭头，从打开的下拉列表中选择【12】；单击【加粗】按钮；单击【字体颜色】按钮右侧下拉箭头，从打开的下拉列表中选择【标准色】组中的【深蓝】颜色。设置结果如图 3.74 所示。

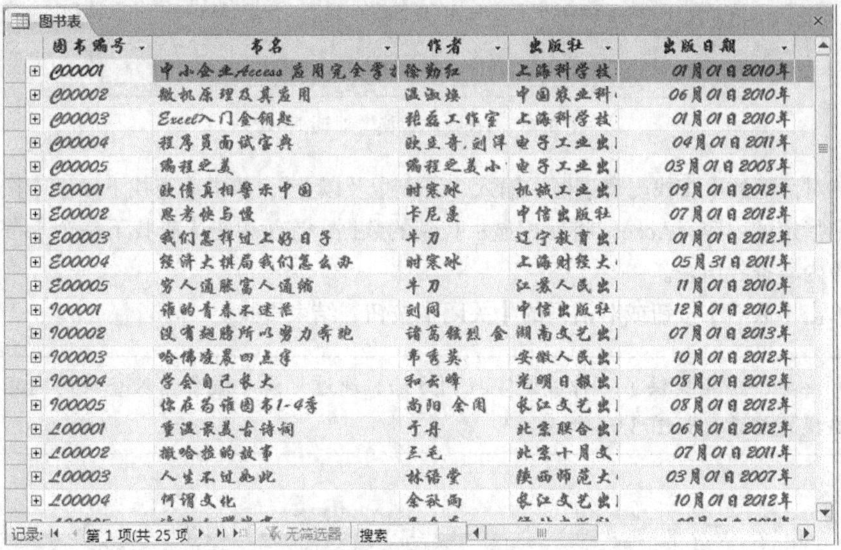

图 3.74 设置字体

3.5 表的数据操作

3.5.1 查找和替换数据

在对表进行操作时，如果表中存放的数据非常多，那么当希望查找某一数据时就比较困难。Access 提供了非常方便的查找和替换功能，使用它可以快速地找到所需要的数据，必要时，还可以将找到的数据替换为新的数据。

1. 查找数据

查找数据的操作实际上是一种快速移动光标的操作，它能快速地将光标移到查找到的数据位置，从而可以对找到的数据进行编辑修改。

【例 3.34】 查找"读者表"中"文化程度"为"研究生及以上"的读者记录。

操作步骤如下。

（1）用数据表视图打开"读者表"。

（2）将鼠标指针定位在【文化程度】字段列的字段名上，鼠标指针会变成一个粗体黑色向下箭头，单击后【文化程度】列被选中。

【注意】此步骤操作的目的是将下图 3.75 中的【查找范围】设定为【当前字段】，它要比在【查找范围】下拉列表框中选择"读者表"整个表作为查找的范围效率高。

（3）单击【开始】选项卡，再单击【查找】组中的【查找】按钮，打开【查找和替换】对话框，如图 3.75 所示。

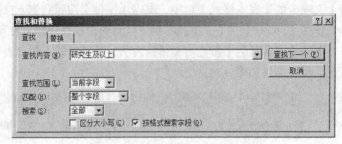

图 3.75 "查找和替换"对话框 BT3

（4）在对话框的【查找内容】框中输入"研究生及以上"，单击【查找下一个】按钮，这时将查找下一个指定的内容，Access 将反相显示找到的数据。连续单击【查找下一个】按钮，可以将全部指定的内容查找出来。

（5）单击【取消】按钮或对话框的【关闭】按钮，结束查找。

 Access 还提供了一种快速查找的方法，通过记录导航条输入查找的内容直接定位到要找的记录，如图 3.76 所示。

图 3.76 通过记录导航条查找记录

在指定查找内容时，如果希望在只知道部分内容的情况下对表中数据进行查找，或按照特定的要求查找记录，可以使用通配符作为其他字符的占位符，通配符的作用如表 3.10 所示。

表 3.10 通配符表

字　符	说　明	示　例
*	通配任意个数的字符	A*B 可以找到以 A 开头，以 B 结尾的任意长度的字符串
?	通配任意单个字符	A?B 可以找到以 A 开头，以 B 结尾的任意 3 个字符组成的字符串
[]	通配方括号内任意单个字符	A[XYZ]B 可以找到以 A 开头、以 B 结尾，且中间包含 X、Y、Z 之一的 3 个字符组成的字符串
!	通配任意不在括号内的字符	A[!XYZ]B 可以找到以 A 开头、以 B 结尾，且中间包含除 X、Y、Z 之一的 3 个字符组成的字符串
-	通配范围内的任意一个字符	A[X-Z]B 可以找到以 A 开头、以 B 结尾，且中间包含 X~Z 之间任意一个字符的 3 个字符组成的字符串
#	通配任意单个数字字符	A#B 可以找到以 A 开头、以 B 结尾，且中间为数字字符的 3 个字符组成的字符串

注意

当星号（*）、问号（?）、井号（#）、左方括号（[）或连字符号（-）作为普通字符时，必须将搜索的符号放在方括号内。例如，搜索问号，在【查找内容】文本框中输入"[?]"符号。如果同时搜索连字符号和其他单词时，需要在方括号内将连字符号放置在所有字符之前或之后，但是如果有感叹号（!），则需要在方括号内将连字符号放置在感叹号之后。

2. 替换数据

在对表进行修改时，如果多处相同的数据要作相同的修改，就可以使用 Access 的替换功能，自动将查找到的数据更新为新内容。

【例 3.35】 将"读者表"中"联系电话"字段值为空的记录填充为"88886666"。

【分析】 此题看似对记录内容的修改，但是当涉及到多条记录作相同修改操作的时候，可以考虑使用"查找/替换"功能，更方便、更快捷。

操作步骤如下。

（1）用数据表视图打开"读者表"。

（2）选择【联系电话】字段列，单击【开始】选项卡，单击【查找】组中的【替换】按钮，打开【查找和替换】对话框。在【查找内容】框中输入"NULL"，然后在【替换为】框中输入"88886666"，在【查找范围】框中确保选中"当前字段"，在【匹配】框中选择"整个字段"。如图 3.77 所示。

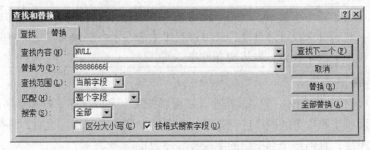

图 3.77 "查找和替换"对话框

（3）如果一次替换一个，则单击【查找下一个】按钮，找到后，单击【替换】按钮。如果不替换当前找到的内容，则继续单击【查找下一个】按钮。如果要一次替换出现的全部指定内容，则单击【全部替换】按钮。单击【全部替换】按钮后，屏幕将显示一个提示框，提示进行替换操作后将无法恢复，询问是否要完成替换操作，单击【是】按钮，进行替换操作。

替换操作是不可恢复的操作，为避免替换操作失误，在进行替换操作前最好对表进行备份。

3.5.2 记录排序

在数据库中，当打开一个表时，表中的记录默认按主键字段升序排列。若表中未定义主键，则记录按输入数据的先后顺序排序。有时为了方便数据的查找和操作，需要重新整理数据，为此可以采用对数据进行排序的方法。

1. 排序规则

排序是根据当前表中的一个或多个字段的值对整个表中的所有记录进行重新排列。排序时可按升序，也可按降序。排序时，不同的字段类型，排序规则有所不同，具体规则如下。

（1）英文按字母顺序排序，大、小写视为相同，升序时按 A～Z 排序，降序时按 Z～A 排序。

（2）中文按拼音字母的顺序排序，升序时按 A～Z 排序，降序时按 Z～A 排序。

（3）数字型和货币型字段按数字的大小排序，升序时从小到大排序，降序时从大到小排序。

（4）日期和时间字段，按日期的先后顺序排序，升序时按从前到后的顺序排序，降序时按从后向前的顺序排序。例如#2013-06-06#比#2013-06-05#要大。

（5）数据类型为备注、超链接或 OLE 对象的字段不能排序。

（6）按升序排序字段时，如果字段的值为空值，则包含空值的记录排列在最前面。

对于文本型字段，如果取值有数字，那么 Access 将数字视为字符串，按 ASCII 码值进行排序。

2. 按一个字段排序

按一个字段排序记录，可以在数据表视图中进行。

【例 3.36】 对"图书表"按"书名"升序排列记录。

操作步骤如下。

（1）用数据表视图打开"图书表"。

（2）选择"书名"字段列，单击【开始】选项卡，单击【排序和筛选】组中【升序】按钮。

执行上述操作步骤后，就可以改变表中原有的记录排序次序，而变为新的次序。保存表时，将同时保存排序结果，还可以利用【降序】命令按钮实现降序排列，利用【清除所有排序】命令按钮，取消所有排序。

3. 按多个字段排序

在 Access 中，不仅可以按一个字段排序，还可以按多个字段排序。按多个字段进行排序时，首先根据第一个字段按照指定的顺序进行排序，当第一个字段具有相同值时，再按照第二个字段进行排序，依此类推，直到按全部指定的字段排好序为止。

【例 3.37】 使用【升序】按钮的排序方法，在"读者表"中按"性别"和"办证日期"两个字段升序排序。

【分析】 使用【升序】按钮对多个字段进行排序时，要同时选中要排序的所有字段列。在本例题中，如果要同时选中“性别”和“办证日期”列，首先要改变表中字段次序，将两个字段放置在相邻位置上，然后再进行排序的操作。

操作步骤如下。

（1）用数据表视图打开“读者表”。

（2）通过改变字段显示次序的方法将“办证日期”字段拖动到“性别”字段后。

（3）选择用于排序的“性别”和“办证日期”的字段选定器。

（4）在【开始】选项卡的【排序和筛选】组中，单击【升序】按钮。排序结果如图 3.78 所示。

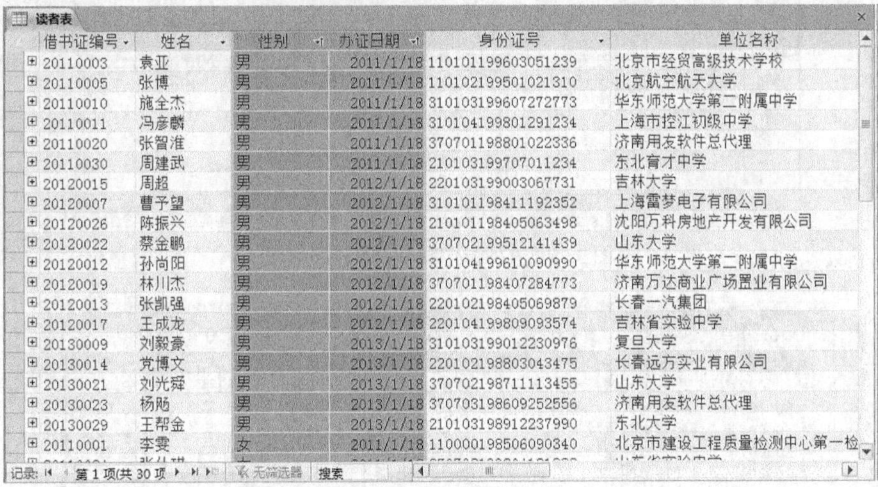

借书证编号	姓名	性别	办证日期	身份证号	单位名称
20110003	袁亚	男	2011/1/18	110101199603051239	北京市经贸高级技术学校
20110005	张博	男	2011/1/18	110102199501021310	北京航空航天大学
20110010	施全杰	男	2011/1/18	310103199607272773	华东师范大学第二附属中学
20110011	冯彦麟	男	2011/1/18	310104199801291234	上海市控江初级中学
20110020	张智淮	男	2011/1/18	370701198801022336	济南用友软件总代理
20110030	周建武	男	2011/1/18	210103199707011234	东北育才中学
20120015	周超	男	2012/1/18	220103199003067731	吉林大学
20120007	曹予望	男	2012/1/18	310101198411192352	上海雷梦电子有限公司
20120026	陈振兴	男	2012/1/18	210101198405063498	沈阳万科房地产开发有限公司
20120022	蔡金鹏	男	2012/1/18	370702199512141439	山东大学
20120012	孙尚阳	男	2012/1/18	310104199610090990	华东师范大学第二附属中学
20120019	林川杰	男	2012/1/18	370701198407284773	济南万达商业广场置业有限公司
20120013	张凯强	男	2012/1/18	220102198405069879	长春一汽集团
20120017	王成龙	男	2012/1/18	220104199809093574	吉林省实验中学
20130009	刘毅豪	男	2013/1/18	310103199012230976	复旦大学
20130014	党博文	男	2013/1/18	220102198803043475	长春远方实业有限公司
20130021	刘光舜	男	2013/1/18	370702198711113455	山东大学
20130023	杨飏	男	2013/1/18	370703198609252556	济南用友软件总代理
20130029	王帮金	男	2013/1/18	210103198912237990	东北大学
20110001	李雯	女	2011/1/18	110000198506090340	北京市建设工程质量检测中心第一检

图 3.78　使用“升序”按钮按两个字段排序

从结果可以看出，Access 先按“性别”排序，在“性别”相同的情况下再按“办证日期”从小到大排序。因此，按多个字段进行排序，必须注意字段的先后顺序。

注意　本例题中，对于两个不相邻的字段排序时，如果不改变字段的次序，则要先对第二个字段排序，再对第一个字段排序，也可以使用“高级筛选/排序”命令。

【例 3.38】　在“图书表”中先按“价格”降序排列，再按“出版日期”升序排列。

操作步骤如下。

（1）使用数据表视图打开“图书表”。

（2）在【开始】选项卡的【排序和筛选】组中，单击【高级】按钮。

（3）从打开的下拉菜单中选择【高级筛选/排序】命令，打开【筛选】窗口。

注意　“筛选”窗口分为上下两个部分。上半部分显示了被打开表的字段列表；下半部分是设计网格，用来指定排序字段、排序方式和排序条件。

（4）单击设计网格中第 1 列字段行右侧【下拉箭头】按钮，从打开的下拉列表中选择【价格】字段，用相同方法在第 2 列的字段行上选择【出版日期】字段。

（5）单击【价格】字段的【排序】单元格，再单击右侧【下拉箭头】按钮，并从打开的列表中选择【降序】。使用相同方法在【出版日期】列的【排序】单元格中选择【升序】，如图 3.79 所示。

（6）在【开始】选项卡的【排序和筛选】组中，单击【切换筛选】按钮，这时 Access 将按上述设置排序“图书表”中的所有记录，如图 3.80 所示。

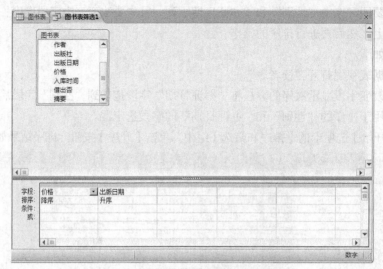

图 3.79　在"筛选"窗口设置排序次序

图 3.80　排序结果

（7）在指定排序次序后，在【开始】选项卡的【排序和筛选】组中，单击【取消排序】按钮，可以取消所设置的排序顺序。

3.5.3　记录筛选

从表中挑选出满足某种条件的记录称为记录的筛选，经过筛选后的表，只显示满足条件的记录，而那些不满足条件的记录将被隐藏起来。Access 2010 提供了 4 种筛选记录的方法，分别是按内容筛选、使用筛选器筛选、按窗体筛选以及高级筛选。

1.　按内容筛选

按内容筛选是一种最简单的筛选方法，使用它可以很容易地找到包含某字段值的记录。

【例 3.39】　在"读者表"中筛选出文化程度为"研究生及以上"的读者。

操作步骤如下。

（1）用数据表视图打开"读者表"。

（2）单击【文化程度】字段列任一行，在【文化程度】字段中找到"研究生及以上"，并选中。

（3）在【开始】选项卡的【排序和筛选】组中，单击【选择】按钮，从打开的下拉菜单中选择"包含'研究生及以上'"，筛选出相应的记录。

（4）如果需要将数据表恢复到筛选前的状态，则可单击【排序和筛选】组中的【切换筛选】按钮。

　　　　字段的数据类型不同，【选择】按钮弹出的下拉菜单中提供的筛选选项也不同。对于"文本"型字段，筛选选项包括"等于""不等于""包含"和"不包含"。对于"日期/时间"型字段，筛选选项包括"等于""不等于""不晚于"和"不早于"。对于"数字"型字段，筛选选项包括"等于""不等于""小于或等于"和"大于或等于"。

2. 使用筛选器筛选

筛选器提供了一种灵活的筛选方式，它将选定的字段列中所有不重复的值以列表形式显示出来，供用户选择。除 OLE 对象和附件类型字段外，其他类型的字段均可以应用筛选器。

【例 3.40】　在"图书表"中筛选"价格"在 30 元以上的记录。

操作步骤如下。

（1）用数据表视图打开"图书表"。

（2）选择【价格】字段列，单击字段名右侧【下拉按钮】，在打开的快捷菜单中打开筛选器菜单。

（3）单击【数字筛选器】命令，在打开的菜单中选择【大于】命令，打开【自定义筛选器】对话框，如图 3.81 所示。

图 3.81　"自定义筛选"对话框

（4）在对话框中输入 30，单击【确定】按钮。筛选结果如图 3.82 所示。

图书编号	书名	作者	出版社	出版日期	价格	入库
L00001	重温最美古诗	于丹	北京联合出版	06月01日2012年	¥38.00	201
L00004	何谓文化	余秋雨	长江文艺出版	10月01日2012年	¥38.00	2012
E00001	欧债真相警示	时寒冰	机械工业出版	09月01日2012年	¥39.90	2012
E00002	思考快与慢	卡尼曼	中信出版社	07月01日2012年	¥69.00	201
E00003	我们怎样过上	牛刀	辽宁教育出版	01月01日2012年	¥32.00	20
E00004	经济大棋局我	时寒冰	上海财经大学	05月31日2011年	¥39.90	201
I00001	谁的青春不迷	刘同	中信出版社	12月01日2010年	¥35.00	201
I00005	你在为谁读书	尚阳　余闲	长江文艺出版	08月01日2012年	¥92.00	201
M00002	临床用药速查	苏冠华　王朝	中国协和医科	07月01日2009年	¥30.00	20
C00001	中小企业Acc	徐勤红	上海科学技术	01月01日2010年	¥38.00	20
C00002	微机原理及其	温淑焕	中国农业科学	06月01日2010年	¥38.00	20
C00004	程序员面试宝	欧立奇,刘洋,	电子工业出版	04月01日2011年	¥39.80	20
C00005	编程之美	编程之美小组	电子工业出版	03月01日2008年	¥40.00	20

记录：14　第 1 项(共 13 项)▶▶▶　▼已筛选　搜索

图 3.82　筛选结果

　　　　筛选器中显示的筛选项取决于所选字段的数据类型和字段值。

3. 按窗体筛选

按窗体筛选是一种快速的筛选方法，使用它不用浏览整个表中的记录，还可以同时对两个以上字段值进行筛选。

【例 3.41】 使用按窗体筛选操作在"读者表"中筛选出非 2012 年办证的男读者记录。其操作步骤如下。

（1）用数据表视图打开"读者表"。

（2）单击【开始】选项卡，单击【排序和筛选】组中的【高级】按钮，弹出的高级筛选快捷菜单。

（3）选择【按窗体筛选】命令，此时数据表视图变成【按窗体筛选】窗口，如图 3.83 所示。

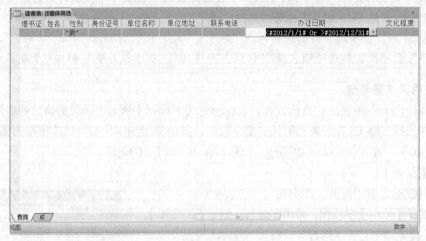

图 3.83 "按窗体筛选"窗口

（4）单击要进行筛选的字段，这里选择【性别】字段，然后单击右侧的【下拉箭头】按钮，在弹出的下拉列表中选择"男"，再选择【办证日期】字段，在其中输入"<#2012-1-1# Or >#2012-12-31#"，条件设置如图 3.83 所示。

（5）单击【排序和筛选】组中的【切换筛选】按钮，筛选记录结果如图 3.84 所示。

图 3.84 筛选结果

4. 高级筛选

前面介绍的 3 中筛选方法条件单一，操作简单。在实际应用中，常常涉及比较复杂的筛选条件。应用"高级筛选"不仅可以筛选出满足复杂条件的记录，还可以对筛选结果进行排序。

【例 3.42】 在"读者表"中查找 2012 年办理借书证的男读者，并按"姓名"升序排序。操作步骤如下。

（1）用数据表视图打开"读者表"。

（2）单击【开始】选项卡，单击【排序和筛选】组中的【高级】按钮，从打开的下拉菜单中选择【高级筛选/排序】命令，打开【筛选】窗口。

（3）在【筛选】窗口上半部分显示的【读者表】字段列表中，分别双击【性别】、【办证日期】和【姓名】字段，将其添加到【字段】列。

（4）筛选条件的设置如图 3.85 所示。

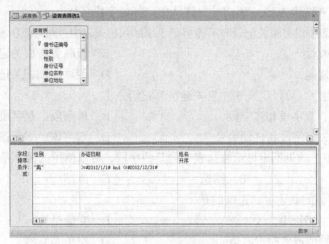

图 3.85　筛选条件的设置

（5）在【开始】选项卡的【排序和筛选】组中，单击【切换筛选】按钮，筛选结果如图 3.86 所示。

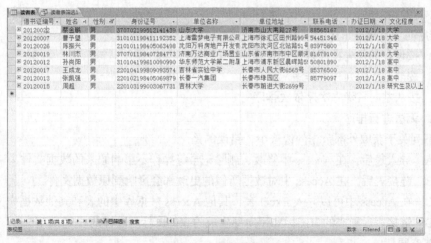

图 3.86　高级筛选结果

习　题　3

一、选择题

1. 在 Access 中，对数据表进行修改，以下各操作在数据表视图和设计视图下都可以进行的是（　　）。

　　A. 修改字段类型　　　　B. 重命名字段　　　　C. 修改记录　　　D. 删除记录

2. 邮政编码是由 6 为数字组成的字符串，为邮政编码设置输入掩码，正确的是（   ）。

    A. 000000   B. 999999   C. CCCCCC   D. LLLLLL

3. 数据类型是（   ）。

    A. 字段的另一种说法

    B. 决定字段能包含哪种类型的设置

    C. 一类数据库应用程序

    D. 一类用来描述 Access 表向导允许从中选择的字段名称

4. 若要求在主表中没有相关记录时不能将记录添加到相关表中，则应该在表关系中设置（   ）

    A. 参照完整性   B. 级联更新相关记录

    C. 有效性规则   D. 级联添加相关记录

5. 在 Access 表中，可以定义 3 种主关键字，它们是（   ）

    A. 单字段、双字段和多字段   B. 单字段、双字段和自动编号

    C. 单字段、多字段和自动编号   D. 双字段、多字段和自动编号

6. 在 Access 中，如果不想显示数据表中的某些字段，可以使用的命令是（   ）

    A. 隐藏   B. 筛选   C. 冻结   D. 排序

7. 下列关于空值的叙述中，正确的是（   ）

    A. 空值是空字符串   B. 空值是 0

    C. 空值是缺值或暂时没有值   D. 空值是空格

8. 若要在某表的"姓名"字段中查找以"张"开头的所有人，则应在查找内容框中输入的字符串是（   ）

    A. 张?   B. 张[]   C. 张*   D. 张#

9. 排序时如果选取了多个字段，则输出结果是（   ）

    A. 按设定的优先次序依次进行排序

    B. 按最右边的列开始排序

    C. 按从左向右优先次序依次排序

    D. 无法进行排序

10. 下列关于获取外部数据的说法中，错误的是（   ）

    A. 导入表后，在 Access 中修改、删除记录等操作不影响原来的数据文件

    B. 链接表后，在 Access 中对数据所做的更改都会影响到原数据文件

    C. 在 Access 中可以导入 Excel 表、其他 Access 数据库中的表和其他数据库文件

    D. 链接表后形成的表图标和用向导生成的表的图标是一样的

二、填空题

1. 要建立两个表之间的关系，必须通过两个表的_____来创建。

2. 表的结构是指数据表的框架，主要由_____、_____和_____组成。

3. 输入掩码值为"文本"和_____型字段提供向导。

4. Access 表中有 3 中索引设置，即_____、_____和_____。

5. Access 提供了两中字段类型用来保存文本或文本与数字组合的数据，这两种数据类型分别是_____和_____。

第4章
数据查询

查询是指根据指定的条件从一个或多个数据源中查找所需的数据，并将查找结果在一个虚拟的数据表窗口中显示出来，以便用户对数据进行统计、分析和处理。本章主要介绍查询的创建与处理。相关知识点如下：

◆ 查询的功能及类型
◆ 查询条件
◆ 查询向导
◆ 查询设计
◆ 重复项查找
◆ 不匹配项查找
◆ 选择查询
◆ 交叉表查询
◆ 参数查询
◆ 操作查询
◆ 带计算的查询
◆ SQL 查询

4.1 查 询 概 述

查询是 Access 中的一个重要对象，其目的是从指定的数据源中检索出符合条件的记录。查询的结果是一个动态数据集，以数据表视图的形式呈现。动态数据集是指只有在运行查询时，其结果才会出现，查询关闭时，其结果自动消失。

查询的数据源（也称"记录源"）是基本表或已创建的查询，可以有一个或多个数据源。若是多个数据源，则数据源之间必须创建关系，以保证查询结果的正确性。此外，查询结果还可以作为窗体或报表等对象的数据源。

与基本表不同的是，查询本身并不保存数据，其结果中的数据来自其他数据源。查询本身会作为一个对象保存在 Access 的数据库中，其保存的内容是查询获取数据的方法和规则。因此，可以认为查询是一个操作集合。

4.1.1 查询的作用

查询是查找和筛选功能的扩充，它不但能实现数据检索，而且可以在查询过程中进行计算，合并不同数据源的数据，甚至可以添加、更改或删除基本表中的数据。具体作用如下：

1. 字段操作

包括选择字段、更新字段、删除字段等。

2. 记录操作

包括选择记录，添加新记录，更新记录和删除记录等。

3. 统计计算

在建立查询的过程中，可以进行合计、平均值、最小值、最大值、计数等计算操作。

4. 表操作

一般情况下，查询结果是一个动态数据集，不是一个基本表。利用"生成表查询"也可以将查询结果保存到一个新的基本表中，从而实现利用查询创建新表的功能。

4.1.2　查询的类型

Access 提供了 5 种不同类型的查询，分别是选择查询、参数查询、交叉表查询、操作查询和 SQL 查询。

1. 选择查询

选择查询是根据给定的条件，从一个或多个数据源检索数据并显示结果。建立选择查询时，还可以进行分组、统计计算、设计新的计算表达式和条件表达式等操作。Access 的选择查询分为简单选择查询、带条件的选择查询、带计算的选择查询、查找重复项查询和查找不匹配项查询等类型。

2. 参数查询

参数查询是一种根据输入参数来检索数据的查询，是选择查询的一种变通。选择查询所使用的条件值是固定的，参数查询可以在每次运行查询时输入不同的条件值，因而使查询的灵活性有所提高。参数查询包括单参数查询和多参数查询两种。

3. 交叉表查询

交叉表查询是对选择查询计算功能的一种扩充，它可以对数据进行分组和统计计算，并将计算结果显示在行标题字段和列标题字段交叉的单元格中。

4. 操作查询

操作查询是利用查询去添加、更改或删除数据源中的数据，或将查询结果保存为一个新基本表。操作查询分为下述 4 种类型。

◆　生成表查询：该查询将检索到的数据保存到一个新基本表，它提供了一种创建基本表的方法。

◆　追加查询：该查询是将检索到的记录追加到指定基本表的尾部。它要求待追加字段的数据类型和顺序必须与被追加表的字段数据类型和顺序一致。

◆　更新查询：该查询可以实现对指定表中的数据进行编辑、修改。

◆　删除查询：该查询实现将指定表中满足条件的记录删除，且删除后不可恢复。

5. SQL 查询

利用 SQL 语句来创建的查询称为 SQL 查询。它是 Access 所有查询中最灵活，功能最强大的一种查询。SQL 查询包括联合查询、传递查询、数据定义查询和子查询 4 种类型。

◆　联合查询：将多个相似的选择查询结果合并到一个结果集中。联合查询中合并的选择查询必须具有相同的输出字段数、采用相同的顺序并包含相同或兼容的数据类型。

◆　**传递查询**：直接将命令发送到 OLE DB，由访问接口来处理的查询。

◆　**数据定义查询**：可以实现表的创建、修改、删除或创建索引等功能。

◆　**子查询**：包含在查询中的查询称为子查询，一般用于创建新字段或设置查询条件等。

4.1.3　设置查询条件

1．查询条件及其组成

在 Access 中，查询条件是一个由常量、字段名、运算符和函数等组合而成的表达式，其计算结果为一个值。在设计查询时，不同的条件使用会得到不同的查询结果。查询条件可谓是变化多端的，同一个查询问题，可以使用多种不同的条件表达式来实现。因此，学习和掌握查询条件的组成对正确使用查询条件具有关键性作用。

（1）常量：不进行计算也不会发生变化的值。包括数值常量、字符串常量、日期常量、逻辑常量等。常用的常量如表 4.1 所示。

表 4.1　　　　　　　　　　　　　　　　常量应用范例

常 量 类 型	说　　明	范　　例
数值常量	各种数值常数	10、-34、3.145、2.13e-3 等
字符串常量	用英文双引号括起来的一串字符	"Access"、"考级考试"、"123abc" 等
日期常量	用英文的 "#" 括起来的一个日期	#2013-7-12#、#1995/11/18#等
逻辑常量	用于表示真、假的两个值	True（逻辑真）、False（逻辑假）

（2）字段名：保存一个或多个基本表或查询中字段的名字。在条件中引用字段名时，一般要用英文方括号将其括起来。当字段名与表名一起引用时，表名和字段名都要用英文方括号括起来，且表名与字段名用英文感叹号隔开。具体引用形式如表 4.2 所示。

表 4.2　　　　　　　　　　　　　　　　字段名引用范例

引 用 形 式	范　　例
单独引用字段名	[姓名]、[作者]、[出版日期]、[借书证编号]
字段名与表名一起引用	[读者表]! [姓名]、[借阅表]! [图书编号]

（3）运算符：一个标记或符号，指定表达式内执行的计算类型。包括算术运算符、比较运算符、逻辑运算符、字符串运算符、特殊运算符和引用运算符等。如表 4.3 所示。

表 4.3　　　　　　　　　　　　　　　　运算符

运算符类型	运　算　符
算术运算符	+、-、*、/、mod（取余数）、^（乘方）
比较运算符	<、<=、=、<>（不等于）、>、>=
逻辑运算符	And、Or、Not
字符串运算符	+、&
特殊运算符	Like、Between…and…、In、Is null、Is not null
引用运算符	!、.

（4）函数：一段已经编写好的程序，可以完成某个特定的功能。包括数值函数、字符函数、日期函数和统计函数等等。关于函数的使用说明请参见附录 1，部分常用函数名如表 4.4 所示。

表 4.4   常用函数名

函 数 类 型	函数名范例
数值函数	Int()、Fix()、Sqr()、Round()、Rnd()
字符函数	Left()、Right()、Mid()、Len()、Instr()
日期函数	Date()、Year()、Month()、Day()、DateSerial()
统计函数	Sum()、Avg()、Count()、Max()、Min()
转换函数	Asc()、Chr()、Str()、Val()
条件函数	IIf()、Switch()、Choose()

（5）表达式：由常量、运算符、字段名、函数等组合而成的式子称为表达式。根据所使用的运算符不同，可以分为以下几种表达式。

① 算术表达式：其运算结果为一个数值。例如：

2+Sqr(3)   '返回 2 与 3 的平方根之和

Round(3.1415,3)   '将 3.1415 保留 3 位小数，并在第四位小数进行四舍五入

[价格]+2.4   '价格字段的值增加 2.4

② 比较表达式：其运算结果为一个逻辑值。例如：

[性别]="男"   '性别为"男"

[办证日期]>#2013-7-18#   '办证日期在 2013 年 7 月 18 日以后

Right([书名],3)="好日子"   '书名以"好日子"结尾

Left([作者],1)="张"   '姓"张"的作者

③ 字符表达式：其运算结果为一个字符串。例如：

"计算机" + "等级考试"   '返回"计算机等级考试"

"2+3" + "=" & 2+3   '返回"2+3=5"

"3 的平方是:" & 3*3   '返回"3 的平方是：9"

④ 逻辑表达式：其运算结果为一个逻辑值（True 或 False）。例如：

[作者]= "时寒冰" And [出版社]="机械工业出版社"

Left([借书证编号], 4)="2011" And [性别]="男"

"中信出版社" Or "译林出版社"

Not [价格]>38   '价格不高于 38

Year([入库时间])=2013 And Month([入库时间])=8   '2013 年 8 月入库

⑤ 日期表达式：其运算结果为一个日期或一个数值。例如：

#2013-5-16#+10   '返回#2013-5-26#

#2013-5-20#-#2013-5-10#   '返回 10

Year([借阅日期])-2   '借阅年份减去 2

Month([借阅日期])+6   '借阅月份加上 6

DateSerial(2012+1,3-2,24)   '返回#2013-1-24#

⑥ 特殊运算符表达式：其结算结果为逻辑值。例如：

In(#2012-1-1#,#2012-5-31#)   '2012 年 1 月 1 日或 2012 年 5 月 31 日

Between #2012-1-1# and #2012-5-31# '在 2012 年 1 月 1 日至 2012 年 5 月 31 日之间

Like "计算机*"   '以"计算机"开头

Like "*计算机*"　　　　　　　　　'包含 "计算机"

Is null　　　　　　　　　　　　　'没有值

Is not null　　　　　　　　　　　'有值

2. 查询条件的设置

若要在查询中设置条件，则必须进入查询 "设计视图"，找到要设置条件的字段列，在 "条件"
行中输入条件表达式。图 4.1 所示的矩形区域就是已经设置好的条件表达式。若要指定条件的字
段尚未出现在 "设计网格" 区，则必须先添加该字段，再设置其条件表达式。

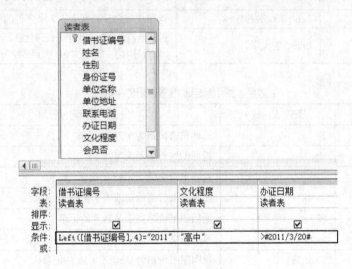

图 4.1　设置查询条件

在不同数据类型的字段上设置查询条件时，条件表达式也会不同，表 4.5、表 4.6、表 4.7、
表 4.8 分别给出几组不同类型的字段上条件设置的范例。

表 4.5　　　　　　　　　　　　文本、备注和超链接字段的条件范例

条件设置说明	条件表达式	查 询 结 果
完全匹配一个值	"男"	返回 "性别" 字段为 "男" 的记录
不匹配某个值	Not "初中"	返回 "文化程度" 字段为 "初中" 以外的其他文化程度的记录
以指定的字符串开头	Like "李*"	返回读者姓名以 "李" 开头的所有读者（如李雯、李晓璐、李珊珊等）的记录
不以指定字符串开头	Not Like "李*"	返回读者姓名不是姓李的所有记录
包含指定字符串	Like "*师范*"	返回包含字符串 "师范" 的所有单位名称的记录
不包含指定字符串	Not Like "*师范*"	返回不包含字符串 "师范" 的所有单位名称的记录
以指定字符串结尾	Like "*公司"	返回单位名称以 "公司" 结尾的所有单位名称（如上海电子有限公司和长春实业有限公司）的记录
不以指定字符串结尾	Not Like "*公司"	返回所有不以 "公司" 结尾的单位名称所在的记录
包含 Null 值	Is Null	返回该字段中没有值的记录
不包含 Null 值	Is Not Null	返回该字段中有值的记录
包含零长度字符串	""（一对引号）	返回该字段设置为空字符串（不是 Null）值的记录
不包含零长度字符串	Not ""	返回 "单位名称" 字段含有非空值的记录

续表

条件设置说明	条件表达式	查 询 结 果
包含Null值或零长度字符串	"" Or Is Null	返回该字段中没有值或该字段设置为空值的记录
不为空	Is Not Null And Not ""	返回"单位名称"字段含有非空、非 Null 值的记录
匹配两个值中的任一值	"初中" Or "高中"	返回文化程度是"初中"或"高中"的记录
包含值列表中的任一值	In("初中","高中","大学")	返回文化程度在指定列表中的所有记录
在字段值的特定位置包含某些字符	Right([身份证号], 1) = "x"	返回身份证号最后一个字符为"x"的所有记录
满足长度要求	Len([单位名称]) >8	返回单位名称长度大于 8 个字符的所有记录
匹配特定模式	Like "??大学"	返回单位名称为 4 个字符长并且最后两个字符为"大学"（如吉林大学、东北大学、复旦大学等）的所有记录

表 4.6   数字、货币和自动编号字段的条件

条件设置说明	条件表达式	查 询 结 果
完全匹配一个值	28	返回图书价格为￥28 的记录
不匹配某个值	Not 32	返回图书价格不为￥32 的记录
包含小于某个值的值	< 48	返图书价格低于￥48 的记录
	<= 48	显示图书价格低于或等于￥48 的记录
包含大于某个值的值	>29.8	返回图书价格高于￥29.8 的记录
	>=29.8	显示图书价格高于或等于￥29.8 的记录
包含两个值中的任一值	30 or 38	返回图书价格为￥30 或￥38 的记录
包含某个范围之内的值	>30.99 and <79.99	返回图书价格介于（但不包括）￥30.99 和￥79.99 之间的记录
	Between 31 and 80	返回图书价格介于（包括）￥30.99 和￥79.99 之间的记录
	>=30.99 and <=79.99	返回图书价格介于（包括）￥30.99 和￥79.99 之间的记录
包含某个范围之外的值	<35 or >78	返回图书价格不在￥35 和￥78 之间的记录
包含多个特定值之一	In(24, 28, 39)	返回图书价格为￥24、￥28 或￥39 的记录
包含 Null 值	Is Null	返回图书"价格"字段中未输入值的记录
包含非 Null 值	Is Not Null	返回图书"价格"字段中已经输入值的记录

表 4.7   日期/时间字段的条件

条件设置说明	条件表达式	查 询 结 果
完全匹配一个日期值	#2011/3/20#	返回在 2011 年 3 月 20 日办证的记录
不匹配某个日期值	Not #2011/3/20#	返回不在 2011 年 3 月 20 日办证的记录
包含某个特定日期之前的值	<#2011/3/20#	返回在 2011 年 3 月 20 日之前办证的记录
包含某个特定日期之后的值	>#2011/3/20#	返回在 2011 年 3 月 20 日之后办证的记录
包含某个日期范围之内的值	>#2011/3/20# and <#2011/3/30#	返回在 2011 年 3 月 20 日至 2011 年 3 月 30 日之间办证的记录 不包括 2011 年 3 月 20 日和 2011 年 3 月 30 日办证的记录
	>=#2011/3/20# and <=#2011/3/30#	返回在 2011 年 3 月 20 日至 2011 年 3 月 30 日之间办证的记录 包括 2011 年 3 月 20 日和 2011 年 3 月 30 日办证的记录

续表

条件设置说明	条件表达式	查 询 结 果
包含某个日期范围之内的值	Between #2011/3/20# and #2011/3/30#	返回在 2011 年 3 月 20 日至 2011 年 3 月 30 日之间办证的记录 包括 2011 年 3 月 20 日和 2011 年 3 月 30 日办证的记录
包含某个范围之外的值	<#2011/3/20# or >#2011/3/25#	返回在 2011 年 3 月 20 日之前或 2011 年 3 月 25 日之后办证的记录
包含两个值中的任一值	#2011/3/20# or #2011/3/25#	返回在 2011 年 3 月 20 日或 2011 年 3 月 25 日办证的记录
包含多个值之一	In (#2011/3/2#，#2012/2/10#，#2013/5/8#)	返回在 2011 年 3 月 2 日、2012 年 2 月 10 日或 2013 年 5 月 8 日办证的记录
包含特定月份（与年份无关）内的某个日期	DatePart("m", [办证日期]) = 8	返回在任何一年的 8 月办证的记录
包含特定季度（与年份无关）内的某个日期	DatePart("q", [办证日期]) = 4	返回在任何一年的第四季度办证的记录
包含今天的日期	Date()	返回在当天办证的记录
包含昨天的日期	Date()-1	返回在当天的前一天办证的记录
包含下个星期内的日期	Year([办证日期])* 53+DatePart("ww", [办证日期]) = Year(Date())* 53+DatePart("ww", Date()) + 1	返回将在下个星期办证的记录。一个星期从星期日开始到星期六结束
包含前 7 天内的日期	Between Date() and Date()-6	返回在前 7 天办证的记录
包含属于当前月的日期	Year([办证日期]) = Year(Now()) And Month([办证日期]) = Month(Now())	返回当前月办证的记录
包含属于上个月的日期	Year([办证日期])* 12 + DatePart（"m"，[办证日期]) = Year(Date())* 12 + DatePart（"m"，Date()) − 1	返回上个月办证的记录
包含属于下个月的日期	Year([办证日期])* 12 + DatePart（"m"，[办证日期]) = Year(Date())* 12 + DatePart（"m"，Date()) + 1	返回下个月办证的记录
包含前 30 天或 31 天内的日期	Between Date( ) And DateAdd（"M"，−1，Date( ))	一个月的办证记录
包含属于当前季度的日期	Year([办证日期]) = Year(Now()) And DatePart（"q"，Date()) = DatePart（"q"，Now())	返回当前季度办证的记录
包含属于上个季度的日期	Year([办证日期])*4+DatePart（"q"，[办证日期]) = Year(Date())*4+ DatePart（"q"，Date())− 1	返回上个季度办证的记录
包含属于下个季度的日期	Year([办证日期])*4+DatePart（"q"，[办证日期]) = Year(Date())*4+ DatePart（"q"，Date())+1	返回下个季度办证的记录
包含当年内的日期	Year([办证日期]) = Year(Date())	返回当年的办证记录
包含属于去年的日期	Year([办证日期]) = Year(Date()) − 1	返回去年的办证记录
包含介于 1 月 1 日和今天之间的日期（当年到今天为止的记录）	Year([办证日期]) = Year(Date()) and Month([办证日期]) <= Month(Date()) and Day([办证日期]) <= Day (Date())	返回办证日期介于当年 1 月 1 日到当天之间的记录
包含发生在过去的日期	< Date()	返回在当天之前办证的记录
筛选 Null 值	Is Null	返回没有办证日期的记录
筛选非 Null 值	Is Not Null	返回已有办证日期的记录

表 4.8 其他字段的条件

条件设置说明	条件表达式	查 询 结 果
"是/否"类型字段的引用	True 或 On 或 Yes	返回复选框已选中的记录
	False 或 Off 或 No	返回复选框未选中的记录
"附件"类型字段的引用	Is Null	返回不包含任何附件的记录
	Is Not Null	返回含有附件的记录
"查阅"类型字段的引用	指定值的列表的"查阅"字段为文本数据类型，并且有效条件与其他文本字段相同，如"初中"	返回文化程度为"初中"的记录，其中文化程度字段为值列表的"查阅"字段
	现有数据源值的"查阅"字段中使用的条件取决于外键的数据类型，而不是所查阅的数据的数据类型	-

4.1.4 查询的视图

Access 的查询提供了 5 种不同视图，分别是设计视图、数据表视图、数据透视表视图、数据透视图视图和 SQL 视图。设计视图和数据表视图是其中最常用的两种视图。各视图之间的切换可通过图 4.2 所示的【结果】功能组的【视图】按钮来完成。

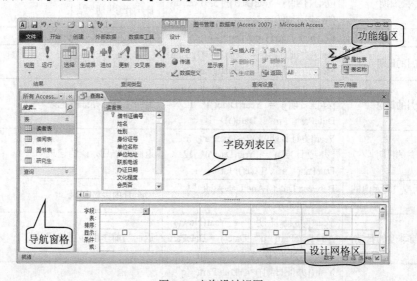

图 4.2 查询设计视图

1. 设计视图

查询的"设计视图"窗口可以创建新查询、修改或运行已创建的查询、设计查询所需要的数据源、字段、查询条件等等。如图 4.2 所示，查询设计窗口主要由 3 个部分组成，分别是功能组区、导航窗格和设计视图区。其中设计视图区域由上下两部分组成，上半区称为"字段列表区"，显示一个或多个数据源的字段信息，用于设计查询时选择所需的字段。下半区称为"设计网格"区，用于设计查询所需要的字段、查询条件等。可以通过拖动各个分区之间的分隔条来改变各区域的大小。

"设计网格"区中各行的含义如下。

◆ **字段**：设置查询所需要的字段。

◆ **表**：设置字段所在的表或查询的名称。

◆ **排序**：设置查询结果中记录的排序方式。

◆ **显示**：设置字段是否在查询结果中显示。若某字段所对应的复选框被选中，则该字段将在结果中显示，否则，不显示。

◆ **条件**：设置查询条件。每个字段上都可以设置条件，同一行上各字段所设置的条件是"与"的关系。

◆ **或**：设置"或"查询条件。

2．数据表视图

查询的数据表视图与基本表的数据表视图完全相同，用于显示查询的运行结果。如图 4.3 所示。当运行查询后，原来的查询设计区域就切换为数据表视图区域。若发现查询结果不符合预期结果，则切换回查询设计视图继续修改查询设计，然后再运行查询。如此反复，直到所设计的查询满足要求为止。

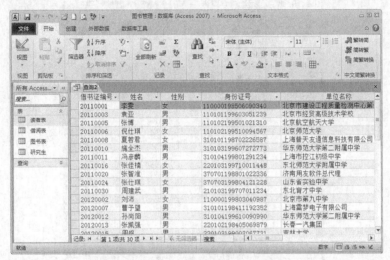

图 4.3　查询的数据表视图

3．SQL 视图

SQL 视图允许用户直接输入 SQL 语句来创建查询，是用于创建 SQL 查询的视图。如图 4.4 所示。事实上，用户在设计视图中创建或修改查询时，Access 就会自动创建或修改与该查询对应的

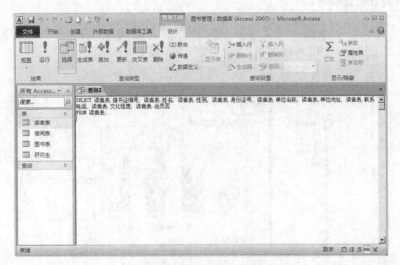

图 4.4　查询的 SQL 视图

SQL 语句，用户随时可以在设计视图中创建完查询后，切换到 SQL 视图查看该查询所对应的 SQL 语句。SQL 查询是功能最强大、最灵活的一种查询，一般适合比较熟悉 SQL 语言的用户使用。

4. 数据透视表视图

数据透视表视图是一种对查询结果进行快速汇总和建立交叉列表的交互式视图。如图 4.5 所示。通过数据透视表可以方便地转换行和列并以数据交叉列表方式来查看查询结果的不同汇总方式，也可以通过筛选字段来筛选数据，还能够根据需要显示区域中的明细数据。此外，数据透视表可以根据需要进行分级汇总。

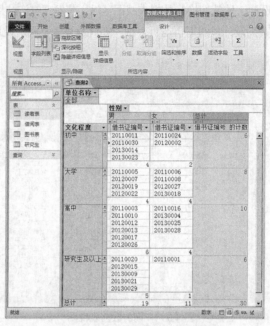

图 4.5　查询的数据透视表视图

5. 数据透视图视图

数据透视图是用直方图的形式来直观地显示数据透视表中数据的汇总情况。图 4.6 所示的是图 4.5 所对应的数据透视图。

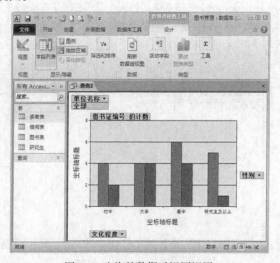

图 4.6　查询的数据透视图视图

4.2 选 择 查 询

选择查询是 Access 中最基本、最常用的查询，它是根据指定的查询条件，从一个或多个数据源获取数据并显示查询结果。选择查询包括简单选择查询、带条件的选择查询、带计算的选择查询、查找重复项查询和查找不匹配项查询等类型。Access 提供了两种创建选择查询的方法：查询向导和设计视图。查询向导比较适合初学者使用，它能够快速创建查询，但缺乏灵活性。设计视图的功能比较强大，使用灵活，可以创建和修改查询，适合有一定 Access 基础的用户使用。

4.2.1 使用查询向导创建选择查询

利用查询向导，用户可以快速地创建简单的选择查询。Access 提供了 4 种不同的查询向导：简单查询向导、交叉表查询向导、查找重复项查询向导和查找不匹配项查询向导。单击图 4.7 的【创建】选项卡的【查询】功能组的【查询向导】按钮，即可打开图 4.8 所示的【新建查询】向导对话框。

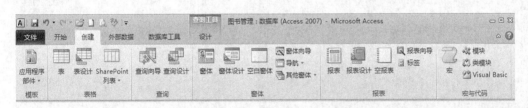

图 4.7 【创建】选项卡的各功能组

1. 使用简单查询向导

【例 4.1】 创建一个选择查询，查找并显示"读者表"中"借书证编号""姓名""性别"和"联系电话"等信息，所建查询保存为"Reader1"。

操作步骤如下：

（1）单击图 4.7 所示的【查询】功能组的【查询向导】按钮，打开图 4.8 所示"新建查询对话框"。

（2）选择【简单查询向导】项，单击【确定】按钮，打开【简单查询向导】的第 1 个对话框，如图 4.9 所示。

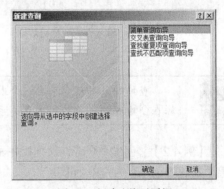

图 4.8 新建查询对话框

（3）在图 4.9 所示的对话框中，单击【表/查询】组合框右侧的下箭头按钮，选择指定的数据源，本例选择"读者表"。此时，"读者表"中的所有字段将显示在【可用字段】列表框中，选定"借书证编号"字段，单击 ＞ 按钮，将其添加到【选定字段】列表框中。若单击 ＞＞ 按钮，则将所有可用字段添加到【选定字段】列表框中。利用相同的方法将"姓名""性别"和"联系电话"字段添加到【选定字段】列表框中，如图 4.10 所示。若单击 ＜ 按钮，则删除某个选定字段，而单击 ＜＜ 按钮，将删除所有选定字段。

（4）单击【下一步】按钮，打开【简单查询向导】的第 2 个对话框，如图 4.11 所示。在【请为查询指定标题】文本框中输入查询保存的名称"Reader1"，选中【打开查询查看信息】选项按钮，单击【完成】按钮，查询结果如图 4.12 所示。

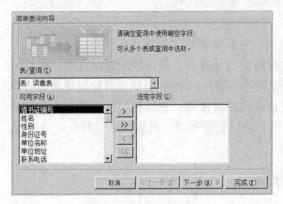

图 4.9　字段选择对话框

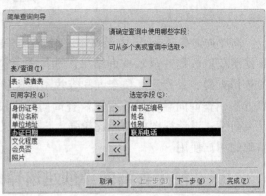

图 4.10　字段选择结果对话框

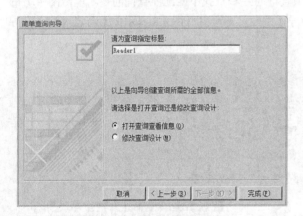

图 4.11　输入查询名称对话框

图 4.12　查询结果

　　　　查询的数据可以来自一个或多个表或查询，若查询的数据源不只一个，则这些数据源在创建查询之前必须建立关系，否则，无法保证查询结果的正确性。

【例 4.2】　创建一个查询，查找并显示"借书证编号""姓名""书名"和"借阅日期"等信息，所建查询保存为"RBook"。

操作步骤如下：

（1）打开图 4.9 所示的字段选择对话框，在【表/查询】组合框中选择"读者表"，将【可用字段】列表框的"借书证编号"和"姓名"两个字段添加到【选定字段】列表框中。

（2）运用相同的方法，将"图书表"的"书名"字段和"借阅表"的"借阅日期"字段添加到【选定字段】列表框中，如图 4.13 所示。

（3）单击【下一步】按钮，进入【简单查询向导】第 2 个对话框。此时，需要设定是创建【明细】查询，还是【汇总】查询。若选择创建【明细】查询，则可查看每个记录的所选字段信息；若选择创建【汇总】查询，则 Access 会对记录分组，组内进行各种统计，每一组在结果显示为一条记录。本例选择系统默认项，如图 4.14 所示。

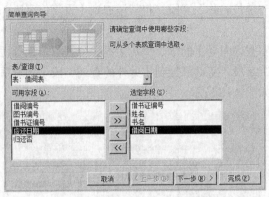

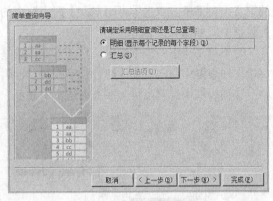

图 4.13　多数据源字段选定结果　　　　　　　图 4.14　设定查询类型

（4）单击【下一步】按钮，进入图 4.11 所示的【简单查询向导】第 3 个对话框。在【请为查询指定标题】文本框中输入查询保存的名称"RBook"，确保选中【打开查询查看信息】选项按钮后，单击【完成】按钮以查看查询结果。如图 4.15 所示。

　　　　　在图 4.9、图 4.10 和图 4.13 所示的对话框中，双击【可用字段】列表框中的某个字段，可以将其快速添加到【选定字段】列表框中。双击【选定字段】列表框中的某个字段，则移除该字段。

　　　　　图 4.12 和图 4.15 所示的查询结果中，字段的排列顺序与其被选定的先后顺序有关。因此在选定字段时，尽可能按照查询结果要求的排列顺序来选择所需要的字段。

2. 使用查找重复项查询向导

【查找重复项查询向导】既可以在指定表中搜索内容完全相同的记录或具有相同字段值的记录，也可以在多个数据源中查找指定字段具有相同值的记录。

【例 4.3】　在"读者表"中查找以确定是否存在来自相同单位的读者。若存在，则显示"借书证编号""姓名""单位名称"等内容，并将查询保存为"相同单位读者"。

操作步骤如下：

（1）打开图 4.8 所示的【新建查询】对话框，选择【查找重复项查询向导】项，单击【确定】按钮，打开【查找重复项查询向导】的第 1 个对话框，如图 4.16 所示。

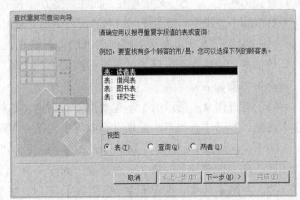

图 4.15　多数据源查询结果　　　　　　　图 4.16　查找重复项查询向导对话框

（2）在图 4.16 中选中【表：读者表】项，单击【下一步】按钮，打开【查找重复项查询向导】的第 2 个对话框。双击【可用字段】列表框中的"单位名称"字段，将其添加到【重复值字段】列表框中。如图 4.17 所示。

（3）单击【下一步】按钮，打开【查找重复项查询向导】的第 3 个对话框。分别双击【可用字段】列表框中的"借书证编号"字段和"姓名"字段，将其添加到【另外的查询字段】列表框中，该列表框中的字段将会在查询结果中显示。如图 4.18 所示。

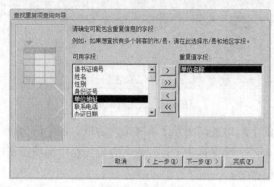

图 4.17　选择包含重复值的字段

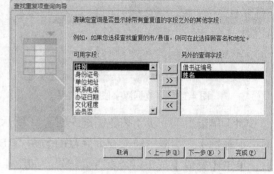

图 4.18　选择查询结果中的其他字段

（4）单击【下一步】按钮，打开【查找重复项查询向导】的第 4 个对话框，在【请指定查询的名称】文本框中输入查询保存的名称"相同单位读者"，确保【查看结果】选项按钮处于"选中"状态后，单击【完成】按钮，即可看到图 4.19 所示的查询结果。

3. 使用查找不匹配项查询向导

关系型数据库的两个表建立了"一对多"关系后，通常"一方"表中的每一条记录会与"多方"表中的多条记录相匹配，即"一方"表某条记录主键字段的值与"多方"表中多条记录对应的外键字段的值相等。但也

图 4.19　读者单位相同的查询结果

可能存在"多方"表中没有任何一条记录的外键字段的值与"一方"表中任何一条记录主键字段的值相等，这种情况称为"多方"表中没有记录与"一方"表的记录匹配。【查找不匹配项查询向导】就是查找那些在"一方"表中存在，而在"多方"表中没有与之相匹配的记录。例如，在"图书管理"数据库中查找没有借阅任何图书的读者信息，就可以使用【查找不匹配项查询向导】来完成。

【例 4.4】　查找没有借阅任何图书的读者信息，并返回"借书证编号""姓名"和"单位名称"等信息，所建查询保存为"没有借阅图书的读者"。

操作步骤如下：

（1）打开图 4.8 所示的【新建查询】对话框，选择【查找不匹配项查询向导】项，单击【确定】按钮，打开【查找不匹配项查询向导】的第 1 个对话框，如图 4.20 所示。

（2）在图 4.20 中，选定【表：读者表】项，作为"一方"表。单击【下一步】按钮，打开【查找不匹配项查询向导】的第 2 个对话框，如图 4.21 所示。

（3）在图 4.21 中，选定【表：借阅表】项，作为"多方"表。单击【下一步】按钮，打开【查找不匹配项查询向导】的第 3 个对话框，如图 4.22 所示。

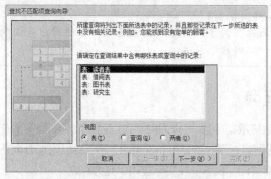

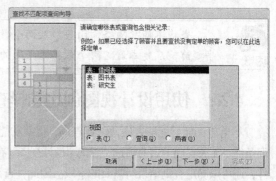

图 4.20　选择查询结果的数据源　　　　　图 4.21　选择包含相关记录的表

（4）在图 4.22 中，分别选定【"读者表"中的字段】列表框中的【借书证编号】和【"借阅表"中的字段】列表框中的【借书证编号】。实际上，Access 已经预判出"读者表"和"借阅表"能够匹配的字段，用户直接使用默认项即可。该步骤的设置代表两个表将通过"借书证编号"字段进行比较以判断是否匹配。

（5）单击【下一步】按钮，打开【查找不匹配项查询向导】的第 4 个对话框。在【可用字段】列表框中双击"借书证编号""姓名"和"单位名称"3 个字段，将其添加到【选定字段】列表框中。如图 4.23 所示。

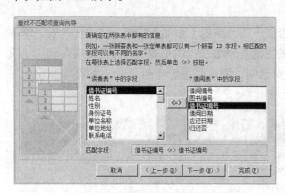

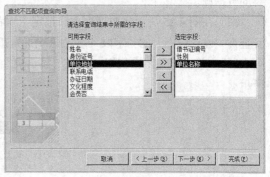

图 4.22　选择两张表的匹配字段　　　　　图 4.23　选择查询结果中所需要的字段

（6）单击【下一步】按钮，打开【查找不匹配项查询向导】的第 5 个对话框。在【请指定查询的名称】文本框中输入所建查询保存的名称"没有借阅图书的读者"，确保【查看结果】选项按钮处于选中状态后，单击【完成】按钮，查询结果如图 4.24 所示。

借书证编号	姓名	单位名称
20120013	张凯强	长春一汽集团
20130014	党博文	长春远方实业有限公司
20120015	周超	吉林大学
20120017	王成龙	吉林省实验中学
20130018	杨诗炜	吉林大学
20120019	林川杰	济南万达商业广场置业有限公司
20130021	刘光舜	山东大学
20120022	蔡金鹏	山东大学
20130023	杨贻	济南用友软件总代理
20130025	金沙	沈阳经贸留学公司
20120026	陈振兴	沈阳万科房地产开发有限公司
20120027	叶子彤	东北大学
20130028	张乐	东北育才中学
20130029	王帮金	东北大学
20110030	周建武	东北育才中学

图 4.24　不匹配项查询结果

查找不匹配项查询向导涉及两个数据源，为了确保查询结果正确，在使用该查询向导之前，应建立好这两个数据源之间的"一对多"关系。

4.2.2　使用设计视图创建选择查询

尽管查询向导能够方便地创建查询，但其功能很有限。例如，查询向导在创建查询时不能附加查询条件，无法实现记录的筛选。查询"设计视图"在创建查询时就显得非常灵活，不仅可以附加查询条件，还可以确定查询结果所需要的字段。因此，查询"设计视图"在实际应用中更为有效。

【例 4.5】　创建一个查询，显示"姓名""书名""出版社"和"借阅日期"4 个字段的信息。所建查询命名为"读者借阅信息"。

[分析] 本查询中的"姓名"字段取自"读者表"，"书名"和"出版社"字段取自"图书表"，而"借阅日期"字段取自"借阅表"，说明本查询涉及 3 个数据源："读者表""图书表"和"借阅表"。查询中没有任何限定条件。

操作步骤如下：

（1）在 Access 中，单击【创建】选项卡的【查询】功能组的【查询设计】按钮，打开图 4.2 所示的查询"设计视图"，同时也打开一个图 4.25 所示的【显示表】对话框，用于选择查询所需要的数据源。

（2）在图 4.25 所示的对话框中，选定【读者表】项，单击【添加】按钮，将"读者表"添加到查询"设计视图"的"字段列表区"。用相同的方法分别添加"图书表"和"借阅表"到"字段列表区"。单击【关闭】按钮，关闭"显示表"对话框。添加数据源后的"设计视图"如图 4.26 所示。

图 4.25　选择查询数据源对话框

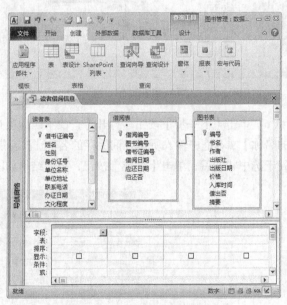

图 4.26　添加了数据源的设计视图

　在"显示表"对话框中，双击某个表或查询的名称，可以快速将其添加到查询"设计视图"的"字段列表区"。

在图 4.26 中，单击【设计】上下文选项卡，进入完整的查询"设计视图"。如图 4.27 所示。

　　"显示表"对话框关闭后，有两种方法能够再次打开该对话框。其一是右击查询"设计视图"的"字段列表区"的任一空白位置，在打开的快捷菜单中选择【显示表】项即可。其二是在图 4.27 所示的功能组中单击【显示表】按钮。

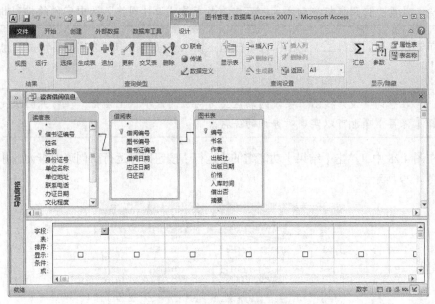

图 4.27　完整的查询"设计视图"

（3）在"设计视图"的"设计网格"区中，单击【字段】行第 1 列右侧的下箭头，选择"读者表"的"姓名"字段。用相同的方法分别将"图书表"的"书名""出版社"字段。"借阅表"的"借阅日期"字段添加到"设计网格"区的第 2、3、4 列。如图 4.28 所示。

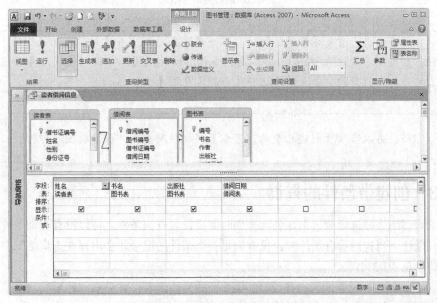

图 4.28　选择查询所需要的字段

还有两种向"设计网格"区添加字段的方法。其一是双击"字段列表区"中的某个字段名，其二是将"字段列表区"中的某个字段直接拖动到"设计网格"区的某列。若选择数据源中的"*"，则代表选择该数据源的所有字段。

在"设计网格"区中，若不需要某个字段列，可以将其选定后，按【Delete】键删除。此外，使用鼠标拖动方式，可以重新布局"设计网格"区中字段的排列顺序。

（4）单击快速访问工具栏上的【保存】按钮，输入查询保存的名称"读者借阅信息"后，单击【确定】按钮。

在查询"设计视图"字段列表区上方对应的选项卡上右击，在打开的快捷菜单中选择【保存】项也可以实现对查询的保存。

（5）在图 4.28 中，单击【结果】功能组的【运行】按钮即可运行所创建的查询，并查看查询结果。如图 4.29 所示。

姓名	书名	出版社	借阅日期
李雯	欧债真相警示中国	机械工业出版社	2011/5/8
李雯	思考快与慢	中信出版社	2011/7/9
李雯	我们怎样过上好日子	辽宁教育出版社	2012/4/17
刘沛	思考快与慢	中信出版社	2012/2/21
刘沛	我们怎样过上好日子	辽宁教育出版社	2012/7/9
刘沛	经济大棋局我们怎么办	上海财经大学出版	2013/4/25
袁亚	我们怎样过上好日子	辽宁教育出版社	2011/9/10
袁亚	经济大棋局我们怎么办	上海财经大学出版	2012/10/11
袁亚	穷人通胀富人通缩	江苏人民出版社	2013/2/27
吴琳琳	谁的青春不迷茫	中信出版社	2013/1/20
吴琳琳	没有翅膀所以努力奔跑	湖南文艺出版社	2013/8/28
吴琳琳	哈佛凌晨四点半	中信出版社	2013/9/10
张博	没有翅膀所以努力奔跑	湖南文艺出版社	2013/9/29
张博	哈佛凌晨四点半	中信出版社	2011/8/23
张博	学会自己长大	光明日报出版社	2012/11/11
倪仕琪	哈佛凌晨四点半	中信出版社	2011/12/29

图 4.29　运行查询的结果

还有两种查看查询结果的方法。其一是单击图 4.28 中【结果】功能组的【视图】按钮，切换到【数据表视图】。其二是在查询"设计视图"字段列表区上方对应的选项卡上右击，在打开的快捷菜单中选择【数据表视图】项。

若要再次修改所创建的查询，可以直接切换到查询"设计视图"即可。

4.2.3　创建带条件的查询

若要求查询能够筛选记录，则在创建查询时需要设置查询条件。可以没有查询条件，也可以有多个查询条件。当查询带有条件时，只有满足查询条件的记录才会出现在查询结果中。查询条件的设置请参见 4.1.3 小节。

【例 4.6】　创建一个查询，查找 2012 年办证的男性读者，并显示"姓名""性别""办证日期"和"会员否"等信息。所建查询保存为"2012 办证的读者"。

[分析]此查询所需要的所有字段均取自"读者表",其数据源只有一个。查询条件有两个,其一是办证日期为2012年,其二是男性读者,这两个条件是"并且"的关系。查询结果中要求显示"姓名""性别""办证日期"和"会员否"4个字段的信息。

操作步骤如下:

(1)打开查询"设计视图",将"读者表"添加到"字段列表区"中。

(2)将"姓名""性别""办证日期"和"会员否"字段依次添加到"设计网格"区中。

(3)在"性别"字段列的【条件】行中输入"男",在"办证日期"字段列的【条件】行中输入"Year([办证日期])=2012",如图4.30所示。

字段:	姓名	性别	办证日期	办证日期	会员否
表:	读者表	读者表	读者表	读者表	读者表
排序:					
显示:	☑	☑	☑	☐	☑
条件:		"男"		Year([办证日期])=2012	
或:					

图4.30　设置查询条件

"办证日期"字段的条件也可以设置为"Between #2012-1-1# and #2012-12-31#"。设置查询条件时,若某列的宽度不够显示其内容,则可以将鼠标移动到"设计网格"区中【字段】行上方的两列分界处,当鼠标指针变成水平双向箭头时,按住鼠标左键拖动鼠标来改变某列的宽度。

若两个或两个以上的查询条件之间是"与"的关系,即"并且"关系,则所有条件表达式都应输入在【条件】所在行的对应字段列位置。若查询条件之间是"或"的关系,即"或者"关系,则"或"的条件表达式应该输入在【或】行所对应的字段列位置。图4.31所设置的条件表示只要满足性别为"男",或者"办证日期"为2012年的记录均属于满足查询条件的记录。由于两个条件是"或"的关系,将两者之一输入到或行即可。

(4)单击快速访问工具栏上的【保存】按钮,输入查询保存的名称"2012办证的读者",单击【确定】按钮。

(5)运行查询,结果如图4.32所示。

字段:	姓名	性别	办证日期	办证日期	会员否
表:	读者表	读者表	读者表	读者表	读者表
排序:					
显示:	☑	☑	☑	☐	☑
条件:		"男"			
或:				Year([办证日期])=2012	

图4.31　"或"条件的设置实例

| 2012办证的读者 | | | |
姓名	性别	办证日期	会员否
曹予望	男	2012/1/18	☑
孙尚阳	男	2012/1/18	☐
张凯强	男	2012/1/18	☐
周超	男	2012/1/18	☑
王成龙	男	2012/1/18	☐
林川杰	男	2012/1/18	☐
蔡金鹏	男	2012/1/18	☑
陈振兴	男	2012/1/18	☑
*			☐

图4.32　附加条件的查询结果

在创建查询的过程中,有些字段是专门用于设置条件的,该字段的值在最终的查询结果中并不要求显示出来。比较好的做法是先让【显示】行所有字段对应的【复选框】被选中,再预览查询结果。若结果符合预期,则回到查询"设计视图"中,取消选中不需要在结果中出现的字段,最后再保存查询即可。

4.2.4　在查询中进行计算

Access的查询功能不仅可以根据指定条件从多个数据源获取信息,而且还可以对所获取的信息进行多种统计计算。这种计算功能既可以通过"设计网格"的【总计】行所提供的预定义计算来完成，也可以通过自定义计算表达式来实现各种复杂的计算。

在查询"设计视图"的【显示/隐藏】功能组中，单击【汇总】按钮，即可在"设计网格"区增加一个【总计】行，单击【总计】行右侧的下箭头，就可以选择 Access 提供的预定义计算功能。如图 4.33 所示。

图 4.33，【总计】行包含了 12 个总计项，各项的含义如下：

图 4.33　Access 的【总计】计算

◆　Group By：将记录按某个字段分组。

◆　合计：计算一组记录中某个字段的累加和，其对应的聚合函数是 Sum()。

◆　平均值：计算一组记录中某个字段的平均值，其对应的聚合函数是 Avg()。

◆　最小值：计算一组记录中某个字段的最小值，其对应的聚合函数是 Min()。

◆　最大值：计算一组记录中某个字段的最大值，其对应的聚合函数是 Max()。

◆　计数：计算一组记录中某个字段非空值的个数，其对应的聚合函数是 Count()。

◆　StDev：计算一组记录中某个字段值的标准偏差，其对应的聚合函数是 StDev()。

◆　变量：计算一组记录中某个字段值的方差，其对应的聚合函数是 Var()。

◆　First：计算一组记录中某个字段的第一个值。

◆　Last：计算一组记录中某个字段的最后一个值。

◆　Expression：创建一个由表达式决定的计算字段。

◆　Where：指定某列不参与分组和计算，仅作为条件使用。

上述预定义计算的功能是很有限的，在实际应用中，经常需要用户自己来创建更加复杂的计算表达式，并将这种表达式放置到一个新字段的【字段】行中。若"设计网格"的某列是一个新计算字段，其计算通过【字段】行中的自定义计算表达式完成，那么该字段的【总计】行必须选择【Expression】项，否则将出错。

1. 在查询中使用预定义计算

如上所述，Access 的预定义计算在创建查询时直接通过【总计】行来选择，只能选择系统提供的计算功能，不能编辑新计算表达式。

【例 4.7】　创建一个查询，实现统计"读者表"中的读者人数，并将所建查询保存为"统计读者人数"。

［分析］本查询的数据源是"读者表"，查询的功能是统计"读者表"的读者人数，实质就是统计"读者表"的记录个数。任何一个字段均可以作为统计字段，但 Access 的【总计】中的【计数】只是统计"非空字段值的个数"。因此，在选择统计字段时，应尽量不要使用有空值的字段进行统计。一般选择主键字段作为统计字段，原因是主键字段不允许有空值。本例选择"借书证编号"作为统计字段。查询结果中将只有一条记录。

操作步骤如下：

（1）打开查询"设计视图"，将"读者表"添加到"设计视图"的"字段列表区"。

（2）双击"读者表"的"借书证编号"字段，将其添加到"设计网格"区的第一列。

（3）在【显示/隐藏】功能组中，单击【汇总】按钮，此时，Access 在"设计网格"区插入了一个【总计】行，并自动将"借书证编号"字段的【总计】单元格设置成【Group By】。

（4）单击"借书证编号"字段的【总计】行右侧下拉箭头按钮，选择【计数】项，如图 4.34

所示。

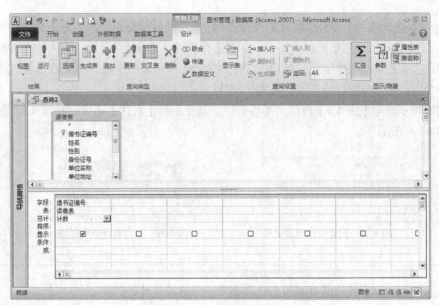

图 4.34　设置【总计】项

（5）保存所创建的查询，保存的名称为"统计读者人数"。

（6）运行查询，结果如图 4.35 所示。

图 4.35　统计人数查询结果

【例 4.8】　创建一个查询，统计 2013 年办借书证的读者人数，并将所建查询保存为"2013 办证人数"。

［分析］本查询是一个带条件的总计查询，查询的数据源是"读者表"，查询条件所涉及的字段是"办证日期"，使用"借书证编号"字段来统计，统计的方式为【计数】，查询结果中只有一条记录，该记录只有一个统计字段。

操作步骤如下：

（1）打开查询"设计视图"，将"读者表"添加到"设计视图"的"字段列表区"。

（2）分别双击"读者表"的"借书证编号"字段和"办证日期"字段，将它们添加到"设计网格"区的第 1 列和第 2 列。

（3）在"设计网格"区中添加【总计】行，将"借书证编号"字段的【总计】单元格设置成【计数】，将"办证日期"字段的【总计】单元格设置成【Where】。

（4）取消"办证日期"字段的【显示】行复选框的选中状态，设置其【条件】行单元格的内容为"Year([办证日期])=2013"。如图 4.36 所示。

（5）保存所创建的查询，保存的名称为"2013 办证人数"。

（6）运行查询，结果如图 4.37 所示。

图 4.36　设置总计项与查询条件

图 4.37　带条件和总计的查询结果

【例 4.9】 创建一个查询，按文化程度分组统计读者人数，并将所建查询保存为"分组统计读者人数"。

[分析]本查询是一个带分组统计的选择查询，查询的数据源是"读者表"，分组的字段是"文化程度"，需要选择一个用于统计的字段，本例选择"借书证编号"字段，统计的方式为【计数】。每一组记录会在查询结果中生成一条记录，组内统计本组记录的个数。结果的每条记录只有两个字段，一个字段用于分组，另一个字段用于统计。

本例操作步骤与【例 4.8】相似，不再赘述。其分组与【总计】项设置如图 4.38 所示，查询结果如图 4.39 所示。

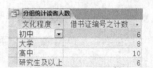

图 4.38 设置分组与总计项　　图 4.39 分组总计查询结果

Access 查询的所有预定义计算都可以用自定义计算代替。

在【例 4.7】、【例 4.8】和【例 4.9】中，查询结果的统计字段名都不便于记忆。可以在创建查询时为统计字段添加一个新字段名。有两种添加新字段名的方法：

（1）在查询"设计视图"中，选择用于统计计算的字段所在字段名单元格，在最前面输入新字段名，并用英文的冒号与原字段名隔开。图 4.40 所示的是【例 4.9】对统计字段重新命名的情形。在"借书证编号"字段名之前输入新字段名"人数"，如图 4.42 所示。

（2）利用【属性表】窗体来完成。在查询"设计视图"中，单击【显示/隐藏】功能组的【属性表】按钮，打开【属性表】窗体。更快捷的方式是直接在统计字段名所在的单元格右击鼠标，在打开的快捷菜单中选择【属性…】项，也可以打开【属性表】窗体。在【属性表】窗体中，选择【常规】选项卡，在【标题】右侧的单元格中输入新字段名即可。图 4.41 所示是用【属性表】窗体重新命名【例 4.9】统计字段的情形。统计字段新字段名为"人数"，查询结果如图 4.42 所示。

图 4.40 重命名统计字段　　图 4.41 使用【属性表】重命名字段图　　图 4.42 统计字段重命名后的结果

2. 在查询中使用自定义计算

Access 提供的预定义计算只能完成一些简单的统计计算，对于一些复杂的运算，尤其是计算表达式需要引用多个字段值的时候，就只能用自定义计算来完成。另一方面，所有的预定义计算功能都可以用自定义计算来代替。在查询"设计视图"中定义计算表达式的时候，仍然需要添加

【总计】行，只是计算表达式输入到字段名所在的单元格，而不是【总计】行所在的单元格。当计算表达式位于字段名所在的单元格时，【总计】行所在的单元格一般要选择【Group By】、【Where】或【Expression】，不再进行统计计算。

【例 4.10】　创建一个查询，用自定义计算实现【例 4.9】相同的功能。将所建查询保存为"分组自定义计算"。

在查询"设计视图"中，新字段名和自定义计算表达式的设置如图 4.43 所示，查询结果与图 4.42 完全相同。

图 4.43　设置自定义计算表达式

对于图 4.44 所设置的计算表达式，在运行查询后，Access 会自动将其转换成预定义计算形式。这说明，使用预定义计算实现的统计功能是 Access 的首选。

自定义计算表达式可以引用单个字段的部分内容、全部内容，多个字段的值，甚至混合引用。这种引用方式使得自定义计算非常灵活，可以满足基本的计算需求。

【例 4.11】　创建一个查询，查找并统计各类图书的数量，所建查询保存为"分类统计图书"。分类字段的字段名为"图书类型"，统计字段的字段名为"数量"。

［分析］本查询的数据源是"图书表"，"图书表"的"编号"字段的第 1 位代表图书的类型。分组字段将是一个计算字段，该字段会引用"编号"字段的第 1 个字符，采用自定义计算表达式来获取，本例使用 Left() 函数。统计字段既可以采用预定义计算方式，也可以采用自定义计算方式，本例采用预定义计算方式，并用"书名"字段进行统计。

操作步骤如下：

（1）打开查询"设计视图"，将"图书表"添加到"字段列表区"。

（2）将【总计】行添加到"设计网格"区。

（3）在"设计网格"区第 1 列【字段】行输入"图书类型：Left([图书表]![编号]，1)"，在第 1 列的【总计】行选择【Group By】默认项。

（4）将"书名"字段添加到"设计网格"区第 2 列，在该列【字段】行最前面输入新字段名"数量"，并用英文冒号间隔"书名"。第 2 列的【总计】行选择【计数】项。如图 4.44 所示。

（5）保存所创建的查询，保存的名称为"分类统计图书"。

（6）运行查询，结果如图 4.45 所示。

图 4.44　设置计算字段和总计项

图 4.45　应用计算字段查询结果

在计算表达式中引用字段名时，若多个数据源中存在相同的字段名，则引用时必须采用"[表名]![字段名]"的形式；若数据源中字段名彼此各不相同，则直接引用字段名即可，即采用"[字段名]"的形式。

4.3 参 数 查 询

当选择查询创建完毕后，不论运行多少次，其结果都是固定不变的。若想要根据单个或多个字段的不同值来查找记录，则需要不断修改所建查询的条件，或者是创建新查询，这就突显了选择查询不灵活的一面。参数查询是选择查询的一种变通，可以实现在不修改查询的情形下，每次运行查询时，输入条件的不同值，以达到检索不同记录的目的。

参数查询运行时会打开一个对话框，提示用户输入查询参数，然后在指定的数据源中查找与输入参数相符合的记录。Access 中有两种参数查询：单参数查询和多参数查询。

4.3.1 单参数查询

所谓单参数查询，是指在一个字段上指定查询参数，运行查询时只需要输入一个参数值。设计参数查询时，需要给出输入参数提示信息，提示信息的内容由设计者决定，放置在某个字段的【条件】行所在的单元格中，形如"[参数提示信息]"的形式。

【例 4.12】 创建一个查询，按照读者姓名查找其所借阅的书籍信息，结果中显示"姓名""书名""借阅日期"3 个字段的内容。要求查询运行时，系统提示"请输入姓名:"，将所建查询保存为"按姓名查找书籍信息"。

【分析】 本查询为单参数查询，查询中的数据源有 3 个："读者表""图书表""借阅表"，分别获取"姓名""书名"和"借阅日期"等字段的信息。在创建查询之前要确保 3 个数据源之间已经创建好关系。

操作步骤如下：

（1）打开查询"设计视图"，分别将"读者表""图书表"和"借阅表"添加到"字段列表区"。若 3 个数据源之间没有创建关系，可以直接在"字段列表区"创建它们之间的关系。

（2）分别将"姓名""书名"和"借阅日期"等字段添加到"设计网格"区的前 3 列。

（3）在"姓名"字段的【条件】行单元格中输入"[请输入姓名:]"，如图 4.46 所示。

图 4.46 设置查询参数

 参数提示信息可以是一个常量字符串，也可以是一个字符串表达式，还可以引用指定控件的值。若参数提示信息是一个常量字符串，则字符串不能使用句号(.)和叹号(!)，且必须用英文方括号括起来，并设置在【条件】行所在的单元格中。

（4）将所建查询保存为"按姓名查找书籍信息"。运行查询后，Access 首先显示图 4.47 所示的【输入参数值】对话框。当用户输入参数值并单击【确定】按钮后，Access 就将输入的参数作为查询条件去检索记录。本例中输入的姓名是"张博"，其检索结果如图 4.48 所示。

图 4.47 输入参数值对话框

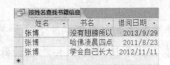

图 4.48 参数查询结果

【例 4.13】 创建一个查询，按照读者的姓氏查找其所借阅的书籍信息，结果中显示"姓名""书名""借阅日期"3 个字段的内容。要求查询运行时，系统提示"请输入姓名的第 1 个字:"，将所建查询保存为"按姓氏查找书籍信息"。

[分析]本例与【例 4.12】相似，但参数提示信息不是一个字符串常量，需要用一个字符串表达式来实现。

在查询"设计视图"中，查询参数设置如图 4.49 所示，参数输入如图 4.50 所示，运行结果如图 4.51 所示。

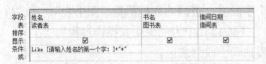

图 4.49 参数提示信息为字符串表达式　　　图 4.50 输入参数　　　图 4.51 参数查询结果

图 4.50 中的参数提示字符串表达式也可以写成"Like [请输入姓名的第 1 个字:] & "*""的形式。本例的实现方法很多，其中一种参数设置方式如图 4.52 所示。

图 4.52 另外一种参数设置

4.3.2 多参数查询

多参数查询是指在多个不同的字段上设置参数提示，运行查询时，需要依次输入多个参数值。多参数查询的参数设置方法与单参数查询设置方法相同。

【例 4.14】 创建一个查询，查找某年某出版社的图书借阅信息，并返回"姓名""书名""出版社"3 个字段的内容。要求查询运行时，系统的提示信息分别是"请输入 4 位借阅年份:"和"请输入出版社名称:"。将所建查询保存为"按年份和出版社查找借阅书籍信息"。

[分析]本查询为多参数查询，各参数位于不同的字段。查询的数据源包括"读者表""图书表""借阅表"，在创建查询之前要确保 3 个数据源之间已经创建好关系。3 个表中没有独立的字段保存"借阅年份"，需要从"借阅日期"字段获取，"出版社名称"通过"出版社"字段获取，参数设置相关的字段是"借阅日期"和"出版社"。

操作步骤如下:

（1）打开查询"设计视图"，将"读者表""图书表"和"借阅表"添加到"字段列表区"，并确认 3 个表已经创建好关系。

（2）字段的选择和参数设置如图 4.53 所示。

（3）保存查询为"按年份和出版社查找借阅书籍信息"。

图 4.53 不同字段多参数设置

（4）运行查询时，第 1 个参数输入如图 4.54 所示，第 2 个参数输入如图 4.55 所示，查询结果如图 4.56 所示。

图 4.54　输入第 1 个参数　　图 4.55　输入第 2 个参数　　　　图 4.56　多参数查询结果

【例 4.15】　创建一个查询，查找图书价格在 30 元至 50 元之间的图书信息，并返回 "编号" "书名" 和 "价格" 等字段的内容。要求查询运行时，系统的提示信息分别是 "最低价格" 和 "最高价格"。将所建查询保存为 "按价格多参数查找图书信息"。

［分析］本查询为多参数查询，参数位于同一个字段上。查询的数据源是 "图书表"，在 "价格" 字段上设置参数。本例有多种设置参数的方法，下面以其中为例说明其操作过程。

（1）打开查询 "设计视图"，并将 "图书表" 添加到字段列表区。

（2）字段选择和参数设置如图 4.57 所示。

（3）保存查询为 "按价格多参数查找图书信息"。

（4）运行查询，其中最低价格输入 30，最高价格输入 50，其结果如图 4.58 所示。

图 4.57　同一个字段多参数设置　　　　　　图 4.58　同一个字段多参数查询结果

技巧　　可以用【参数查询】对话框来限定参数输入的数据类型，避免用户随意输入参数值。单击【显示/隐藏】功能组的【参数】按钮，即可打开【查询参数】对话框。如图 4.59 所示。

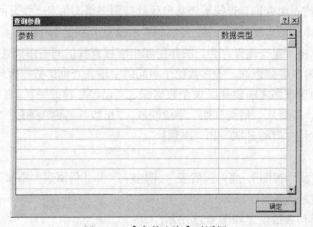

图 4.59　【参数查询】对话框

【查询参数】对话框可以设置参数提示的名称和参数的数据类型，如果用户输入了错误类型的数据，那么 Access 会给出明确的帮助信息。图 4.60 和图 4.61 所示的是利用【查询参数】对话框来实现【例 4.14】相同的功能。

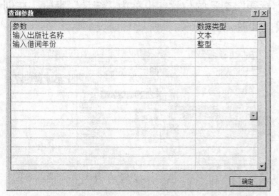

图 4.60　【查询参数】对话框的参数设置示例　　　　图 4.61　查询"设计视图"的参数设置示例

注意　　　查询"设计视图"中【条件】行的"参数提示信息内容"必需与【查询参数】对话框中的"参数名称"对应相同，否则，【查询参数】中的设置无效。

4.4　交叉表查询

尽管选择查询提供了很多的统计计算功能,但这些计算功能并不能完全满足实际应用的需求。交叉表查询在某种程度上弥补了选择查询运算能力不足的问题，它可以对数据进行更加复杂的运算，使统计数据的显示更加直观，也便于数据的比较或分析。

交叉表查询涉及 3 种字段：行标题、列标题和值。行标题显示在交叉表的左侧，列标题显示在交叉表的顶端，在行列交叉的位置对数据进行各种统计计算，并将统计值显示在对应的交叉点上。

Access 提供了两种创建交叉表查询的方法：一种是利用"交叉表查询向导"来创建，另一种是利用查询"设计视图"来创建。

4.4.1　使用向导创建交叉表查询

"交叉表查询向导"能够将一个数据源的数据以紧凑的、类似电子表格的形式显示出来。

【例 4.16】　使用"交叉表查询向导"创建一个查询，统计"读者表"中男女读者按文化程度的人数分布情况，将所创建的查询保存为"按性别和文化程度交叉统计人数"。

操作步骤如下：

（1）单击【查询】功能组的【查询向导】按钮，打开图 4.8 所示的"新建查询对话框"，选择【交叉表查询向导】项，单击【确定】按钮，打开交叉表查询向导第 1 个对话框，选择"读者表"作为交叉表查询的数据源，如图 4.62 所示。

（2）单击【下一步】按钮，打开交叉表查询向导的第 2 个对话框，该对话框用于设置交叉表的"行标题"字段。双击【可用字段】列表框中的"性别"字段，将其添加到【选定字段】列表框中。如图 4.63 所示。

（3）单击【下一步】按钮，打开交叉表查询向导的第 3 个对话框，该对话框用于设置交叉表的"列标题"字段，选定"文化程度"字段。如图 4.64 所示。

（4）单击【下一步】按钮，打开交叉表查询向导的第4个对话框，该对话框用于设置交叉表的"值"字段。"值"字段位于"行标题"和"列标题"交叉的位置，也称为"统计"字段。在创建交叉表查询时要确定"统计"字段和统计函数。如图4.65所示。

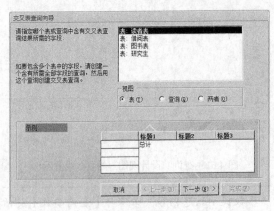

图4.62　设置交叉表查询的数据源

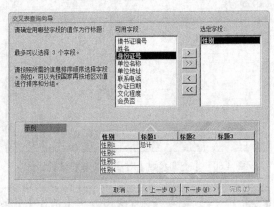

图4.63　设置交叉表的"行标题"

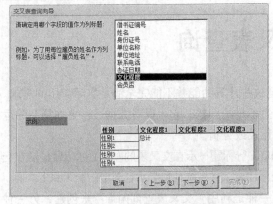

图4.64　设置交叉表的"列标题"

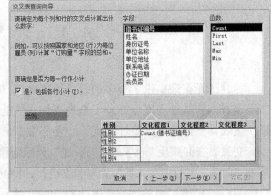

图4.65　设置交叉表的"值"字段和统计函数

（5）在图4.65中，取消【是，包括各行小计】复选框的选中状态，在【字段】列表框中选择"借书证编号"作为统计字段，在【函数】列表框中选择"Count"作为统计函数。单击【下一步】按钮，打开交叉表查询向导的最后一个对话框。

（6）在【请指定查询的名称】文本框中输入查询的名称"按性别和文化程度交叉统计人数"，确保【查看查询】选项按钮处于选中状态，单击【完成】按钮，结果如图4.66所示。

图4.66　交叉表向导查询结果

注意　交叉表查询中的"行标题"字段最多只能选择3个，而"列标题"字段和"值"字段只能选一个。使用向导创建交叉表查询时，其数据源只能选择1个，如果查询涉及多个表的字段，则需要预先创建一个含有所需全部字段的查询，然后以这个查询为数据源创建交叉表查询。

4.4.2　使用设计视图创建交叉表查询

交叉表查询向导的缺陷在于查询的数据源只能是一个，当查询所需要的字段来自多个不同的数据源时，交叉表查询向导用起来很不方便，而"设计视图"就弥补了交叉表查询向导的不足。在查询"设计视图"中可以直接选取多个数据源来创建交叉表查询。

【例 4.17】　使用"设计视图"实现【例 4.16】的功能，所创建的查询保存为"设计交叉表查询统计读者人数"。

[分析] 本查询的数据源是"读者表"，查询所需的字段有"性别""文化程度"和"借书证编号"。其中，"性别"为"行标题"字段，"文化程度"为"列标题"字段，"借书证编号"为"值"字段。交叉统计的方式为"计数"，本例选择用"借书证编号"进行统计，也可以使用其他字段统计。

操作步骤如下：

（1）将"读者表"添加到查询"设计视图"的"字段列表区"，分别将"性别""文化程度"和"借书证编号"字段添加到"设计视图"的"设计网格"区的第 1 列、第 2 列和第 3 列。

（2）单击【查询类型】功能组的【交叉表】按钮，以确定所创建的查询是交叉表查询。此时，Access 自动在"设计网格"区添加【总计】行和【交叉表】行。

（3）在"设计网格"区中，单击"性别"列【交叉表】行所对应的单元格右侧的下箭头，选择【行标题】项。以相同的方法将"文化程度"列【交叉表】所在单元格设置为【列标题】，"借书证编号"列【交叉表】所在单元格设计为【值】。

（4）在"设计网格"区中，单击"借书证编号"列的【总计】所在单元格右侧的下箭头，选择【计数】项，其他列的【总计】所在行的单元格使用默认项。如图 4.67 所示。

（5）保存所创建的查询，命名为"设计交叉表查询统计读者人数"。运行查询后，结果与图 4.66 完全相同。

字段：	性别	文化程度	借书证编号
表：	读者表	读者表	读者表
总计：	Group By	Group By	计数
交叉表：	行标题	列标题	值
排序：			
条件：			
或：			

图 4.67　设置交叉表字段与汇总方式

【例 4.18】　创建一个交叉表查询，实现按性别统计各类文化程度的读者所借书籍的平均价格。所创建的查询保存为"多数据源交叉表查询"。

[分析] 本查询的数据源有 3 个："读者表""借阅表"和"图书表"。查询所需要的字段也有 3 个："性别"和"文化程度"来自"读者表"，"价格"来自"图书表"。创建查询时要确保这 3 个表之间已经建立关系。"性别"字段作为"列标题"，"文化程度"字段作为"行标题"，在"价格"字段上汇总，汇总方式为"平均值"。本例属于多数源交叉表查询，适合在查询"设计视图"实现。

查询的创建过程与【例 4.17】相似，查询"设计视图"设置方式如图 4.68 所示。运行结果如图 4.69 所示。

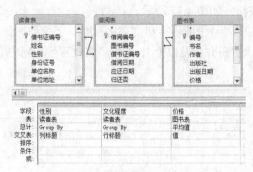

字段：	性别	文化程度	价格
表：	读者表	读者表	图书表
总计：	Group By	Group By	平均值
交叉表：	列标题	行标题	值
排序：			
条件：			
或：			

多数据源交叉表查询		
文化程度	男	女
初中	¥29.27	¥42.23
大学	¥29.10	¥39.47
高中	¥30.19	¥30.65
研究生及以上	¥29.00	¥46.97

图 4.68　多数据源交叉表查询　　　　图 4.69　多数据源交叉表查询结果

在图 4.69 所示的查询结果中，若希望将统计结果保留至整数，则需要在查询"设计视图"中做如图 4.70 所示的修改，将在【总计】行进行的计算移到【字段】行对应的单元格，并采用自定义计算表达式。同时还需要将【总计】行设置为【Expression】项，其含义是此处的统计以上面的计算表达式为准。修改后的查询结果如图 4.71 所示。

图 4.70 自定义汇总方式

图 4.71 自定义汇总后的查询结果

4.5 操作查询

选择查询、参数查询和交叉表查询都只是从数据源获取数据，并对数据进行需要的计算，但它们都不会修改数据源中的数据。操作查询不但能从数据源获取数据，对数据进行计算，而且可以向数据源添加数据、修改或删除数据、将所获取的数据写入新创建的表中。操作查询一次能操作多条记录，包括生成表查询、追加查询、删除查询和更新查询。

4.5.1 生成表查询

选择查询、参数查询和交叉表查询的结果是一个动态结果集，而生成表查询可以将这种动态结果集永久地保存到一个新的基本表。

【例 4.19】 创建一个生成表查询，将"文化程度"是"研究生及以上"的读者的"借书证编号""姓名""性别"和"身份证号"等信息保存到一个新表"研究生"中。所创建的查询保存为"研究生生成表查询"。

[分析]本查询的数据源是"读者表"，查询结果中有 4 个字段，分别是"借书证编号""姓名""性别"和"身份证号"，查询的条件是"文化程度"为"研究生及以上"。

操作如下：

（1）打开查询"设计视图"，将"读者表"添加到"字段列表区"。

（2）单击【查询类型】功能组的【生成表】按钮，在打开的【生成表】对话框的【表名称】文本框中输入"研究生"后，单击【确定】按钮。如图 4.72 所示。

（3）分别将"借书证编号"、"姓名""性别""身份证号"和"文化程度"字段添加到"设计网格"区，在"文化程度"列的【条件】行输入"研究生及以上"，取消"文化程度"列中【显示】行的选中状态。如图 4.73 所示。

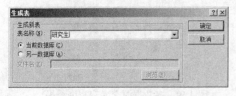

图 4.72 "生成表"对话框

图 4.73 字段选择与条件设置

（4）将所创建的查询保存为"研究生生成表查询"。

（5）单击【结果】功能组的【运行】按钮，Access 会打开一个图 4.74 所示的向新表添加记录的消息框，单击【是】按钮。

（6）此时，在 Access 的【导航窗格】中可以看到新建的表对象"研究生"和查询对象"研究生生成表查询"。双击"研究生"表，即可查看其内容。

图 4.74 生成表提示框

所有操作查询的执行不可撤消，在真正运行查询之前，最好切换到"数据表视图"下预览其结果是否符合要求。若符合要求，则再回到"设计视图"单击【结果】组的【运行】按钮，否则，重新修改查询设计，直到满足要求为止。

4.5.2　追加查询

追加查询是指把获取的数据追加至某个指定表的尾部，这个表可以是当前数据库的某个表，也可以是其他数据库中指定的表。

【例 4.20】　创建一个查询，将"读者表"中"文化程度"是"高中"的读者信息追加到"研究生"表中。所创建的查询保存为"追加文化程度为高中的记录"。

【分析】　本查询的条件是"文化程度"为"高中"，被追加记录的"研究生"表位于当前数据库中。首先查看"研究生"表的字段信息，注意其字段的个数和顺序，然后决定查询的数据源是一个还是多个。本例的数据源是"读者表"。

操作步骤如下：

（1）打开查询"设计视图"，将"读者表"添加到"字段列表区"。

（2）单击【查询类型】功能组的【追加】按钮，Access 会打开一个图 4.75 所示的【追加】对话框。单击【表名称】组合框右侧的下箭头，选择"研究生"表，单击【确定】按钮。若被追加的目标表不在当前数据库中，则单击【另一数据库】选项按钮后，单击【浏览…】按钮，找到目标数据库文件并打开它，再单击【表名称】组合框右侧的下箭头，选择某个表对象。

（3）分别将"借书证编号""姓名""性别""身份证号"和"文化程度"字段添加到"设计网格"中，在"文化程度"列的【条件】行输入"高中"。如图 4.76 所示。

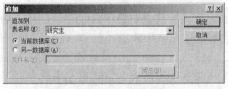

图 4.75　【追加】对话框

图 4.76　追加查询的字段设置

（4）将所创建的查询保存为"追加文化程度为高中的记录"。

（5）单击【结果】功能组的【视图】按钮，可以预览到将要追加的记录。再次单击【视图】按钮返回"设计视图"。若预览结果不符合要求，则继续修改查询设计，否则，单击【运行】按钮并真正运行查询。此时，Access 会打开一个图 4.77 所示的追加记录消息框。

图 4.77　追加查询消息框

（6）单击【是】按钮，Access 即将刚才预览到的一组记录追加到指定表中。此时，打开"研究生"表，即可查阅到刚刚追加的记录。

4.5.3 删除查询

删除查询是根据给定的条件删除指定数据表中符合条件的记录，且删除的记录不可恢复。

【例 4.21】 创建一个查询，删除"借阅表"中已经归还图书的记录。所创建的查询保存为"删除已还图书的记录"。

［分析］本查询的数据源是"借阅表"，查询的条件字段是"归还否"，该字段是一个"是/否"类型的字段，决不能用"是"或"否"来表示条件的"真"或"假"。"是/否"数据类型的"是"用"True""Yes"或"On"来表示，而"假"则用"False""No"或"Off"来表示。

操作步骤如下：

（1）打开查询"设计视图"，将"借阅表"添加到"字段列表区"。

（2）单击【查询类型】功能组的【删除】按钮，Access 会在"设计网格"区中增加一个【删除】行。

（3）将"归还否"字段添加到"设计网格"区，并在其【删除】行所对应的单元格中输入"True"，也可以输入"Yes"或"On"，表示选择已经归还图书的记录。如图 4.78 所示。

（4）将所创建的查询保存为"删除已还图书的记录"。

（5）单击【结果】功能组的【视图】按钮，可以预览到将要删除的记录，本例中所有即将删除记录的"归还否"字段的复选框都处于选中状态。再次单击【视图】按钮返回"设计视图"。若预览结果不符合要求，则继续修改查询设计，否则，单击【运行】按钮并真正运行查询。此时，Access 会打开一个图 4.79 所示的删除记录消息框。

图 4.78 设置删除查询

图 4.79 删除记录消息框

（6）单击【是】按钮，Access 就将刚才预览到的一组记录从指定表中删除。此时，打开"借阅"表，会发现所有记录的"归还否"字段所在的复选框都处于未选中状态。

如果要删除的记录来自多个表，则需要修改这些表之间的关系，选中【实施参照完整性】复选框和【级联删除相关记录】复选框。否则，容易导致数据不一致。

4.5.4 更新查询

更新查询是更新指定表中所有记录或满足条件记录的指定字段的值。

【例 4.22】 创建一个查询，将"图书表"中所有"中兴出版社"的图书的价格增加 10%，所建查询保存为"更新图书价格"。

［分析］ 本查询的数据源是"图书表"，被更新的字段是"价格"，更新的条件是"出版社"字段的值为"中兴出版社"。要注意思考如何用计算表达式来表示价格增加 10%，本例中使用的表达式是"[价格]*1.1"。

操作步骤如下：

（1）打开查询"设计视图"，将"图书表"添加到"字段列表区"。

（2）单击【查询类型】功能组的【更新】按钮，Access 会在"设计网格"区中增加一个【更新到】行，替换掉原来的【显示】行和【排序】行。

（3）分别将"价格"字段和"出版社"字段添加到"设计网格"区的前两列，并在"价格"字段列的【更新到】行所在的单元格中输入"[价格]*1.1"，在"出版社"字段列的【条件】行所在的单元格输入"中兴出版社"。如图 4.80 所示。

（4）将所创建的查询保存为"更新图书价格"。

（5）单击【结果】功能组的【视图】按钮，可以预览到将被更新各记录中"价格"字段的值，再次单击【视图】按钮返回"设计视图"。若预览结果不符合要求，则继续修改查询设计，否则，单击【运行】按钮并真正运行查询。此时，Access 会打开一个图 4.81 所示的更新记录消息框。

图 4.80　更新查询的字段和条件设置　　　　图 4.81　更新记录消息框

（6）单击【是】按钮，"图书表"中所有满足条件的记录的"价格"字段将变成了更新后的值。

　　　　由于操作查询的运行会修改数据源，操作查询不适合多次运行。为了提醒用户，Access【导航窗格】中所有操作查询的图标后面都显示了一个"感叹号"，警示用户不要随意运行操作查询。

4.6　SQL 查询

SQL（Structured Query Language，简称 SQL）查询是利用 SQL 语言来创建的查询。SQL 是 Access 中功能最强大，最灵活的一种查询，集数据定义、数据查询、数据操纵和数据控制等功能于一身，在数据库领域中应用非常广泛。在 Access 中，SQL 查询利用"SQL 视图"来完成。

4.6.1　SQL 概述

SQL 是结构化查询语言的简称，是一种广泛应用于关系型数据库系统的数据查询和程序设计的语言。SQL 相对简单，属于一种高级的非过程化编程语言。它不要求用户描述操作步骤，只需要说明操作要求。SQL 主要包括 4 个部分：

1. 数据查询语言（Data Query Language，简称 DQL）

完成记录的查询操作。主要命令动词有 Select。

2. 数据定义语言（DataDefinitionLanguage，简称 DDL）

完成表的创建、修改、删除等操作。主要命令动词有 Create、Alter、Drop 等。

3. 数据操纵语言（Data Manipulation Language，简称 DML）

完成记录的增、删、改等操作。主要命令动词有 Insert、Delete 和 Update 等。

4. 数据控制语言（Data Control Language，简称 DCL）

对数据库的安全性、完整性和并发性等进行有效控制。主要命令动词有 Grant、Revoke、

Commit、Rollback 等。

4.6.2　创建 SQL 查询

SQL 的查询功能主要利用 Select 语句来实现，它不仅能从一个或多个数据源检索需要的数据，而且还可以对所检索到的数据进行各种统计计算。

1．Select 语句基本语法

Select 语句的主要功能是实现数据的查询，其一般格式如下：

Select [All|Distinct|Top n]

*|<字段列表>[，<计算表达式> As <字段别名>]

From <数据源 1> [，<数据源 2> [，<数据源 3> […]]]

[Where <条件表达式>]

[Group By <字段名>或<表达式> [Having <条件表达式>]]

[Order By <字段名>或<表达式> [Asc|Desc]]；

该语句看似比较长，但并不是在每一个查询语句中都会出现所有内容，简化后的 Select 语句如下：

Select……From……Where……Group By……Order By……；

Select 语句的一般格式中，各部分的含义如下：

◆　[]：表示方括号中的内容是可选择的，根据不同的情形进行取舍。

◆　<>：表示尖括号中的内容在实际使用时用具体的内容进行替换。

◆　|：表示任选其一。如 All|Distinct|Top n，表示在 All、Distinct 和 Top n 三者中任选一个。

◆　All：表示返回所有满足条件的记录。

◆　Distinct：表示返回不包含重复行的所有记录。

◆　Top n：表示返回数据源中前 n 条记录，其中 n 为正整数。例如：Top 10。

◆　*：表示返回记录的所有字段。

◆　<字段列表>：表示返回指定的字段，字段名之间用英文半角逗号隔开。例如：编号,书名,出版社。

◆　<计算表达式> As <字段别名>：表示返回一个或多个计算表达式的值，并且可以给每一个计算表达式的值指定一个新字段名。若需要返回多个表达式的值，则各部分之间用逗号隔开。例如：Avg(年龄) As 平均年龄。

◆　From <数据源>：表示查询的数据源。可以是一个，也可以是多个。多个数据源之间用英文半角逗号隔开。例如：From 读者表,借阅表,图书表。

◆　Where <条件表达式>：表示查询的条件，条件表达式可能是关系表达式或逻辑表达式。例如：Where 性别="男" and 年龄>25，Where Left(借书证编号，4)="2011"等。

◆　Group By <字段名>或<表达式>：表示对查询结果按指定的字段或表达式进行分组。例如：Group By 单位名称，Group By Year(办证日期)等。

◆　Having <条件表达式>：必须与 Group By 一起使用，用于限定参与分组的条件。例如：Group By 文件程度 Having 性别="男"。

◆　Order By <字段名>：表示对查询结果按指定的字段排序。

◆　Asc：表示查询结果按指定字段值升序排列。

◆　Desc：表示查询结果按指定字段值降序排列。

2. 使用 Select 语句

（1）字段与记录相关操作

【例 4.23】　创建一个查询，返回"读者表"中所有记录的所有字段。

Select All * From 读者表　　　　等价于

Select * From 读者表；

Select 搜索的默认范围是 All。

【例 4.24】　创建一个查询，返回"读者表"中"文化程度"字段的不同值。

Select Distinct 文化程度 From 读者表；

【例 4.25】　创建一个查询，返回"借阅表"中前 15 条记录的所有字段。

Select Top 15 * From 借阅表；

【例 4.26】　创建一个查询，返回"读者表"中所有记录的"借书证编号""姓名""性别"和"文化程度"等字段的信息。

Select 借书证编号,姓名,性别,文化程度 From 读者表；

Select 语句中的字段名和表名可以不使用方括号括起来，但如果字段名或表名中包含空格，则必须要用方括号括起来。

【例 4.27】　创建一个查询，返回"图书表"中"价格"字段的平均值。

Select Avg(价格) From 图书表；

【例 4.28】　创建一个查询，根据"读者表"中的"身份证号"字段计算读者的平均年龄，并将计算结果的字段名命名为"平均年龄"。

Select Avg(Year(Date())-Val(Mid(身份证号,7,4))) As 平均年龄 From 读者表；

【例 4.29】　创建一个查询，返回"读者表"中前 5 条记录的"单位名称"和"单位地址"字段的值，其中"单位名称"的标题显示为"单位"，"单位地址"的标题显示为"地址"。

Select Top 5 单位名称 As 单位，单位地址 As 地址 From 读者表；

As 后面的字段名只是字段在输出显示时的标题名称，其在表中的字段名并没有改变。

（2）使用查询条件

【例 4.30】　创建一个查询，返回"读者表"中文化程度是"高中"的读者的"姓名""性别""文化程度"和"会员否"等字段的信息。

Select 姓名，性别，文化程度，会员否 From 读者表

Where 文化程度="高中"；

【例 4.31】　创建一个查询，返回"读者表"中所有姓"李"的读者信息。

Select * From 读者表

Where 姓名 Like "李*"；

【例 4.32】　创建一个查询，返回"读者表"中在 2013 年办证的读者信息。

Select * From 读者表

Where 办证日期 Between #2013-1-1# and #2013-12-31#;

【例 4.33】 创建一个查询，返回"图书表"中书名包含"保健"两个字的图书信息。

Select * From 图书表

Where 书名 Like "*保健*";

【例 4.34】 创建一个查询，返回"图书表"中作者是"三毛"和"余秋雨"的图书的"编号""书名"、"作者"、"出版日期"等字段信息。

Select 编号，书名，作者，出版日期 From 图书表

Where 作者 In("三毛"，"余秋雨")；

【例 4.35】 创建一个查询，返回"借阅表"还没归还图书的记录。

Select * From 借阅表

Where Not 归还否；

（3）对查询结果分组

【例 4.36】 创建一个查询，返回"读者表"中各类文化程度的读者数目。

Select 文化程度，Count(借书证编号) As 人数 From 读者表

Group By 文化程度；

【例 4.37】 创建一个查询，返回"读者表"中 2013 年办证的读者中，男女读者的人数。

Select 性别，Count(借书证编号) As 人数 From 读者表

Where Year(办证日期)=2013 Group By 性别；

【例 4.38】 创建一个查询，返回"读者表"中按文化程度分类统计人数在 30 人以上的相关信息。

Select 文化程度，Count(借书证编号) As 人数 From 读者表

Group By 文化程度 Having Count(借书证编号)>30；

（4）对查询结果排序

【例 4.39】 创建一个查询，返回"图书表"中所有记录，并按"价格"递增排序。

Select * From 图书表

Order By 价格 Asc；

【例 4.40】 创建一个查询，返回"图书表"中"书名"包含"古诗"的记录，并按出版日期降序排列输出。

Select * From 图书表 Where 书名 Like "*古诗*"

Order By 出版日期 Desc；

【例 4.41】 更改【例 4.37】，使其结果按人数降序输出。

Select 文化程度，Count(借书证编号) As 人数 From 读者表

Group By 文化程度 Having Count(借书证编号)>30

Order By Count(借书证编号) Desc；

（5）多表连接查询

连接查询是基于多数据源的查询。多个数据源之间通过某种方式进行连接，连接方式分为内连接和外连接两种，其中外连接又分为左外连接，右外连接，全外连接。连接查询结果中的字段取自多个数据源，引用数据源中字段的形式是"表名.字段名"。连接查询结果中的记录由参与连接的数据源的记录通过连接条件来生成。

【例 4.42】 查找读者的借书情况，并返回"借书证编号""姓名""图书编号"和"还书日

期"等字段的信息。

Select 读者表.借书证编号，读者表.姓名，借阅表.图书编号，借阅表.应还日期 From 读者表，借阅表 Where 读者表.借书证编号=借阅表.借书证编号；

或

Select 读者表.借书证编号，读者表.姓名，借阅表.图书编号，借阅表.应还日期 From （读者表 Inner Join 借阅表 On 读者表.借书证编号=借阅表.借书证编号）；

【例 4.43】 查找读者的借书情况，并返回"借书证编号""姓名""书名"和"还书日期"等字段的信息。

Select 请者表.借书证编号，读者表.姓名，图书表.书名，借阅表.应还日期 From 读者表，借阅表，图书表 Where 读者表.借书证编号=借阅表.借书证编号 And 借阅表.图书编号=图书表.编号；

或

Select 读者表.借书证编号，读者表.姓名，图书表.书名，借阅表.应还日期 From ［(读者表 Inner Join 借阅表 On 读者表.借书证编号=借阅表.借书证编号) Inner Join 图书表 On 借阅表.图书编号=图书表.编号］；

4.6.3 创建数据定义查询

SQL 语言的数据定义功能包括基本表的创建、修改和删除等操作。

1. 创建表

SQL 使用 Create 命令来创建基本表，其命令格式如下：

Create Table <表名>

(

<字段名 1><数据类型>［字段级约束条件 1］，

<字段名 2><数据类型>［字段级约束条件 2］，

<字段名 3><数据类型>［字段级约束条件 3］，

……

);

其中：

◆ <表名>：新表名称。

◆ <字段名 1>：表中的第 1 个字段名称，以此类推。

◆ <数据类型>：某个字段的数据类型。如 Big Integer、Binary、Boolean、Byte、Char、Currency、Date/Time、Decimal、Double、Float、Integer、Long、Memo、Numeric、Single、Text 和 Time 等。

◆ [字段级约束条件]：与字段相关的限制条件。如 Primary Key、Unique、Null、Not Null 和 Check 等。

【例 4.44】 创建一个"学生表"，其结构如表 4.9 所示。

表 4.9　　　　　　　　　　　"学生"表结构

字 段 名 称	数 据 类 型	字 段 大 小	说　明
学号	数字	整型（Integer）	主键
姓名	文本（Char）	3	不允许为空
性别	文本（Char）	1	
出生日期	日期（Date）		

续表

字 段 名 称	数 据 类 型	字 段 大 小	说 明
系别	文本（Char）	10	
简历	备注（Memo）		

Create Table 学生表（

学号 Integer Primary Key，

姓名 Char(3) Not Null，

性别 Char(1)，

出生日期 Date，

系别 Char(10)，

简历 Memo

）;

2. 修改表

SQL 使用 Alter 命令修改表，包括字段的增、删、改等操作。其命令格式如下：

Alter Table <表名>

[Add <新字段名><数据类型> [字段级约束条件]]

[Alter <字段名><数据类型> [字段级约束条件]]

[Drop <字段名> [字段级约束条件]];

其中：

◆ <表名>：被修改的表名称。

◆ Add：向表中添加新字段、数据类型及约束条件。

◆ Alter：修改原有的字段，包括字段名、数据类型、字段大小和约束条件等。

◆ Drop：删除指定的字段或字段的约束条件。

【例 4.45】 在"学生表"中添加一个新字段，字段名为"籍贯"，数据类型为"Char"，字段大小为 4。

Alter Table 学生表 Add 籍贯 Char(4);

【例 4.46】 修改"学生表"中的"学号"字段，将字段大小改为 10，数据类型改为 Char。

Alter Table 学生表 Alter 学号 Char(10);

【例 4.47】 删除"学生表"中的"简历"字段。

Alter Table 学生表 Drop 简历;

在对表进行修改时，一次只能操作一个字段。

3. 删除表

SQL 使用 Drop 命令删除表。其命令格式如下：

Drop Table <表名>;

【例 4.48】 删除"研究生"表。

Drop Table 研究生;

4.6.4 SQL 数据操作功能

SQL 的数据操作主要是对记录的操作，包括记录的插入、删除和更新等。

1. 插入记录

SQL 使用 Insert 命令向表中插入新记录，每次只能插入一条新记录。其命令格式如下：

Insert Into <表名> [（<字段名 1>，<字段名 2>，…，<字段名 n>）]

Values（<表达式 1>[，<表达式 2>][，…]）；

其中：

◆ <表名>：将要插入记录的表名称。

◆ <字段名 1>，<字段名 2>，…，<字段名 n>：新记录中即将赋值的字段名列表。

◆ Values（<表达式 1>[，<表达式 2>][，…]）：与字段对应的值列表。Access 要求表达式的值的数据类型必须与对应字段的数据类型一致，表达式的值的个数必须与字段的个数相等。

注意 若是给新记录的所有字段赋值，则字段名列表可以省略，但常量值的类型与个数必须与字段值的类型与个数一致。

【例 4.49】 在"学生表"中添加一条新记录。新记录各字段的值分别是"12000456"，"张一凡"，"男"，1987-2-16，"计算机系"，"山东烟台"。

Insert Into 学生表 Values（"14000567"，"张一凡"，"男"，#1987-2-16#，"计算机系"，"山东烟台"）；

【例 4.50】 在"学生表"中添加一条新记录。新记录"学号"、"姓名"和"性别"字段的值分别是"2360"，"李玉萍"，"女"。

Insert Into 学生表（学号，姓名，性别） Values（"2360"，"李玉萍"，"女"）；

2. 删除记录

SQL 使用 Delete 命令删除记录，一次可以删除一条或多条记录。其命令格式如下：

Delete From <表名> Where <条件表达式>；

其中：

◆ <表名>：代表要删除记录的基本表名称。

◆ Where <条件表达式>：仅删除满足条件的记录。此部分若省略，将删除所有记录。

【例 4.51】 删除"学生表"中，学号为"14000567"的记录。

Delete From 学生表 Where 学号="14000567"；

3. 更新记录

SQL 使用 Update 命令更新记录，一次可以更新一条或多条记录。其命令格式如下：

Update <表名>

Set <字段名 1>=<表达式 1>，[<字段名 2>=<表达式 2>]…

Where <条件表达式>；

其中：

◆ <表名>：要更新的基本表名称。

◆ <字段名>=<表达式>：用表达式的值替换指定字段原有的值。一次可以更新多个字段的值。

◆ Where <条件表达式>：限定被更新记录所具备的条件。此部分省略，则更新所有记录。

【例 4.52】 将"学生表"中姓名为"张一凡"的系别改为"数学系"。

Update 学生表 Set 系别="数学系" Where 姓名="张一凡"；

【例 4.53】 将"借阅表"中所有未归还图书记录的"应还日期"延后 5 天。

Update 借阅表 Set 应还日期=应还日期+5 Where Not 归还否

4.6.5 使用联合查询与子查询

1. 联合查询

联合查询是将多个表或查询结果合并到一起的查询。SQL 使用 Select 和 Union 来实现联合查询。其命令格式如下：

Select <字段名列表 1> From <数据源列表 1> Where <条件表达式 1>

Union [All]

Select <字段名列表 2> From <数据源列表 2> Where <条件表达式 2>；

其中：

◆ 数据源列表 1 和数据源列表 2 可以相同，也可以不同。

◆ Union：用于合并其前后的 Select 语句的执行结果。

◆ ALL：返回所有合并记录，包括重复记录。若省略此项，则结果中不包含重复记录。

【例 4.54】 创建一个联合查询，将表"25 以下图书"和表"40 以上图书"中的记录合并到一起。

Select * From 25 以下图书 Union Select * From 40 以上图书；

【例 4.55】 创建一个联合查询，将"图书表"中所有"中信出版社"的图书信息与表"25 以下图书"合并。

Select * From 25 以下图书

Union

Select 编号，书名，作者，出版社，价格 From 图书表 Where 出版社="中信出版社"；

联合查询中用于合并的各个查询必须具有相同的输出字段数，采用相同的字段顺序且拥有相同或相兼容的数据类型。

2. 子查询

所谓子查询就是包含在查询中的查询，也称为嵌套查询。包含查询的查询称为主查询，被包含的查询称为子查询。实质就是包含在 Select 语句中的 Select 语句。

【例 4.56】 查询书名是"我们怎样过上好日子"的图书借阅情况，并返回"借书证编号"、"图书编号"和"借阅日期"等字段的信息。

Select 借书证编号，图书编号，借阅日期 From 借阅表 Where 图书编号=（Select 编号 From 图书表 Where 书名="我们怎样过上好日子"）；

若在查询"设计视图"中使用子查询，其方法是在指定字段的【条件】行单元格中输入需要的 SQL 语句，并且用圆括号将用于子查询的 SQL 语句括起来。

4.7 对查询的操作

查询"设计视图"既可以用于创建新的查询，也可以用于编辑已经创建的查询。对查询的操作就是指编辑已有的查询，包括重新设定查询的数据源，修改查询中的相关字段设置等。

4.7.1 编辑查询的数据源

编辑查询的数据源包括添加新数据源和删除不用的数据源等操作。

1. 添加数据源

查询的数据源可以是基本表，也可以是已经创建好的查询。可以只有一个数据源，也可以多个数据源。

添加数据源时，需要打开图 4.25 所示的"显示表"对话框。单击查询"设计视图"的【查询设置】功能组的【显示表】按钮即可打开"显示表"对话框。也可以在查询"设计视图"的"字段列表区"任意空白位置右击，选择【显示表…】项来打开【显示表】对话框。在"显示表"对话框中，双击某个表或查询的名称即可将其添加到"字段列表区"。

若添加的多个数据源没有建立关系，可以直接在"字段列表区"创建关系。

2. 删除数据源

若添加的数据源不正确，或数据源不再使用，则可以将这类数据源删除。有两种删除数据源的方法：

（1）在查询"设计视图"的"字段列表区"中右击某个数据源，选择【删除表】项。

（2）在查询"设计视图"的"字段列表区"中单击某个数据源，然后按键盘的【Delete】键。

当从查询"设计视图"删除某个数据源时，会自动删除该数据源在"设计网格"区中的相关字段。

4.7.2 编辑查询的字段

编辑查询字段的工作在查询"设计视图"的"设计网格"区中进行，包括添加、移动、删除字段和重命名字段等操作。

1. 添加字段

向查询"设计视图"的"设计网格"区添加字段的方法有以下几种：

（1）双击数据源中的某个字段。

（2）选定数据源的一个或多个字段，将其拖动到"设计网格"区指定位置。

（3）双击数据源的"*"字段，会将该数据源的所有字段添加到"设计网格"区的某一列。

若要将某个字段插入到"设计网格"区已有字段的中间，则首先选定插入位置右边的列，然后单击【查询设置】功能组的【插入列】按钮，在选定列的左边将插入一个空白列，最后将需要的字段拖入该列即可。

2. 移动字段

移动字段就是改变字段的位置，使之符合查询结果和查询设计的需求。移动字段的操作非常简单，只需要选定该字段，然后将其拖到指定的位置即可。

在查询的"设计网格"区中，【字段】行的上方有一个称为"字段选定器"行，当鼠标指向该位置时，鼠标指针会变成一个垂直向下的箭头。单击某字段的"字段选定器"即可选定该字段，在"字段选定器"上按住鼠标左键拖动鼠标，就可以移动字段，移动到目标位置松开鼠标左键即可。

3. 删除字段

删除字段是指删除查询"设计网格"区中不需要的字段。删除字段的方法有以下几种：

（1）选定想要删除的字段，按【Delete】键。

（2）在选定的字段上右击，选择【剪切】项。

（3）选定想要删除的字段，单击【查询设置】功能组的【删除列】按钮。

4. 字段重命名

在 Access 中，主要是对计算字段重新命名，当然可以重命名任何一个字段。重命名字段的方法很简单，只需要在查询"设计网格"区的【字段】行所在单元格中输入新字段名，然后用英文的冒号将其与其他部分隔开即可。

4.7.3 对查询结果排序

默认情况下，Access 返回的查询结果是按照输入记录的先后顺序排列，这种顺序一般称为"自然顺序"。为了便于查看和分析查询结果，有时需要对查询结果按某个字段或某几个字段重新进行排列记录。Access 中，排序有"升序"和"降序"两种。若要按某个字段排序，则只需要在该列所在的【排序】行单元格选择【升序】项或【降序】项即可。

若在查询"设计视图"中同时设置了多个字段的排序方式，则查询结果将按照设定的次序从左到右依次排序。即先按第 1 个字段排列记录，对于第 1 个字段值相同的记录，再按第 2 个字段设定的方式排序，对于第 1、2 个字段值相同的记录，再按第 3 个字段排序，依此类推。

习 题 4

一、选择题

1. SQL 查询的 Select 语句中，Having 必须和下列（　　）一起使用。

    A. Where　　　　　B. From　　　　　C. Group By　　　　　D. Order By

2. 下列查询中，（　　）无法在查询"设计视图"下完成。

    A. 联合查询　　　B. 选择查询　　　C. 交叉表查询　　　D. 生成表查询

3. 若 Access 数据表中有姓名为"张树斌"的记录，下列无法查出"张树斌"的条件表达式是（　　）。

    A. Like "*斌*"　　　　　　　　　　B. Like "??斌"

    C. Like "斌"　　　　　　　　　　D. Like "*斌"

4. 在"读者表"中建立查询，"姓名"字段的查询条件设置为"Is Null"，运行该查询后，显示的记录是（　　）。

A. 姓名字段包含空格的记录　　　　B. 姓名字段为空的记录

C. 姓名字段不包含空格的记录　　　D. 姓名字段不为空的记录

5. 将表 A 的记录复制到表 B 中，且不删除表 B 中的记录，可以使用的查询是（　　）。

A. 更新查询　　　B. 传递查询　　　C. 追加查询　　　　D. 连接查询

6. 下列关于查询"设计网格"区中行的作用的叙述，错误的是（　　）。

A.【字段】行表示可以在此输入或添加字段名

B.【表】行表示字段所在的表或查询的名称

C.【总计】行用于对查询的字段求平均值

D.【排序】行用于对查询结果设置排序

7. 在 SQL 查询语句 Select 中，用来指定表中全部字段的标识符是（　　）。

A. *　　　　　　　B. ?　　　　　　C. All　　　　　　D. #

8. 在 Access 的数据库中已建立了"图书表"，若查找"编号"字段是"E111"和"L456"的记录，应在查询"设计视图"的【条件】行中输入（　　）。

A. "E111" And "L456"　　　　　B. Not In（"E111"，"L456"）

C. In（"E111"，"L456"）　　　　D. Not（"E111"，"L456"）

9. 下列（　　）不是 Access 的查询统计函数名。

A. Avg　　　　　B. Chr　　　　　C. Count　　　　　D. Var

10. 若要查询"图书表"中未归还图书的记录，则要在"归还否"字段上设置条件，"归还否"字段的数据类型是"是/否"类型，下列条件值中（　　）无法实现查询要求的功能。

A. 否　　　　　　B. No　　　　　C. False　　　　　D. Off

二、填空题

1. Access 查询有两种数据源，一种是_____，另一种是_____。

2. SQL 的 Select 语句中，限制返回重复记录的保留字是_____。

3. Access 中有 5 种不同的查询，分别是选择查询、交叉表查询、SQL 查询、参数查询和_____。

4. 在使用"交叉表查询向导"创建交叉表查询时，要求查询的数据有_____个。

5. SQL 查询中，修改表的命令动词是_____。

第5章
窗体

窗体是 Access 数据库的一种基本对象。它既是管理数据库的窗口，也是用户与数据库之间交互的桥梁。通过窗体可以输入、修改、显示和查询数据。利用窗体可以将数据库中的对象组织起来，形成一个功能完善、风格统一并且方便普通用户使用的数据库应用系统。本章主要知识点如下：

- ◆ 窗体的功能、类型、视图及构成
- ◆ 自动创建窗体
- ◆ 使用向导创建单数据源窗体
- ◆ 创建数据表窗体
- ◆ 创建数据透视表窗体
- ◆ 创建数据透视图窗体
- ◆ 使用向导创建主/子窗体
- ◆ 窗体的工具箱及控件的使用
- ◆ 窗体及控件属性的设置
- ◆ 设计窗体
- ◆ 美化窗体
- ◆ 创建系统控制窗体

5.1 窗 体 概 述

窗体本身并不存储数据，但是通过窗体可以直观、方便地对数据表中存储的数据进行各种操作，包括插入、修改、删除和查询显示等操作。创建了窗体之后，对表中数据的所有操作都不再需要通过表的数据表视图来进行了，因此窗体可以作为用户操作数据库中数据的桥梁。

窗体是由多种控件组成的，通过这些控件可以打开表、打开查询、打开其他窗体，也可以执行各种数据库操作中常用的命令。当一个数据库设计完成后。数据库中的各个对象可以通过窗体组织起来形成一个完整的应用系统，因此窗体也是一个系统的组织者。

5.1.1 窗体功能

窗体是应用程序与用户之间的接口，是创建数据库应用系统必不可少的基本对象。通常窗体中包含两类信息，一类是设计者在设计窗体时附加的一些提示信息。例如，一些说明性的文字或一些美化窗体的图形元素，这些信息与数据库中存储的数据无关，窗体设计完成后不再变化，是静态信息。另一类是窗体所关联的表中存储的数据，这类信息会随着表中数据的改变而变化，是动态信息。例如，图 5.1 所示的"借阅者基本信息"窗体中，"借书证编号""姓名""性别"等是说明性文字，是静态信息；而"0110001"、"李雯"、"女"等是读者表中的字段值，查看的记录不同，值也不同，是动态信息。

图 5.1　借阅者基本信息窗体

窗体的主要功能包括以下三个方面：

（1）输入和编辑数据。可以为数据库中的数据表设计相应的窗体作为输入和编辑数据的界面，实现数据的输入和编辑。

（2）显示和打印数据。在窗体中可以显示或打印来自一个或多个数据表中的数据，可以显示警告或提示信息。窗体中数据的显示相对于数据表更加自由和灵活。

（3）控制应用程序执行流程。窗体能够和函数、过程相结合，通过编写宏或 VBA 代码完成各种复杂的处理功能，可以控制程序的执行。

5.1.2　窗体类型

Access 窗体有多种分类方法，通常按功能或数据的布局方式进行分类。

按功能可将窗体划分为操作窗体、控制窗体、信息显示窗体和交换信息窗体四类。

（1）数据操作窗体。主要用来对表或查询进行显示、浏览、输入、修改等操作，如图 5.1 所示。数据操作窗体又根据数据组织和表现形式的不同分为单窗体、数据表窗体、分割窗体、多项目窗体、数据透视表窗体和数据透视图窗体。数据操作窗体必须与表相绑定，因此必须有数据源。

（2）控制窗体。主要用来操作、控制程序的运行，它是通过选项卡、命令按钮、选项按钮等控件来响应用户请求的，如图 5.2 所示。

（3）信息显示窗体。主要用来显示信息，以数值或者图表的形式显示信息，如图5.3所示。

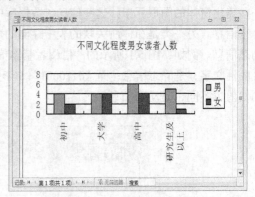

图 5.2　控制窗体

图　5.3　信息显示窗体

（4）交互信息窗体。可以是用户定义的，也可以是系统自动产生的。由用户定义的各种信息交互式窗体可以接受用户输入、显示系统运行结果等，如图5.4所示。由系统自动产生的信息交互式窗体通常显示各种警告、提示信息，如数据输入违反有效性规则时弹出的警告，如图5.5所示。

图 5.4　用户定义交互式窗体

图 5.5　系统生成交互式窗体

按数据的布局方式可将窗体划分为纵栏式窗体、表格式窗体、数据表窗体、数据透视表窗体、数据透视图窗体、图表窗体和主/子窗体7类。

（1）纵栏式窗体。纵栏式窗体一次只能显示表中的一条记录，分两列显示，第一列显示字段名，是固定不变的信息，第二列显示字段值，随着表中数据的变化而变化。如图5.6所示。

（2）表格式窗体。表格式窗体可以同时显示表中的多条记录，一条记录占一行，第一行显示字段名，固定不变，从第二行开始，每行显示一条表中的记录，如图5.7所示。

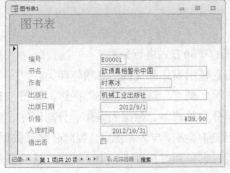

图 5.6　纵栏式窗体

图 5.7　表格式窗体

（3）数据表窗体。数据表窗体外观上看与数据表和查询显示数据的界面相同，如图 5.8 所示。数据表窗体的主要功能是用来作为一个窗体的子窗体。

（4）数据透视表窗体。数据透视表窗体是 Access 为了以指定的数据表或查询为数据源产生一个 Excel 的分析表而建立的一种窗体形式，如图 5.9 所示。数据透视表窗体允许用户对表格内的数据进行操作。用户也可以改变透视表的布局，以满足不同的数据分析方式和要求。

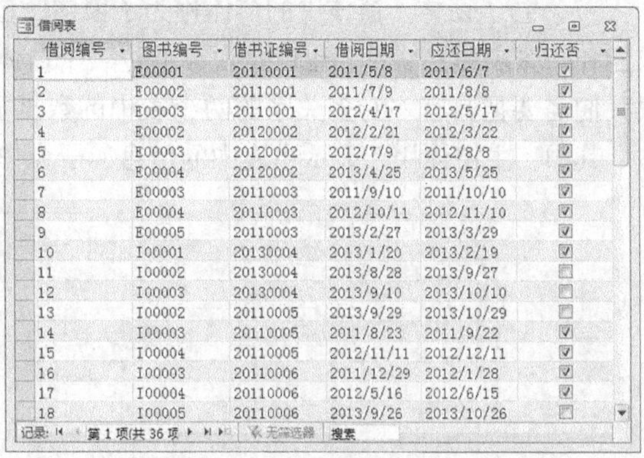

借阅表

借阅编号	图书编号	借书证编号	借阅日期	应还日期	归还否
1	E00001	20110001	2011/5/8	2011/6/7	☑
2	E00002	20110001	2011/7/9	2011/8/8	☑
3	E00003	20110001	2012/4/17	2012/5/17	☑
4	E00002	20120002	2012/2/21	2012/3/22	☑
5	E00003	20120002	2012/7/9	2012/8/8	☑
6	E00004	20120002	2013/4/25	2013/5/25	☑
7	E00003	20110003	2011/9/10	2011/10/10	☑
8	E00004	20110003	2012/10/11	2012/11/10	☑
9	E00005	20110003	2013/2/27	2013/3/29	☑
10	I00001	20130004	2013/1/20	2013/2/19	☑
11	I00002	20130004	2013/8/28	2013/9/27	☐
12	I00003	20130004	2013/9/10	2013/10/10	☐
13	I00002	20110005	2013/9/29	2013/10/29	☐
14	I00003	20110005	2011/8/23	2011/9/22	☑
15	I00004	20110005	2012/11/11	2012/12/11	☑
16	I00003	20110006	2011/12/29	2012/1/28	☑
17	I00004	20110006	2012/5/16	2012/6/15	☑
18	I00005	20110006	2013/9/26	2013/10/26	☐

记录: 第 1 项(共 36 项　无筛选器　搜索

图 5.8　数据表窗体

读者表1

将筛选字段拖至此处

性别	文化程度：初中 借书证编号 的计数	大学 借书证编号 的计数	高中 借书证编号 的计数	研究生及以上 借书证编号 的计数	总计 借书证编号 的计数
男	4	4	6	5	19
女	2	4	4	1	11
总计	6	8	10	6	30

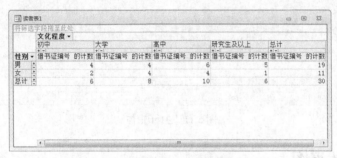

图 5.9　数据透视表窗体

（5）数据透视图窗体。数据透视图窗体用于显示数据表和窗体中数据分析图形的窗体，如图 5.10 所示。数据透视图窗体允许拖动字段和项或通过显示和隐藏字段的下拉列表中的选项，来查看不同级别的详细信息或指定布局。

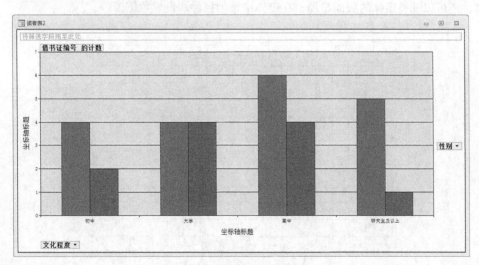

图 5.10　数据透视图窗体

（6）图表窗体。图表窗体是用统计图表的形式来显示对表中数据的统计结果，如图 5.3 所示。与数据透视图窗体不同，图表窗体中的统计图是静态的，建立完成之后将不再改变。图表窗体是使用“图表”控件来创建的。

（7）主/子窗体。窗体中的窗体称为子窗体，包含子窗体的窗体称为主窗体。通常，一个窗体只能和一张表建立联系，也就是说，通过一个窗体只能对一张表中的数据进行操作。但是有些时候我们需要把具有一对多关系的两个表中的数据显示在同一个窗体中，这时就需要用到主/子窗体。其中，主窗体用于显示主表中的信息，子窗体用于显示相关表中的信息，如图 5.11 所示。

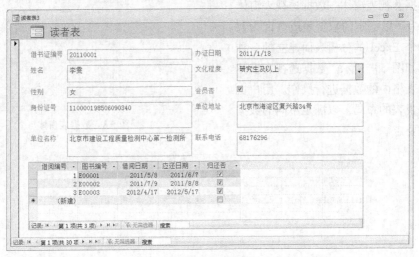

图 5.11　主/子窗体

5.1.3　窗体视图

Access 的窗体具有六种视图，分别是设计视图、窗体视图、布局视图、数据表视图、数据透视表视图和数据透视图视图。其中最常用的是设计视图、窗体视图和布局视图。

"设计视图"是用于创建和修改窗体的视图，如图 5.12 所示。在"设计视图"中不仅可以创建窗体，还可以调整窗体的版面布局，在窗体中添加控件、设置数据源等。

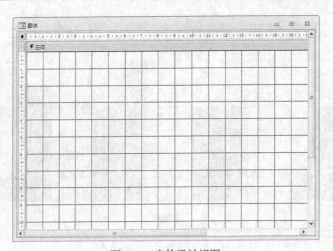

图 5.12　窗体设计视图

"窗体视图"是最终用户的视图，是用于输入、修改或查看数据的窗口，设计过程中用来查看窗体的运行效果，如图 5.1 所示。

"布局视图"是 Access 2010 中新增加的一种视图，主要用于调整和修改窗体设计。窗体的布局视图界面与设计视图界面几乎一样，区别仅在于布局视图中各控件的位置可以移动，但不能添加控件。切换到"布局视图"后，可以看到窗体中的控件四周被虚线围住，表示这些控件可以调整位置及大小，如图 5.13 所示。

"数据表视图"是显示数据的视图，是以表格形式显示表、窗体、查询中的数据，显示效果与表和查询的数据表视图相似，可以用于编辑字段、添加和删除数据、查找数据等，如图 5.8 所示。

"数据透视表视图"使用"Office Chart 组件"，易于进行交互式数据分析，如图 5.9 所示。

"数据透视图视图"使用"Office Chart 组件"，帮助用户创建动态的交互式图表，如图 5.10 所示。

图 5.13　窗体布局视图

5.1.4　窗体构成

在"设计视图"中，Access 的窗体是由 5 部分构成的，每部分称为节，从上到下分别是窗体页眉节、页面页眉节、主体节、页面页脚节和窗体页脚节。如图 5.14 所示。这些节都可以显示窗体上的信息，区别在于不同节上的信息显示的位置不同。各个节显示数据的位置如下：

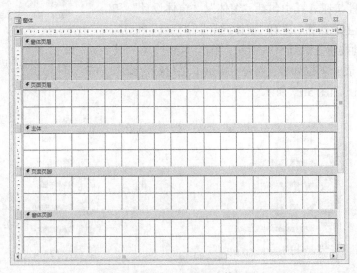

图 5.14　包含 5 个节的窗体视图

（1）窗体页眉节。位于窗体的最上部位置，一般用于设置窗体的标题，窗体使用说明或打开相关窗体及执行其他功能的命令按钮等。在打印窗体上的数据时，窗体页眉节上的数据只显示在第一页纸的上部。

（2）窗体页脚节。位于窗体的最下部位置，一般用于显示对所有记录都要显示的内容。使用命令的操作说明等信息，也可以设置命令按钮，以便进行必要的控制。在打印窗体上的数据时，窗体页脚节上的数据只显示在最后一页纸的紧挨主体节内容之后位置。

（3）页面页眉节。一般用来设置窗体在打印时的页头信息，例如字段名称等。在打印窗体上的数据时，页面页眉节上的数据显示在每一页纸的顶部。

（4）页面页脚节。一般用来设置窗体在打印时的页脚信息，例如日期、页码等。在打印窗体上的数据时，页面页脚节上的数据显示在每一页纸的底部。

（5）主题节。是窗体的主要组成部分，通常用来显示表中的记录数据，可以在屏幕或页面上只显示一条记录，也可以显示多条记录。

默认情况下，窗体"设计视图"只显示主体节，如图 5.12 所示。若要显示其他 4 个节，需要用鼠标右键单击主体节的空白区域，在弹出的快捷菜单中执行"窗体页眉/页脚"命令和"页面页眉/页脚"命令。窗体页眉和窗体页脚只能一起显示或隐藏，页面页眉和页面页脚也只能一起显示或隐藏。

5.2　创建窗体

创建窗体有两种途径，一种是使用窗体的"设计视图"通过添加控件的方式手工创建，这种方法不受任何限制，可以创建任意类型的窗体，功能强大，灵活多变，但是需要一个控件一个控件的设置，费时费力；另一种方法是通过 Access 提供的向导快速创建，这种方法省时省力，但是窗体的版式是既定的，因此经常需要切换到"设计视图"进行调整和修改。

在 Access 2010 的"创建"选项卡的"窗体"组中有多种用于创建窗体的功能按钮。其中包括"窗体"、"窗体设计"和"空白窗体"三个主要按钮，还有"窗体向导"、"导航"和"其他窗体"3 个辅助按钮，如图 5.15 所示。单击"导航"和"其他窗体"，还可以展开下拉列表，列表中提供了创建特定窗体的方式，如图 5.16 和图 5.17 所示。

图 5.15　"创建"选项卡的"窗体"组

图 5.16　"导航"列表

图 5.17　"其他窗体"列表

各按钮的功能如下：

（1）窗体。是一种快速创建窗体的工具，只需要单击一次鼠标便可以利用当前选择的数据源自动创建纵栏式窗体。使用按钮前必须先选中一个表或查询。

（2）窗体设计。单击该按钮，可以进入窗体的"设计视图"通过设计视图创建窗体。

（3）空白窗体。是一种快捷的窗体创建方式，可以创建一个空白的窗体，在这个窗体上能够直接从字段列表中添加绑定型控件。

（4）窗体向导。是一种辅助用户创建窗体的工具。通过提供的向导可以建立基于一个或多个数据源的不同布局的窗体。

（5）导航。用于创建具有导航按钮的窗体，也称为导航窗体。导航窗体有 6 种不同的布局方式，但创建方式是相同的。导航工具更适合于创建 Web 形式的数据库窗体。

（6）其他窗体。可以创建特定窗体，包含"多个项目"窗体、"数据表"窗体、"分割窗体"、"模式对话框"窗体、"数据透视表"窗体和"数据透视图"窗体。

5.2.1　自动创建窗体

Access 提供了多种方法自动创建窗体。它们的基本步骤都是先选中一个表或者查询，然后选用某种自动创建窗体的工具创建窗体。

1. 使用"窗体"按钮

使用"窗体"按钮创建的窗体，其数据源来自某个表或某个查询，窗体布局属于纵栏式窗体，因此使用这种方法创建的窗体每次只能显示一条记录。

【例 5.1】　使用"窗体"按钮基于"图书表"快速创建一个窗体。操作步骤如下：

（1）打开"图书管理"数据库，在导航窗格中选中"图书表"作为窗体的数据源。

（2）在功能区"创建"选项卡的"窗体"组中，单击"窗体"按钮，系统自动创建如图 5.18 所示的窗体。

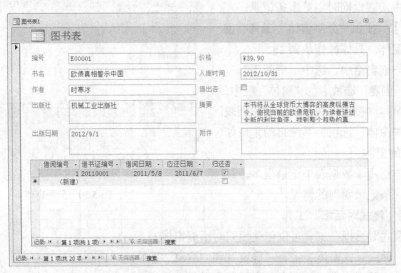

图 5.18　使用"窗体"按钮自动创建的纵栏式窗体

可以看到，在生成的主窗体下方有一个子窗体，显示了与"图书表"相关联的子表"借阅表"的数据，且是主窗体中当前记录关联的子表中的相关记录。

2. 使用"多个项目"工具

"多个项目"即在窗体上显示多个记录的一种窗体布局，使用这种方法创建的窗体属于表格式窗体。

【例 5.2】　使用"多个项目"工具，创建"读者"窗体。具体操作步骤如下：

（1）在导航窗格中选中"读者表"。

（2）在"创建"选项卡的"窗体"组中，单击"其他窗体"按钮，在弹出的下拉列表中选中

"多个项目"选项，系统自动生成如图 5.19 所示的窗体。

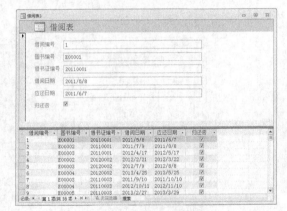

图 5.19　使用"多个项目"工具自动创建的表格式窗体

可以看到，"多个项目"生成的窗体中，一次性可以显示表中的所有记录。

3. 使用"分割窗体"工具

"分割窗体"是用于创建一种具有两种布局形式的窗体。窗体上方是单一记录的纵栏式布局方式，窗体下方是显示多条记录的表格式布局方式。这种分割窗体为浏览记录提供了方便，既可以在上方窗体中明细浏览某一条记录，又可以在下方窗体中宏观地同时浏览多条记录。

【例 5.3】　使用"分割窗体"工具，创建"借阅"窗体。具体操作步骤如下：

（1）在导航窗格中，选中"借阅表"。

（2）在"创建"选项卡的"窗体"组中，单击"其他窗体"按钮，在弹出的下拉列表中选中"分割窗体"选项，系统自动生成如图 5.20 所示的窗体。

这种窗体适用于数据表中记录很多，又需要浏览某一条记录明细的情况。

图 5.20　分割窗体

4. 使用"模式对话框"工具

使用"模式对话框"工具可以创建模式对话框窗体。这种窗体是一种交互式窗体，带有"确定"和"取消"两个功能按钮。这种窗体是在编写实际应用程序时最常使用的一种窗体。

【例 5.4】　创建一个如图 5.21 所示的"模式对话框"窗体。操作步骤如下：

（1）在"创建"选项卡的"窗体"组中，单击"其他窗体"按钮。

图 5.21　模式对话框窗体

（2）在弹出的下拉列表中选中"模式对话框"选项，系统自动生成模式对话框窗体。

5.2.2　使用窗体向导创建窗体

自动创建窗体方式虽然方便快捷，但是在内容和形式上都受到很大的限制，不能满足用户自主选择显示内容和显示方式的要求。为了能够达到这个目的可以使用"窗体向导"创建窗体。

【例 5.5】　使用"窗体向导"创建"图书基本信息"窗体，要求窗体布局为"表格式"，窗体显示"图书表"的"编号"、"书名"、"作者"、"出版社"和"价格"等字段。操作步骤如下：

（1）打开"窗体向导"对话框。单击"创建"选项卡下"窗体"组中的"窗体向导"按钮，打开"窗体向导"的第 1 个对话框。

（2）选择窗体的数据源。在"表/查询"的下拉列表中选择"图书表"，然后在可用字段中选择"编号"，单击 ＞ 按钮，用此方法依次选择"书名"、"作者"、"出版社"和"价格"等字段，设置结果如图 5.22 所示。单击"下一步"按钮，打开"窗体向导"的第 2 个对话框。

（3）确定窗体的布局。在对话框右侧单选按钮组中选择"表格"，如图 5.23 所示。单击"下一步"按钮，打开"窗体向导"的最后一个对话框。

图 5.22　窗体向导的第 1 个对话框

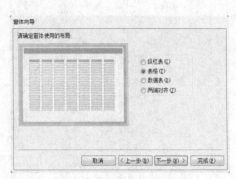

图 5.23　窗体向导的第 2 个对话框

（4）在该对话框中，指定窗体名称为"图书基本信息"，单击"完成"按钮。这时窗体创建完成，如图 5.24 所示。

5.2.3　创建数据表窗体

数据表窗体是一种以数据表视图显示窗体所对应数据源中数据的窗体，这种窗体一般都用来作为子窗体来使用。创建数据表窗体可以在选中数据源后通过"创建"选项卡的"窗体"组中"其他窗体"下拉列表中"数据表"选项来创建，也可以通过"窗体向导"来创建。

图 5.24　使用窗体向导创建的窗体

【例 5.6】　以"借阅表"为数据源创建"借阅信息"数据表窗体。自动创建数据表窗体的操作步骤如下：

（1）在导航窗格中选中"借阅表"。

（2）在"创建"选项卡的"窗体"组中，单击"其他窗体"按钮，在弹出的下拉列表中选中"数据表"选项，系统自动生成如图 5.25 所示的窗体。

使用"窗体向导"创建数据表窗体的操作步骤如下：

（1）打开"窗体向导"对话框。单击"创建"选项卡下"窗体"组中的"窗体向导"按钮，打开"窗体向导"的第 1 个对话框。

（2）选择窗体的数据源。在"表/查询"的下拉列表中选择"借阅表"，然后单击 ＞＞ 按钮选择所有字段，设置结果如图 5.26 所示。单击"下一步"按钮，打开"窗体向导"的第 2 个对话框。

（3）确定窗体的布局。在对话框右侧单选按钮组中选择"数据表"，如图 5.27 所示。单击"下一步"按钮，打开"窗体向导"的最后一个对话框。

（4）在该对话框中，指定窗体名称为"借阅信息"，单击"完成"按钮。这时窗体创建完成，如图 5.25 所示。

图 5.25　自动创建的数据表窗体

图 5.26　选择字段

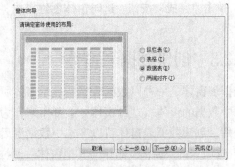

图 5.27　选择布局

我们可以看出所创建的数据表窗体在外观上与"借阅表"的数据表视图十分相似，但是它是窗体而不是数据表。

5.2.4　创建数据透视表窗体

数据透视表是一种特殊的表，可以通过它方便地对数据进行计算和分析。

【例 5.7】　以"读者表"为数据源，创建计算不同文化程度男女读者各自的人数的数据透视表窗体。操作步骤如下：

（1）在导航窗格中选中"读者表"。

（2）在"创建"选项卡的"窗体"组中，单击"其他窗体"按钮，在弹出的下拉列表中选中

"数据透视表"选项，进入数据透视表的设计界面，如图 5.28 所示。

图 5.28　数据透视表的设计界面

（3）双击"数据透视表工具设计"选项卡中"显示/隐藏"组中的"字段列表"按钮打开"数据透视表字段列表"。将"数据透视表字段列表"中的"性别"字段拖至"行字段"区域，将"文化程度"字段拖至"列字段"区域，选中"借书证编号"字段，在右下角的下拉列表中选择"数据区域"，单击"添加到"按钮，如图 5.29 所示。

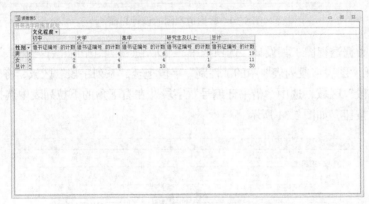

图 5.29　数据透视表窗体的创建结果

可以看到在字段列表中生成了一个"汇总"字段，该字段的值是选中的"借书证编号"字段的计数值，同时在数据区域产生了"性别"（行字段）和"文化程度"（列字段）分组下有关"借书证编号"的计数，也就是不同文化程度男女读者各自的人数。

创建数据透视表窗体需要理解组成数据透视表的各种元素和区域。数据透视表有两个主要元素，即"拖放区域"和"数据透视表字段列表"。"拖放区域"是"数据透视表"窗体中的一个区域，它可以包含一个或多个字段的数据。数据透视表有 4 个主要的拖放区域，每个区域有不同的作用。其中，"行字段"位于数据透视表的左侧，如例 5.7 中的"性别"字段；"列字段"位于数据透视表的上方，如例 5.7 中的"文化程度"字段；"筛选字段"是筛选数据透视表的字段，用于进行进一步的分类筛选；"汇总或明细字段"显示在各行与各列交叉部分的字段，用于计算。

5.2.5　创建数据透视图窗体

数据透视图是一种交互式的图表，其功能与数据透视表类似，只是它不是以表格的形式显示统计信息，而是以图表的形式来表示数据。数据透视图能直观地反映数据之间的关系。创建数据透视图的方法与创建数据透视表的方法相似。

【例 5.8】 以"读者表"为数据源，创建计算不同文化程度男女读者各自的人数的数据透视图窗体。操作步骤如下：

（1）在导航窗格中选中"读者表"。

（2）在"创建"选项卡的"窗体"组中，单击"其他窗体"按钮，在弹出的下拉列表中选中"数据透视图"选项，进入数据透视图的设计界面，如图 5.30 所示。

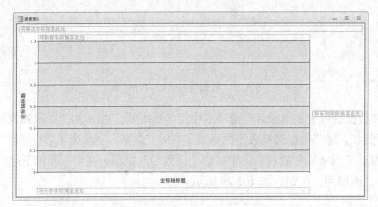

图 5.30 数据透视图的设计界面

（3）双击"数据透视图工具设计"选项卡中"显示/隐藏"组中的"字段列表"按钮打开"图表字段列表"。将"图表字段列表"中的"性别"字段拖至"系列字段"区域，将"文化程度"字段拖至"分类字段"区域，选中"借书证编号"字段，在右下角的下拉列表中选择"数据区域"，单击"添加到"按钮，如图 5.31 所示。

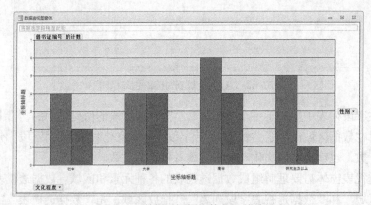

图 5.31 数据透视图窗体的设计结果

5.2.6 创建主/子窗体

通常，一个窗体只能和一张表建立联系，也就是说，通过一个窗体只能对一张表中的数据进行操作。但是有些时候我们需要把多个表中的数据显示在同一个窗体中，以方便查看数据，这时就需要使用主/子窗体。换句话说，主/子窗体实际上对应两个数据源，主窗体对应一个数据源，子窗体对应另一个数据源，而且这两个数据源之间需要建立"一对多"关系。主/子窗体可以通过

"窗体向导"来创建，当然也可以使用设计视图创建。我们先来学习使用"窗体向导"创建主/子窗体，使用设计视图创建主/子窗体的方法将在下一节讲述。

【例 5.9】　使用"窗体向导"创建主/子窗体，显示所有读者的"借书证编号"、"姓名"、"性别""身份证号"、"书名"、"借阅日期""应还日期"和"归还否"等字段，主窗体命名为"读者"，子窗体名为"借阅信息"。操作步骤如下：

（1）打开"窗体向导"第 1 个对话框。

（2）选择数据源。在"表/查询"下拉列表中，选择"读者表"，将"借书证编号"、"姓名"、"性别"和"身份证号"字段添加到"选定字段"列表中，用相同的方法将"图书表"中的"书名"字段和"借阅表"中的"借阅日期""应还日期"和"归还否"字段添加到"选定字段"列表中。选择结果如图 5.32 所示。单击"下一步"按钮，打开"窗体向导"的第 2 个对话框。

（3）确定查看数据的方式。选择"通过读者表"查看数据方式，单击"带有子窗体的窗体"单选按钮，设置结果如图 5.33 所示。单击"下一步"按钮，打开"窗体向导"的第 3 个对话框。

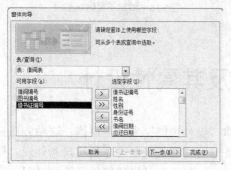

图 5.32　选择主/子窗体的字段

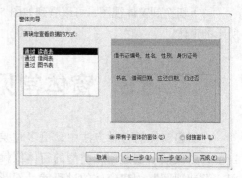

图 5.33　选择查看数据的方式

（4）指定子窗体所用布局。单击"数据表"单选按钮，如图 5.34 所示。单击"下一步"按钮，在打开的"窗体向导"最后一个对话框中指定窗体名称及子窗体名称。

（5）单击"完成"按钮，创建的窗体如图 5.35 所示。

图 5.34　选择子窗体布局方式

图 5.35　主/子窗体的创建结果

在此例中，数据来源于三个表，且这三个表之间已经建立关系，因此选择不同的数据查看方式会产生不同结构的窗体。例如，第 3 步选择了"通过读者表"查看数据，因为"读者表"和"借阅表"之间存在"一对多"关系，因此所建窗体中，主窗体显示主表，也就是"读者表"中的记录，子窗体显示"图书表"和"借阅表"中的记录。如果选择"通过借阅表"查看数据，则将建立单一窗体，该窗体将显示三个数据源连接后产生的所有记录。主/子窗体创建完成后，主窗体和子窗体分别保存。

如果存在"一对多"关系的两个表都已经分别创建了窗体，则可将"多"端窗体添加到"一"端窗体中，使其成为子窗体。

【例 5.10】 将"借阅信息"窗体设置为"读者"窗体的子窗体。操作步骤如下：

（1）在"设计视图"中打开主窗体。在导航窗格中，右键单击"读者"窗体，从弹出的快捷菜单中选择"设计视图"命令，打开"设计视图"。

（2）将导航窗格中的"借阅信息"窗体直接拖拽到主窗体的适当位置上。Access 将在主窗体中添加一个子窗体控件，如图 5.36 所示。

（3）切换到窗体视图，可以看到如图 5.35 所示的窗体。

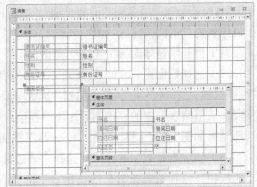

图 5.36　添加子窗体结果

5.3　窗体常见控件及其属性设计

在创建窗体的各种方法中，更多时候是使用窗体"设计视图"来创建窗体，这种方法更自主、更灵活。创建何种类型的窗体依赖于实际需要，可以完全控制窗体的布局和外观。使用"设计视图"创建窗体的过程就是不断地向窗体中添加控件以及设置控件属性的过程。因此本节主要讲述两方面的内容，一是介绍创建窗体时所用到的各种控件，另一个是如何设置控件及窗体的各种属性。

打开窗体的"设计视图"后，在功能区会出现"窗体设计工具"选项卡，这个选项卡包括"设计"、"排列"和"格式"三个子选项卡。其中，"设计"子选项提供了设计窗体时用到的主要工具，包括"视图"、"主题"、"控件"、"页眉/页脚"和"工具"5 个组。"视图"组中只有一个带有下拉列表的"视图"按钮。单击这个下拉列表可以进入窗体的相应视图。"主题"组可设置整个系统的外观，包括"主题"、"颜色"和"字体"3 个按钮。"控件"组是设计窗体的主要工具，由多个控件组成。"页眉/页脚"组用于设置窗体页眉/页脚和页面页眉/页脚。"工具"组提供设置窗体及控件属性等的相关工具，包括"添加现有字段"、"属性表"、"Tab 键次序"等按钮。

5.3.1　控件类型

控件是窗体上用于显示数据、执行操作、装饰窗体的对象。在窗体上添加的每一个对象都属于控件。例如，在窗体上使用文本框控件显示表中数据，使用命令按钮控件打开一个窗体，使用标签控件添加文字以增加窗体的可读性等。在"窗体设计工具"选项卡的"设计"子选项卡中"控件"组内包含了在创建窗体时可以使用的所有控件，这些控件的基本功能如表 5.1 所示。在这些控件中最常用的包括：标签、文本框、选项组、复选框、选项按钮（单选按钮）、切换按钮、列表框、组合框、按钮、选项卡控件、图像、未绑定对象框、绑定对象框、子窗体/子报表、插入分页符、直线和矩形等。

表 5.1　　　　　　　　　　　　　　　窗体中所有控件名称及功能

按　　钮	名　　称	功　　能
	选择	用于选取控件、节或窗体。单击该按钮可以释放以前锁定的控件
	使用控件向导	用于打开或关闭"控件向导"。使用"控件向导"可以创建列表框、组合框、选项组、命令按钮、图表、子窗体或子报表。要使用向导来创建这些控件，必须按下"使用控件向导"按钮
	文本框	用于显示、输入或编辑窗体记录源数据，显示计算结果，或接收用户输入数据
	标签	用于显示说明文本的控件，如窗体上的标题或指示文字。Access 会自动为创建的控件添加标签
	选项组	与复选框、选项按钮或切换按钮搭配使用，可以显示一组可选值
	复选框	可以作为绑定到"是/否"字段的独立控件，也可以用于接收用户在自定义对话框中输入数据的未绑定控件，或者选项组的一部分
	选项按钮	可以作为绑定到"是/否"字段的独立控件，也可以用于接收用户在自定义对话框中输入数据的未绑定控件，或者选项组的一部分
	切换按钮	可以作为绑定到"是/否"字段的独立控件，也可以用于接收用户在自定义对话框中输入数据的未绑定控件，或者选项组的一部分
	列表框	显示一个数值的列表。在窗体视图中，可以从列表中选择值输入到新纪录中，或者更改现有记录中的值
	组合框	该控件具有文本框和列表框的特性，既可以在文本框中键入文字也可以在列表框中选择输入项，然后将值添加到基础字段中
	按钮	用于完成各种操作，如：切换记录、打开窗体或应用筛选等
	图像	用于在窗体中显示静态图片。由于静态图片并非 OLE 对象，所以一旦将图片添加到窗体或报表中，便不能在 Access 内进行图片编辑
	未绑定对象框	用于在窗体中显示未绑定 OLE 对象，例如 Word 文档。当在记录间移动时，该对象将保持不变
	绑定对象框	用于在窗体或报表上显示 OLE 对象，例如一系列图片。该控件针对的是保存在窗体或报表数据源字段中的对象。当在记录间移动时，不同的对象将显示在窗体或报表上
	插入分页符	用于在窗体上开始一个新的屏幕，或在打印窗体上开始一个新页
	选项卡控件	用于创建一个多页的选项卡窗体或选项卡对话框。可以在选项卡控件上复制或添加其他控件
	子窗体/子报表	用于在窗体或报表上添加子窗体或子报表
	直线	用于突出相关的或特别重要的信息
	矩形	显示图像效果，例如在窗体中将一组相关的控件组织在一起
	附件	与窗体数据源中的"附件"类型字段相绑定，用于显示字段值或向字段中输入数据。此控件为 Access 2010 新增控件
	超链接	用于向窗体中插入一个超链接。此控件为 Access 2010 新增控件，主要用于创建 Web 数据库
	Web 浏览器控件	用于向窗体中添加一个 Web 浏览器。此控件为 Access 2010 新增控件，主要用于创建 Web 数据库
	导航控件	用于创建导航窗体。此控件为 Access 2010 新增控件
	图表	用于在窗体上显示一个统计图表。此控件为 Access 2010 新增控件
	AcitiveX 控件	是由系统提供的可重用的软件组件。使用 ActiveX 控件可以很快地在窗体中创建具有特殊功能的控件

控件的类型分为绑定型、未绑定型和计算型 3 种。绑定型控件主要用于显示、输入、更新数据表中的字段；未绑定型控件没有数据源，只能用来显示固定信息而无法与表中的信息建立联系；计算型控件以表达式为数据源，表达式可以利用窗体所引用的表或查询字段中的数据，也可以是窗体上的其他控件中的数据。

1. 标签控件

标签控件主要用来在窗体上显示说明性的文字。例如，在图 5.37 中显示窗体标题"输入读者基本信息"以及字段名称"借书证号"等的控件都是标签。标签不能显示窗体数据源中字段值也不能显示表达式的结果，它没有数据源，是典型的未绑定型控件。因此，当通过浏览按钮切换记录的时候，标签上的文字是固定不变的。既可以将标签附加到其他控件上，也可以创建独立的标签控件，但独立的标签在数据表视图中是不显示的。

图 5.37   使用设计视图创建的窗体

2. 文本框控件

文本框主要用来输入或编辑数据，它是一种交互式控件。文本框分为 3 种类型：绑定型文本框、未绑定型文本框和计算型文本框。绑定型文本框与窗体数据源的某一字段相链接，可以显示、输入或编辑字段值。图 5.37 中用于显示"借书证号"和"姓名"等字段值的文本框就属于绑定型文本框。未绑定型文本框没有数据源，不与窗体数据源中的字段值相关联，可以用来显示提示性的文字或接受用户输入的数据等。在计算型文本框中，可以显示表达式的结果，文本框中显示的数据随表达式的变化而改变。

3. 选项组控件

选项组控件由一个组框和其内部的若干复选框、选项按钮或切换按钮组成。图 5.37 中用于显示"性别"的控件就是一个选项组。选项组控件使得在一组值中选择某一个值变得十分容易。在选项组中，每次只能选中其中的一个选项。如果选项组绑定了某个字段，则只有组框本身与字段绑定，而其内部的复选框、选项按钮和切换按钮并没有与这个字段绑定。

4. 列表框与组合框控件

如果在窗体上输入的数据总是取自某个表或查询中的一列值，或是取自某一固定范围的数据，则可以使用列表框或组合框控件来完成。这样既可以保证输入数据的正确性又能提高数据输入的速度。例如，在输入读者基本信息时，"文化程度"字段的值来自一个固定的范围，只有有限的几项，因此可以使用列表框或组合框控件输入该字段的值。

列表框中可以包含一列或几列数据，用户只能在这些数据中进行选择而无法添加新的数据项。为了能在列表值之外添加新的数据，可以使用组合框控件。组合框控件既能像列表框那样在列表中选择数据也可以像文本框那样通过键盘输入新的数据，因此组合框相当于是文本框和列表框的组合。

5. 按钮控件

在窗体中可以使用按钮控件来执行某种操作。例如 "确定"、"取消"、"关闭"。图 5.37 中最下边一行的 "上一条记录"、"下一条记录" 和 "退出" 等都属于按钮控件。使用 Access 提供的 "按钮向导" 可以创建 30 多种不同类型的命令按钮。

6. 复选框、选项按钮和切换按钮控件

这三个控件的共同特征是都只有两种状态："选中" 与 "未选中"，因此可以用来与窗体中的 "是/否" 类型字段相绑定。这 3 个控件既可以与选项组控件一起使用，组成一个每次只能选择某一个值的选项组，以此来扩展这些控件代表值的个数，也可以单独使用，用来向 "是/否" 类型字段输入值。如图 5.37 所示，与 "性别" 字段绑定的选项组中包括两个选项按钮，与 "会员否" 字段绑定的控件是一个单独使用的复选框。

7. 选项卡控件

当窗体中的内容很多无法在一页中全部显示的时候，可以使用选项卡进行分页，操作时只需要单击选项卡上的标签就可以在多个页之间进行切换。"选项卡控件" 主要用于将多个不同格式的窗体封装在一个选项卡中，或者说，它是能够使一个选项卡中包含多个窗体的窗体，而且在每页窗体中又可以包含若干个控件，如图 5.38 所示。

图 5.38　分页窗体

8. 图像控件

在窗体中使用 "图像" 控件显示图片，可以使窗体更加美观。如图 5.38 所示。"图像" 控件是一种未绑定型控件，它无法显示表中存储的图片而只能显示静态图片，不随数据的变化而变化。要想显示表中存储的图片只能使用 "绑定对象框" 控件。

9. 绑定对象框与未绑定对象框

在窗体上显示 "OLE 对象" 可以使用 "绑定对象框" 和 "未绑定对象框" 控件。其中，"绑定对象框" 控件可以与窗体数据源中的 "OLE 对象" 类型字段相绑定，显示表中存储的数据。而 "未绑定对象框" 控件只能显示单独存储的 "OLE 对象" 类型数据，因此不与窗体数据源相绑定，属于未绑定型控件，不随表中数据而改变。

10. 子窗体/子报表控件

子窗体/子报表控件是用来在窗体或报表上添加子窗体或子报表的控件。这个控件的数据源是一个窗体或一个报表。可以利用 Access 提供的 "子窗体/子报表控件向导" 在窗体或报表上创建一个子窗体或子报表。

5.3.2　操作控件对象

Access 窗体上的每一个控件都属于一个独立的对象，对控件这种对象的操作包括在窗体上添加控件、移动位置、调节大小、更改控件类型和删除控件等。

1. 添加控件

在窗体的设计视图上添加控件分两步：

（1）用鼠标左键在 "窗体设计工具" 选项卡的 "设计" 子选项内的 "控件" 组中单击想要添

加的控件，此时光标变为代表不同控件的特定形状；

（2）在窗体的相应位置上按住鼠标左键拖拽，当控件达到要求的大小后松开鼠标即完成控件的添加。这里需要注意几点。第一，添加标签控件时，松开鼠标后，可以看见光标闪烁，等待用户输入信息，如果这时候不输入文字而在标签以外位置单击鼠标左键则光标消失，标签添加就不成功，只有输入了文字之后标签才能添加成功。第二，当添加复选框和选项按钮控件时，不需要拖拽鼠标，只需要在相应位置单击鼠标左键即可，因为这两个控件的大小是固定的，拖拽无法改变它们的大小。第三，当向窗体添加文本框、选项组、列表框、组合框、复选框、选项按钮、绑定对象框和子窗体/子报表控件时，会自动添加一个标签控件。

2. 移动控件位置

移动控件位置可以通过设置控件属性来实现，也可以在设计视图和布局视图中通过鼠标拖拽实现。通过设置属性来移动控件位置将在后面介绍，本节主要讲述通过鼠标拖拽的方法来移动控件。在设计视图中，当用鼠标单击某一控件时，控件周围会出现橘黄色的实线边框和八个控制点，其中左上角的灰色控制点比其他控制点大，当把光标移到这个控制点上的时候光标会变成十字箭头，这时候只需要按住鼠标左键拖拽就可以改变控件位置。在布局视图中，当用鼠标单击某一控件时，控件周围会出现橘黄色的实线边框，当把光标移到这个控件上时，光标会变成十字箭头，这时候按住鼠标左键拖拽也可以改变控件位置。

3. 调整控件大小

调整控件大小可以通过设置控件属性来实现，也可以在设计视图中通过鼠标拖拽实现。通过设置属性来调整控件大小将在后面介绍，本节主要讲述通过鼠标拖拽的方法来调整控件大小。在设计视图中，当用鼠标单击某一控件时，控件周围会出现橘黄色的实线边框和八个控制点，当把光标移到某个控制点上的时候光标会变成双向箭头，这时候只需要按住鼠标左键拖拽就可以调整控件大小。在布局视图中，当用鼠标单击某一控件时，控件周围会出现橘黄色的实线边框，当把光标移到边框上时，光标会变成双向箭头，这时候按住鼠标左键拖拽也可以调整控件大小。

4. 更改控件类型

更改控件类型在设计视图和布局视图中都能完成。如果要改变某个控件的类型，需要先用鼠标选择这个控件，然后在控件上单击鼠标右键，在弹出的快捷菜单中选择"更改为"级联菜单中所需的新控件类型即可。这里需要注意的是，每一种控件并不是可以改变成任意其他类型的控件的，而是只能改变为特定类型的控件，如果在"更改为"级联菜单中找不到想要改变成的控件类型，则只能通过删除想要更改的控件然后再添加要更改成的控件即可。

5. 删除控件

删除控件既可以在设计视图也可以在布局视图中完成。要想删除某个控件，只需要用鼠标选择这个控件，然后按键盘上的"delete"键即可。这里需要说明的是，当删除控件的时候，随它一同添加的标签会与之一并删除。

5.3.3 常用控件及其使用

在"设计视图"中设计窗体，需要用到"窗体设计工具"选项卡中"设计"子选项卡内"控件"组中的各种控件。下面通过具体的实例介绍如何使用各种控件。

【例5.11】 在窗体的"设计视图"中，创建如图5.37所示窗体，窗体名为"输入读者基本信息"。

1. 创建标签控件

使用"设计视图"创建一个窗体，并在窗体页眉节中添加"标签"控件，显示窗体标题"输入读者基本信息"。

（1）单击"创建"选项卡中"窗体"组内的"窗体设计"按钮，打开窗体的设计视图。

（2）用鼠标右键单击主体结构的空白位置，在弹出的快捷菜单中选择"窗体页眉/页脚"菜单项，在窗体的设计视图中添加"窗体页眉"节。

（3）单击"控件"组中的"标签"控件。在窗体页眉处单击要放置标签的位置，然后在标签内输入文本"输入读者基本信息"，如图 5.39 所示。

2. 创建绑定型文本框控件

在图 5.39 所示的窗体中创建"借书证编号"、"姓名"、"身份证号"和"办证日期"4 个绑定型文本框。操作步骤如下：

（1）单击"窗体设计工具"选项卡中"设计"子选项内"工具"组中的"添加现有字段"按钮，打开"字段列表"窗口，展开并显示出"读者表"中的所有字段。

（2）将"借书证编号"、"姓名"、"身份证号"和"办证日期"等字段依次拖到窗体内适当位置，即可在该窗体中创建绑定型文本框。Access 根据字段的数据类型进行默认的属性设置。如图 5.40 所示。

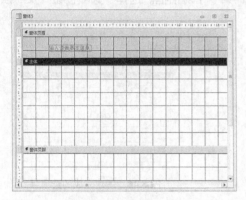

图 5.39　创建标签

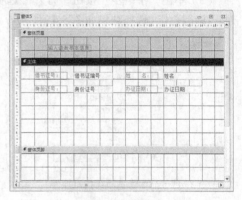

图 5.40　创建绑定型文本框

3. 创建选项组控件

在图 5.40 所示的窗体中创建"性别"选项组。为"性别"字段设置选项组，需要先将"性别"字段拖至窗体中，使窗体记录源中包含"性别"字段，然后再按如下步骤操作：

（1）首先确保"使用控件向导"按钮已按下。单击"控件"组中的"选项组"控件。在窗体上单击要放置选项组的位置，打开"选项组向导"的第一个对话框。在该对话框的"标签名称"框中分别输入"男"和"女"，结果如图 5.41 所示。

（2）单击"下一步"按钮，打开"选项组向导"的第 2 个对话框。在该对话框中确定是否需要默认选项，如果需要设置默认选项则选择"是，默认值选项是（Y）"，并制定"男"为默认项，如图 5.42 所示。

图 5.41　指定标签标题

图 5.42　指定默认值

（3）单击"下一步"按钮，打开"选项组向导"的第 3 个对话框。此处设置"男"选项值为1，"女"选项值为 2，如图 5.43 所示。

（4）单击"下一步"按钮，打开"选项组向导"的第 4 个对话框。选中"在此字段中保存该值"，并在右侧的下拉列表框中选择"性别"字段，如图 5.44 所示。

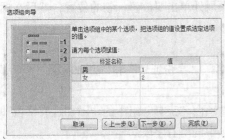

图 5.43　为每个项指定值

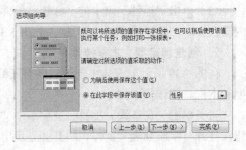

图 5.44　为选项组设置保存的字段

（5）单击"下一步"按钮，打开"选项组向导"的第 5 个对话框。选择"选项按钮"及"蚀刻"按钮样式，选择结果如图 5.45 所示。

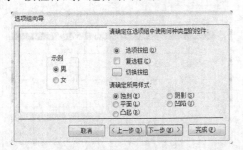

图 5.45　为选项组指定控件

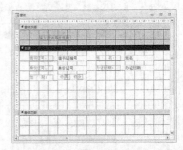

图 5.46　创建完成的选项组

（6）单击"下一步"按钮，打开"选项组向导"的最后一个对话框。在"请为选项组指定标题"文本框中输入选项组的标题："性别"，然后单击"完成"按钮。最后将开始时添加的"性别"文本框删除，设计结果如图 5.46 所示。

4. 创建绑定型组合框控件

"组合框"能够把一组值组合在一起构成一个列表供用户选择，同时也可以通过键盘输入不在列表中的值。"组合框"也分为绑定型和未绑定型。如果要让组合框中的值与字段值相关联，应该创建绑定型文本框。创建组合框前，同样需要确保窗体的记录源中包含要绑定的字段，因此需要先将要创建组合框的字段添加到窗体中，待组合框创建完毕后再将其删除。创建"文化程度"组合框的操作步骤如下：

（1）在图 5.46 所示的"设计视图"中，单击"控件"组中的"组合框"按钮，在窗体相应位置上单击鼠标左键，打开"组合框向导"的第 1 个对话框。在该对话框中，选择"自行键入所需的值"单选按钮，如图 5.47 所示。

（2）单击"下一步"按钮，打开"组合框向导"的第 2 个对话框。在"第 1 列"列表中一次输入"初中"、"高中"、"大学"和"研究生及以上"等值，每输入完一个值将光标移到下一行，设置结果如图 5.48 所示。

（3）单击"下一步"按钮，打开"组合框向导"的第 3 个对话框。选择"将该数值保存在这个字段中"单选按钮，并单击右侧下拉箭头按钮，从打开的下拉列表中选择"文化程度"字段，设置结果如图 5.49 所示。

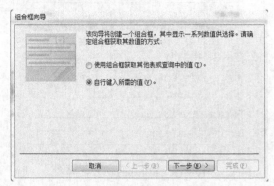

图 5.47　选择组合框列表值来源方式　　　　　图 5.48　输入列表值

（4）单击"下一步"按钮，打开"组合框向导"的最后一个对话框。在"请为组合框指定标签"文本框中输入"文化程度:"，作为该组合框的标签。单击"完成"按钮。至此，组合框创建完成。最后把一开始放置的"文化程度"文本框删除即可，设计结果如图 5.50 所示。

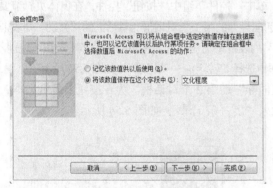

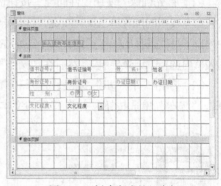

图 5.49　为组合框设置保存的字段　　　　　　图 5.50　创建完成的组合框

5. 创建绑定型复选框控件

绑定型复选框控件可以与窗体数据源中的"是/否"类型字段相联系，用来输入和显示这个字段的值。在窗体中添加绑定型复选框用来与"会员否"字段相绑定的方法如下:

（1）单击"窗体设计工具"选项卡中"设计"子选项内"工具"组中的"添加现有字段"按钮，打开"字段列表"窗口，展开并显示出"读者表"中的所有字段。

（2）将"会员否"字段拖拽到窗体内适当位置，即可在该窗体中创建绑定型复选框，然后调整复选框和它自带的标签的位置即可。Access 会根据字段的数据类型进行默认的属性设置，设计结果如图 5.51 所示。

6. 创建绑定对象框控件

绑定对象框可以用来在窗体内显示记录源中的"OLE 对象"类型数据，在窗体中创建"照片"字段的绑定对象框的具体步骤与创建绑定型文本框以及绑定型复选框相似，具体步骤如下:

（1）单击"窗体设计工具"选项卡中"设计"子选项内"工具"组中的"添加现有字段"按钮，打开"字段列表"窗口，展开并显示出"读者表"中的所有字段。

（2）将"照片"字段拖拽到窗体内适当位置，即可在该窗体中创建绑定对象框。Access 会根据字段的数据类型进行默认的属性设置。如图 5.52 所示。

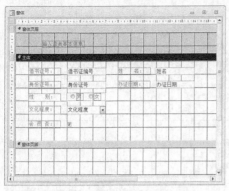

图 5.51　创建完成的绑定型复选框

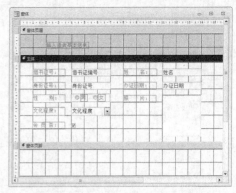

图 5.52　创建完成的绑定对象框

7. 创建命令按钮

窗体中的命令按钮可以用来完成 Access 的特定操作，例如，"添加记录""保存记录"和"退出"。这些操作可以是一个宏，也可以是一个用 VBA 编写的过程。下面介绍在图 5.52 所示的"设计视图"中创建"添加记录"命令按钮的方法，具体步骤如下：

（1）首先确保"使用控件向导"按钮被按下。单击"控件"组中"按钮"控件，在窗体页脚节要放置命令按钮的位置单击鼠标左键，打开"命令按钮向导"的第 1 个对话框。对话框的"类别"列表框中列出了可供选择的操作类别，每个类别在"操作"列表框中均对应着多种不同的操作。先在"类别"列表框内选择"记录导航"，然后在"操作"列表框中选择"转至前一条记录"，如图 5.53 所示。

（2）单击"下一步"按钮，打开"命令按钮向导"的第 2 个对话框。为在按钮上显示文本，单击"文本"单选按钮，并在其后的文本框中输入"上一条记录"，如图 5.54 所示。

图 5.53　为按钮选择操作

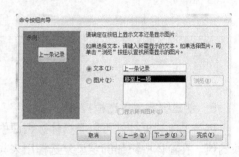

图 5.54　为按钮选择标题

（3）单击"下一步"按钮，打开"命令按钮向导"的第 3 个对话框。在这个对话框中为创建的命令按钮命名，以便以后引用。单击"完成"按钮。至此，命令按钮创建完成，其他按钮的创建方法相同，结果如图 5.55 所示。

至此，本例中窗体的创建过程全部结束，单击"视图"组中的"视图"按钮切换到窗体视图，显示结果如图 5.37 所示。最后保存窗体。

【**例 5.12**】　使用"设计视图"创建如图 5.38 所示的分页窗体，第一页显示"读者信息统计"，第二页显示"图书借阅情况统计"。

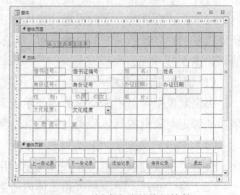

图 5.55　创建完成的按钮控件

8. 创建选项卡控件

在窗体上添加选项卡控件可以增加窗体的容积，使窗体中可以显示更多信息，而且可以将信息分类显示在不同的页内。在选项卡控件的每一页上都可以添加控件，从而使每一页都可以作为一个独立窗体使用。在窗体上创建选项卡控件的步骤如下：

（1）单击"创建"选项卡中"窗体"组内的"窗体设计"按钮，打开窗体的设计视图。在"控件"组中单击"选项卡控件"，在窗体上要放置选项卡控件的位置按住鼠标左键拖拽直至达到要求的大小松开鼠标。单击"工具"组中的"属性表"按钮，打开"属性表"对话框。

（2）单击选项卡"页1"，单击"属性表"对话框中的"格式"选项卡，在"标题"属性行中输入"读者信息统计"。单击"页2"，按上述方法设置"页2"的"标题"属性，设置结果如图 5.56 所示。

图 5.56　创建选项卡控件并制定页标题

选项卡控件默认只有两页，如果需要增加选项卡的页，可以用鼠标右键单击选项卡的某一页，在弹出的快捷菜单中单击"插入页"即可。如果想要删除选项卡的某一页，只需要在这个页上单击鼠标右键，在弹出的快捷菜单中选择"删除页"。

如果需要将其他控件添加到"选项卡控件"上，则可以先选中一页，然后按照前面介绍的方法直接在"选项卡控件"上创建即可。

9. 创建未绑定型列表框

在"读者信息统计"选项卡上添加一个"列表框"控件，以显示"读者表"中的内容。操作步骤如下：

（1）在图 5.56 所示设计视图中，单击"读者信息统计"页，然后单击"控件"组中"列表框"控件，在窗体上单击要放置"列表框"的位置，打开"列表框向导"的第 1 个对话框，选择"使用列表框查阅表或查询中的值"，如图 5.57 所示。

（2）单击"下一步"按钮，打开"列表框向导"的第 2 个对话框。由于列表框中显示的数据来源于"读者表"，因此选择"视图"选项组中的"表"，然后从表的列表中选择"读者表"，如图 5.58 所示。

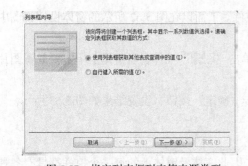

图 5.57　指定列表框列表值来源类型

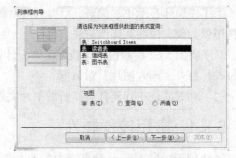

图 5.58　指定列表框列表值来源

（3）单击"下一步"按钮，打开"列表框向导"的第 3 个对话框。选择"借书证编号"字段，然后单击 ▶ 按钮，用同样方法将"姓名"、"性别"、"身份证号"和"单位名称"字段都移动到"选定字段"列表框中，如图 5.59 所示。单击"下一步"按钮，在"列表框向导"的第 4 个对话框中选择用于排序的字段，选择"借书证编号"字段。

（4）单击"下一步"按钮，打开"列表框向导"的第 5 个对话框。其中列出来所有字段的列表。此时，拖动各列右边框可以改变列表框的宽度，如图 5.60 所示。

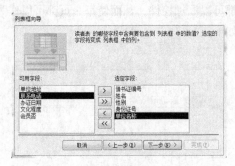

图 5.59　指定列表框显示的字段

图 5.60　调整每一列的宽度

（5）单击"下一步"按钮，在打开的对话框中选择保存的字段。此例选择"借书证编号"，单击"下一步"按钮，单击"完成"按钮，结果如图 5.61 所示。

（6）删除列表框的标签"借书证编号"，并适当调整列表框大小。如果希望将列表框中的字段名称显示出来，则单击"属性表"对话框中的"格式"选项卡，在"列标题"属性行中选择"是"。切换到窗体视图，显示结果如图 5.62 所示。

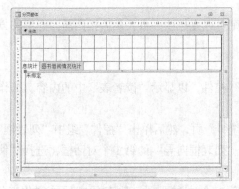

图 5.61　创建完成的为绑定型列表框

图 5.62　窗体视图中的为绑定型列表框

10. 创建图像控件

为了使窗体显示更加美观，可以创建"图像"控件。下面以在图 5.62 所示的窗体设计视图中创建图像为例，说明其操作方法。

（1）将图 5.62 所示窗体切换至窗体设计视图。单击"图像"控件，在窗体上单击要放置图片的位置，打开"插入图片"对话框。

（2）在对话框中找到并选择所需图片文件，单击"确定"按钮，设置结果如图 5.63 所示。

5.3.4　常用控件属性

属性用于决定 Access 数据库中各种对象的特性，因此窗体及窗体上的每一个控件都具有各种的属性，这些属性决定了窗体及控件的外观、它所包含的数据以及对鼠标或键盘事件的响应。

1. "属性表"窗口

在窗体的设计视图中，窗体和控件的属性可以在"属性表"窗口中进行设置。单击"窗体设计工具"选项卡中"设计"子选项卡内"工具"组中的"属性表"按钮或单击鼠标右键，从弹出的快捷菜单中选择"属性"命令，可以打开"属性表"窗口，如图 5.64 所示。

图 5.63 创建完成的未绑定型图像框

图 5.64 "属性表"窗口

在"属性表"窗口的上方有一个下拉列表，列表中包含当前窗体上所有对象。在这个列表中选择某一个对象就可以设置它的属性。如果在窗体中选中了某一个对象，在列表中就会显示这个对象的名称。

"属性表"窗口中包含 5 个选项卡，分别是："格式""数据""事件""其他"和"全部"。其中，"格式"选项卡中的属性用来设定窗体或控件的外观，"属性"选项卡中的属性用来设定窗体或控件上显示的数据，"事件"选项卡包含了窗体和控件能够响应的事件，"其他"选项卡包含了"名称"、"Tab 键索引"等其他属性。"全部"选项卡中的属性是前 4 个选项卡中属性的集合。

窗体和控件的属性很多，下面通过具体例子详细介绍各种属性的含义和设置方法。

2. 常用的"格式"属性

"格式"属性主要用于设置窗体和控件的外观或显示格式。

控件的"格式"属性包括标题、可见、高度、宽度、上边距、左、背景样式、背景色、边框样式、边框宽度、边框颜色、特殊效果、字体名称、字号、文本对齐、字体粗细、下划线、倾斜字体、前景色等。各属性的含义详见表 5.2。

表 5.2 控件的"格式"属性名称及其含义

属 性 名	含 义
标题	用于设置标签、按钮和切换按钮上显示的文字
可见	用于设置控件在窗体视图中是否可见，只有"是"与"否"两个值
高度	用于设置控件的垂直长度，单位是"厘米"
宽度	用于设置控件的水平长度，单位是"厘米"，同"高度"一起定义控件大小
上边距	用于设置控件的上边界距它所在的节的上边界的距离，单位是"厘米"

续表

属 性 名	含 义
左	用于设置控件的左边界距离它所在的节的左边界的距离，单位是"厘米"
背景样式	用于设置控件的背景类型，可以选择"透明"和"常规"
背景色	用于设置控件背景的颜色，颜色值用一个非负整数表示
边框样式	用于设置控件边框的样式，可以选择"透明"、"实线"和"虚线"等值
边框宽度	用于设置控件边框的宽度，单位是"像素"
边框颜色	用于设置控件边框的颜色
特殊效果	用于设置控件显示的效果，可以选择"平面"、"突起"、"凹陷"、"蚀刻"、"阴影"和"凿痕"6 项之一
字体名称	用于设置控件上显示文字的字体
字号	用于设置控件上显示文字的大小
文本对齐	用于设置控件中文字的对齐方式
字体粗细	用于设置控件中文字的字体粗细
下划线	用于设置控件上显示的文字是否具有下划线，只有"是"与"否"两个值
倾斜字体	用于设置控件上显示的文字是否倾斜，只有"是"与"否"两个值
前景色	用于设置控件上显示文字的颜色

【例 5.13】 设置图 5.52 窗体中的标题和"借书证编号"标签的格式属性，其中，标题"字体名称"为"楷体_GB2312"，"字号"为 20，"前景色"为"红色"。将"借书证编号"标签的显示文本改为"借书证号:"，"字体粗细"为"加粗"，"背景色"为"绿色"，"前景色"为"棕色"。操作步骤如下：

（1）在窗体设计视图中打开"输入读者基本信息表"窗体。如果没有打开"属性表"窗口，则单击"工具"组中"属性表"按钮，打开"属性表"窗口。

（2）选中"输入读者基本信息"标签，单击"格式"选项卡，在"字体名称"框中选择"楷体_GB2312"，在"字号"框中选择"20"，单击"前景色"栏，并单击右侧的"生成器"按钮，从打开的"颜色"对话框中选择"红色"。

（3）选中"借书证编号"标签，在"标题"框中输入"借书证号"，在"字体粗细"框中选择"加粗"，然后用与第 2 步同样的方法设置"前景色"和"背景色"。

窗体的"格式"属性包括标题、默认视图、滚动条、记录选择器、导航按钮、分割线、自动居中、控制框、最大最小化按钮、关闭按钮、边框样式等。这些属性的含义见表 5.3。

表 5.3 窗体的"格式"属性名称及其含义

属 性 名	含 义
标题	用于设置窗体标题栏上显示的字符串
默认视图	打开窗体时，用以显示对象的视图
允许窗体视图	用于限定是否允许切换到窗体视图，可以选择"是"或"否"
允许数据表视图	用于限定是否允许切换到数据表视图，可以选择"是"或"否"
允许数据透视表视图	用于限定是否允许切换到数据透视表视图，可以选择"是"或"否"
允许数据透视图视图	用于限定是否允许切换到数据透视图视图，可以选择"是"或"否"
允许布局视图	用于限定是否允许切换到布局视图，可以选择"是"或"否"

属　性　名	含　　义
图片	用来设置窗体的背景图片的路径或文件名
图片类型	用于设定图片是通过何种方式添加到窗体中的,可以选择"嵌入""链接"或"共享"
图片平铺	用于设定图片在框中是否平铺
图片对齐方式	用于设定框中图片的对齐方式
图片缩放模式	控制对象框或图形内容的显示方式
宽度	用于设定所用节的宽度
自动居中	用于设置打开窗体后是否自动居于屏幕中央,可以选择"是"与"否"
自动调整	用于确定是否字段调整窗体大小以显示一条完整的记录
边框样式	用于设置窗体的边框样式,可以选择"对话框边框""可调边框""细边框""无"
记录选择器	用于设置窗体是否具有记录选择器,可以选择"是"与"否"
导航按钮	用于设置窗体是否具有导航按钮,可以选择"是"与"否"
导航标题	用于设定导航按钮标题
分割线	用于设置窗体是否具有分割线,可以选择"是"与"否"
滚动条	用于设定窗体是否有水平或垂直滚动条,可以选择"两者都有""只水平""只垂直""两者均有"
控制框	用于设置窗体是否具有控制框,可以选择"是"与"否"
关闭按钮	用于设置窗体的关闭按钮是否可用,可以选择"是"与"否"
最大最小化按钮	用于设置窗体是否具有最大最小化按钮,可以选择"是"与"否"

【例 5.14】　将图 5.52 中的窗体的边框改为"细边框"样式,同时取消窗体的"水平和垂直滚动条"、"记录选择器"、"分割线"、"导航按钮"、"最大最小化按钮"和"关闭按钮"。操作步骤如下:

（1）在设计视图中打开图 5.52 中的窗体,单击窗体选择器。

（2）单击"属性表"窗口的"格式"选项卡,并按照题目要求设置窗体的格式属性、设置结果如图 5.65 所示。切换到"窗体视图",显示结果如图 5.66 所示。

图 5.65　窗体属性设置

图 5.66　设置窗体属性后的效果

3. 常用的"数据"属性

"数据"属性决定了一个控件或窗体中的数据源，以及操作数据的规则，而这些数据均为绑定到控件上的数据。控件的"数据"属性包括控件来源。输入掩码、有效性规则、有效性文本、默认值、是否有效和是否锁定等。这些属性的含义见表 5.4。

表 5.4　　　　　　　　　　　　控件的"数据"属性名称及其含义

属 性 名	含 义
控件来源	用来设定控件的数据源，可以是字段名也可以是以等号开头的表达式
文本格式	用于设定控件内容的显示格式
输入掩码	用来设定控件的输入格式，仅对文本型和日期时间型有效
默认值	用来设定一个计算型控件或未绑定型控件的初始值
有效性规则	用于设定在控件中输入数据的合法性监控表达式
有效性文本	用于指定违背了有效性规则时显示的提示信息
筛选查找	用于确定何时使用"自动筛选"
可用	用于设定在窗体中是否可以使用这个控件
是否锁定	用于指定该控件是否允许在窗体视图中接收编辑控件中显示数据的操作

"控件来源"属性告诉系统如何检索或保存在窗体中要显示的数据，如果控件来源是一个字段名，则在控件中会显示该字段的值，对该控件中数据的修改会相应的改变字段值；如果设置该属性为空，则这个控件属于未绑定型控件，不会显示数据；如果把这个属性设置为一个表达式，则控件内会显示表达式的结果。

【例 5.15】　将图 5.52 所示窗体中的"身份证号"改为"年龄"，"年龄"由"身份证号"计算得到。操作步骤如下：

（1）在设计视图中打开图 5.52 中的窗体，选中"身份证号:"标签，将"标题"属性改为"年龄:"。

（2）选中"身份证号"文本框，在"属性表"对话框中，单击"数据"选项卡，单击"控件向导"栏，输入计算年龄的公式"=Year(Date())-Val(Mid([身份证号],7,4))"。设置结果如图 5.67 所示。

（3）切换到"窗体视图"，设置结果如图 5.68 所示。

图 5.67　文本框控件来源的设置

图 5.68　文本框控件来源属性设置后的效果

窗体的"数据"属性包括记录源、排序依据、允许编辑、数据输入等。这些属性的含义参见表5.5。

表 5.5　　　　　　　　　　　控件的"数据"属性名称及其含义

属 性 名	含 义
记录源	用于设定窗体中数据的来源，可以是表名、查询名或 SQL 语句
记录集类型	用于确定哪些表可以编辑，可以选择"动态集""动态集（不一致的更新）"或"快照"
抓取默认值	用于确定是否检索默认值
筛选	用于设定一个对窗体数据源的筛选，它会随窗体一起自动加载
加载时的筛选器	用于确定窗体启动时是否应用筛选
排序依据	用于设定对窗体数据源中记录排序的依据，它会随窗体一起自动加载
加载时的排序方式	用于确定窗体启动时是否应用排序
等待后续处理	用于设定是否等待数据宏完成
数据输入	用于设定是否仅允许添加新记录，如果选择是，则切换到窗体视图后只显示一个空记录
允许添加	用于限定通过该窗体是否允许添加记录
允许删除	用于限定通过该窗体是否允许删除记录
允许编辑	用于限定通过该窗体是否允许编辑记录
允许筛选	用于限定通过该窗体是否允许筛选记录
允许锁定	用于设定是否及如何锁定基础表或查询中的记录

【例 5.16】 完成相关设置，使图 5.68 所示的窗体中显示空记录。操作步骤如下：

（1）在设计视图中打开图 5.68 所示的窗体，选中窗体选择器。

（2）在"属性表"窗口中，单击"数据"选项卡，设置"数据输入"属性为"是"，设置结果如图 5.69 所示。

（3）切换到窗体视图，显示结果如图 5.70 所示。

图 5.69　窗体数据属性设置

图 5.70　窗体数据属性设置后的效果

4. 常用的"其他"属性

"其他"属性表示了控件的附加特征。控件的"其他"属性包括名称、状态栏文字、自动 Tab 键。控件提示文本和 Tab 键索引等。这些属性的含义参见表 5.6。

表 5.6 控件的"其他"属性名与含义

属 性 名	含 义
名称	用于设定控件的名称
数据表标题	用于设定在窗体数据表视图中为列标题显示的标题
亚洲语言换行	用于设定是否对该控件应用中文字回绕功能
Enter 键行为	用于设定将 Enter 键作为新行字符还是使用"按 Enter 键后光标移到方式"
控件提示文本	用于设定把光标移到该控件上显示的提示信息
Tab 键索引	用于设定用 Tab 键切换焦点的顺序，其值是从 0 开始的整数
制表位	用于设定是否允许 Tab 键次序在控件中有效
状态栏文字	用于设定选择控件时状态栏上所显示的消息
快捷键菜单	用于自定义快捷菜单的名称
帮助上下文 ID	用于自定义帮助文件中主题的标识号
自动 Tab 键	用于设定输入最后一个掩码允许字符后，是否自动跳到下一个对象
垂直	用于确定是否垂直显示文本
允许自动更正	用于确定是否允许自动更正该控件中输入的文字
IME Hold	用于设定当焦点移开后，是否保存该字段的输入法模式设置
输入法模式	用于选择当焦点移至该控件时的输入法模式
输入法语句模式	用于选择当焦点移至该字段时的输入法语句模式
标签	用于设定与该控件一起保存的额外数据

在这些属性中最重要的是"名称"属性。因为窗体中的每一个控件都是一个对象，所以必须有一个唯一的名字，只有有了名字才能引用这个控件。而控件的名字就是通过"名称"属性来设定的。

【例 5.17】 在设计视图中创建一个名为"操作导航"的窗体，在窗体上按顺序添加 4 个命令按钮，分别命名为"bt1"、"bt2"、"bt3"和"bt4"，显示标题分别为"添加"、"修改"、"删除"和"退出"，并设置 Tab 键次序为"退出"、"添加"、"修改"和"删除"。操作步骤如下：

（1）单击"创建"选项卡中"窗体"组内的"窗体设计"按钮，打开窗体的设计视图。

（2）单击"控件"组中的"按钮"控件。在窗体上要放置按钮的位置拖到鼠标，添加一个命令按钮。

（3）单击"工具"组中的"属性表"按钮，打开"属性表"窗口。选中刚添加的按钮，在"属性表"窗口中选择"其他"选项卡，在"名称"属性中输入"bt1"，在"Tab 键索引"属性中输入"1"。在"属性表"窗口中选择"格式"选项卡，在"标题"属性中输入"添加"。

（4）用同样方法创建另外 3 个按钮，其中"bt2"的"Tab 键索引"属性设置为"2"，"bt3"的"Tab 键索引"属性设置为"3"，"bt4"的"Tab 键索引"属性设置为"0"，最后保存窗体，命名为"操作导航"。设计结果如图 5.71 所示。

除了可以用设置"Tab 键索引"属性的方法来定义 Tab 键次序之外，还有更加方便地方法，具体操作步骤如下：

（1）在"设计"视图中打开"操作导航"窗体。

（2）单击"窗体设计工具/设计"选项卡中"工具"组内的"Tab 键次序"按钮，打开"Tab 键次序"窗口。如图 5.72 所示。

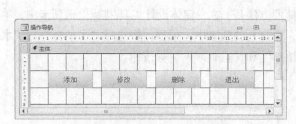

图 5.71　操作导航窗体的设计效果

图 5.72　"Tab 键次序"窗口

（3）单击要改变次序的控件名前面的选择器来选中这个控件，然后按住鼠标左键拖动到所要移动的位置即可。

5.4　窗体布局和美化

窗体的基本功能设计完成后，要对窗体上的控件及窗体本身的一些格式进行设定，使窗体界面看起来更加美观，布局更加合理，使用更加方便。除了通过设置窗体或控件的"格式"属性来对窗体及其中的控件进行修饰外，还可以通过英语主题和条件格式等功能进行格式设置。

5.4.1　窗体布局

在窗体的布局阶段，需要选中控件后对控件进行排列和对齐，以使界面有序、美观。

1．选择控件

要对控件进行调整必须首先选中它。在设计视图中选中控件后，控件的四周会出现 8 个点，称为控制柄。其中，左上角的控制柄由于作用特殊，因此比另外 7 个大。使用控制柄可以调整控件的大小，移动控件的位置。选择控件的操作有一下 5 种：

（1）如果想选择一个控件，只需要在控件身上单击鼠标左键。

（2）要同时选择多个相邻的控件，可以从空白处拖动鼠标左键拉出一个虚线框，虚线框包围的控件全部被选中。

（3）要同时选择多个不相邻的控件，可以按住 Shift 键，用鼠标分别单击要选择的控件。

（4）要想选择所有控件，只需要按住 Ctrl+A 即可。

（5）要想选择一组控件，可以在垂直标尺或水平标尺上按下鼠标左键，这时出现一条竖直（或水平）线，松开鼠标后，直线所经过的控件全部选中。

2．对齐控件

当窗体中有多个控件时，控件的排列布局不仅直接影响窗体的美观，而且还能影响工作效率。使用鼠标拖动来调整控件的对齐是最常用的方法。但是这种方法需要操作精确，因此效率很低，很难达到理想的效果。对齐控件还可以通过设置各个控件的"上边距"和"左"属性来完成，但是效率也很低。最快捷的方法是使用系统提供的"控件对齐方式"命令。具体操作步骤如下：

（1）选中需要对齐的多个控件。

（2）在"窗体设计工具/排列"选项卡的"调整大小和排列"组中，单击"对齐"按钮。在打开的列表中，选择一种对齐方式。

3．调整间距

调整多个控件之间水平和垂直间距的最简便方法是：在"窗体设计工具/排列"选项卡中，单击"调整大小和排列"组中的"对齐"按钮，在打开的列表中，根据需要选择"水平相等"、"水平增加"、"水平减少"、"垂直相等"、"垂直增加"和"垂直减少"等按钮。

5.4.2　设置主题

"主题"是修饰和美化窗体的一种快捷方法，它是一套统一的设计元素和配色方案，可以使数据库中的所有窗体具有统一的色调。"窗体设计工具/排列"选项卡中的"主题"组包括"主题"、"颜色"和"字体"3个按钮。Access 2010 提供了 44 套主题供用户选择。

【例 5.18】　对"图书管理"数据库应用主题。操作步骤如下：

（1）打开"图书管理"数据库，用"设计视图"打开某一个窗体。

（2）在"窗体设计工具/排列"选项卡中，单击"主题"组中的"主题"按钮，打开"主题"列表，在列表中双击所需的主题，如图 5.73 所示。

图 5.73　窗体的主题

可以看到，在窗体页眉节的背景颜色发生变化。此时，打开其它窗体，会发现所有窗体的外观均发生了变化，而且外观的颜色是一致的。

5.4.3　设置条件格式

除了可以使用"属性表"对话框设置控件的"格式"属性外，还可以根据控件的值，按照某个条件设置相应的显示格式。

【例 5.19】　在"图书管理"数据库中以"图书表"为数据源创建表格式窗体，然后应用条件格式，使窗体中每本图书的价格用不同颜色显示。30 元以下（不含 30 元）用红色显示，30 元～60 元（含 60 元）用蓝色显示，60 元以上用绿色显示。操作步骤如下：

（1）首先在"导航窗格"中选择"图书表"，然后单击"创建"选项卡中"窗体"组内的"其他窗体"下拉列表中的"多个项目"选项，这时会自动生成一个表格式窗体。

（2）在"窗体设计工具/排列"选项卡的"条件格式"组内，单击"条件格式"按钮，打开"条件格式规则管理"窗口。

（3）在窗口上方的下拉列表中选择"价格"字段，单击"新建规则"按钮，打开"新建格式规则"窗口。设置字段值小于 30 时，字体颜色为"红"。单击"确定"按钮。重复此步骤，设置字段值介于 30 到 60 之间和字段值大于 60 的条件格式。一次最多可以设置 3 个条件及条件格式，设置结果如图 5.74 所示。

（4）切换到窗体视图，显示结果如图 5.75 所示。

图 5.74　条件格式的设置

图 5.75　条件格式的设置效果

5.4.4　设置提示信息

为了使界面更加友好、清晰，需要为窗体中的一些字段数据添加帮助信息，也就是在状态栏中显示的提示信息。

【例 5.20】　在图 5.37 所示窗体的基础之上，为"借书证编号"字段添加提示信息。操作步骤如下：

（1）在"设计视图"中打开要设置的窗体，选择要添加状态栏提示信息的字段控件"借书证编号"文本框。

（2）打开"属性表"窗口，单击"其他"选项卡，在"控件提示文本"属性中输入提示信息"借书证号"。

（3）保存所做的设置，切换到窗体视图。当焦点落在指定控件上时，状态栏中就会显示出提示信息，如图 5.76 所示。

图 5.76　提示信息

5.5　系统控制窗体

窗体是应用程序和用户之间的接口，除了为用户提供输入数据、修改数据、显示处理结果等作用之外，还可以将数据库之中的所有对象连接起来组成一个整体，为用户提供一个选择系统功能的操作界面。Access 提供的切换面板管理器和导航窗体可以方便地将各项功能集成起来，能够创建出具有统一风格的应用程序控制界面。本节介绍使用切换面板管理器和导航窗体这两个工具创建"图书管理"数据库的切换窗体和导航窗体的方法。

5.5.1　创建切换窗体

使用"切换面板管理器"创建的窗体被称为"切换窗体"，它实际上是一个控制菜单，通过选择菜单实现对所集成的数据库对象的调用。每级控制菜单对应一个界面，称为切换面板页，每个切换面板页上提供相应的切换项，即菜单项。创建切换窗体时，首先启动切换面板管理器，然后创建所有的切换面板页和每页上的切换项，设置默认的切换面板页，最后为每个切换项设置相应内容。

【例 5.21】　使用切换面板管理器创建"图书馆借阅情况管理"切换窗体。具体操作步骤如下：

1. 启动"切换面板管理器"工具

通常,使用"切换面板管理器"创建系统控制界面的第一步是启动切换面板管理器。由于 Access 2010 并未将"切换面板管理器"工具放在功能区中,因此使用前要先将其添加到功能区中。可以将"切换面板管理器"工具添加到"数据库工具"选项卡中,也可以将其添加到快速访问工具栏中。

将"切换面板管理器"工具添加到"数据库工具"选项卡中的操作步骤如下:

(1)单击"文件"选项卡,在左侧窗格中单击"选项"命令。

(2)在打开的"Access 选项"对话框左侧窗格中,单击"自定义功能区"类别,此时右侧窗格显示出自定义功能区的相关内容。

(3)在右侧窗格"自定义功能区"下拉列表中选择"主选项卡",在下面的列表框中选择"数据库工具"选项,然后单击"新建组"按钮,结果如图 5.77 所示。

(4)单击"重命名"按钮,打开"重命名"对话框,在"显示名称"文本框中输入"切换面板"作为"新建组"名称,选择一个合适的图标,单击"确定"按钮。

(5)单击"从下拉位置选择命令"下拉列表框右侧下拉箭头按钮,从弹出的下拉列表中选择"不在功能区中的命令",在下方列表框中选择"切换面板管理器",如图 5.78 所示。

(6)单击"添加"按钮,然后单击"确定"按钮,关闭"Access 选项"对话框。这样"切换面板管理器"命令被添加到"数据库工具"选项卡的"切换面板"组中,如图 5.79 所示。

还可以将"切换面板管理器"工具添加到"快速访问工具栏"中,操作步骤如下:

(1)单击"自定义快速访问工具栏"下拉列表,在弹出的下拉列表中单击"其他命令(M)"选项。

(2)在打开的"Access 选项"对话框左侧窗格中,单击"快速访问工具栏"类别,此时右侧窗格显示出自定义快速访问工具栏的相关内容。

图 5.77 选中数据库工具

(3)单击"从下拉位置选择命令"下拉列表框右侧下拉箭头按钮,从弹出的下拉列表中选择"不在功能区中的命令",在下方列表框中选择"切换面板管理器",如图 5.80 所示。

(4)单击"添加"按钮,然后单击"确定"按钮,关闭"Access 选项"对话框。这样"切换面板管理器"命令被添加到"快速访问工具栏"中,如图 5.81 所示。

图 5.78　选中"切换面板管理器"

图 5.79　在功能区中添加"切换面板管理器"后的效果

图 5.80　选中"切换面板管理器"

图 5.81　添加"切换面板管理器"后的效果

执行完以上两组操作，就可以在相应位置启动"切换面板管理器"，操作步骤如下：

（1）单击"数据库工具"选项卡，单击"切换窗体"组中的"切换面板管理器"按钮。或者单击"快速访问工具栏"中的"切换面板管理器"按钮。由于是第一次使用切换面板管理器，因此 Access 显示"切换面板管理器"提示框。

（2）单击"是"按钮，弹出"切换面板管理器"对话框，如图 5.82 所示。

此时，"切换面板页"列表框中只有一个由 Access 创建的"主切换面板（默认）"项。

图 5.82　"切换面板管理器"对话框

2. 创建新的切换面板页

此例中需要创建的"图书馆借阅情况管理"切换窗体中包含了 3 个切换面板页，其中主切换面板页以及其他页上的切换面板项之间的对应关系如图 5.83 所示。

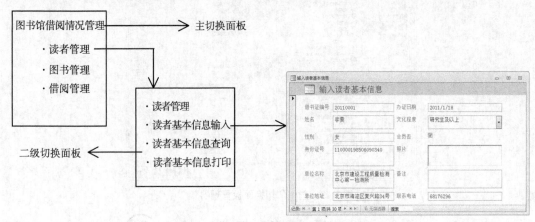

图 5.83　切换面板页与切换面板项对应关系

由图 5.83 可知，"图书馆借阅情况管理"切换窗体需要建立包括主切换面板页在内的 4 个切换面板页，分别是"图书馆借阅情况管理"、"读者管理"、"图书管理"和"借阅管理"。其中，"图书馆借阅情况管理"为主切换面板页。创建切换面板页的操作步骤如下：

（1）在图 5.82 所示的对话框中，单击"新建"按钮，打开"新建"对话框。在"切换面板页名"文本框中，输入所建切换面板页的名称"图书馆借阅情况管理"，然后单击"确定"按钮。

（2）按照相同方法创建"读者管理"、"图书管理"以及"借阅管理"等切换面板页，创建结果如图 5.84 所示。

3. 设置默认的切换面板页

默认的切换面板页是启动切换窗体时最先打开的切换面板页，也就是上面提到的主切换面板页，它由"（默认）"来标识。"图书馆借阅情况管理"切换窗体首先要打开的切换面板页应为已经建立的切换面板页中的"图书馆借阅情况管理"页。设置默认页的操作步骤如下：

（1）在"切换面板管理器"对话框中选择"图书馆借阅情况管理"选项，单击"创建默认"按钮，这时在"图书馆借阅情况管理"后面自动加上"（默认）"，说明"图书馆借阅情况管理"切换面板页已经变为默认切换面板页。

（2）在"切换面板管理器"对话框中选择"图书馆借阅情况管理"选项，然后单击"创建默认"按钮，弹出"切换面板管理器"提示框。

（3）单击"是"按钮，删除 Access"主切换面板"选项。设置后的"切换面板管理器"对话框如图 5.85 所示。

图 5.84　切换面板页创建结果

图 5.85　设置默认切换面板页效果

4. 为切换面板页创建切换面板项目

"图书馆借阅情况管理"切换面板页上的切换项目应包括"读者管理"、"图书管理"和"借阅管理"等。在主切换面板页上加入切换面板项目，可以打开相应的切换面板页，使其在不同的切换面板页之间进行切换。操作步骤如下：

（1）在"切换面板页"列表框中选中"图书馆借阅情况管理（默认）"选项，然后单击"编辑"按钮，打开"编辑切换面板页"对话框。

（2）单击"新建"按钮，打开"编辑切换面板项目"对话框、在"文本"文本框中输入"读者管理"，在"命令"下拉列表中选择"转至"切换面板""选项（选择此项的目的是为了单开对应的切换面板页)，在"切换面板"下拉列表框中选择"读者管理"选项，如图 5.86 所示。

图 5.86　创建切换面板页上的切换面板项

（3）单击"确定"按钮，此时创建了打开"读者管理"切换面板页的切换面板项目。

（4）使用相同的方法，在"图书馆借阅情况管理"切换面板页中间加入"图书管理"和"借阅管理"等切换面板项目，分别用来打开相应的切换面板页。如果对切换项目的顺序不满意，可以选中要进行移动的项目，然后单击"向上移"或"向下移"按钮。对不再需要的项目，可选中该项目后单击"删除"按钮删除。

（5）最后建立一个"退出系统"切换面板项来实现退出应用系统的功能。在"编辑切换面板页"对话框中，单击"新建"按钮，打开"编辑切换面板项目"对话框。在"文本"文本框中输入"退出系统"，在"命令"下拉列表中选择"退出应用程序"选项，单击"确定"按钮，结果如图 5.87 所示。

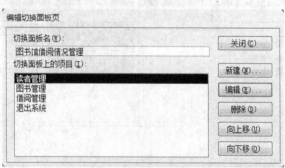

图 5.87　切换面板项创建结果

（6）单击"关闭"按钮，返回"切换面板管理器"对话框。

5. 为切换面板上的切换项设置相关内容

虽然"图书馆借阅情况管理"切换面板页上已经加入了切换项目，但是"读者管理"、"图书管理""借阅管理"等其他切换面板页上的切换项目还未设置，这些切换面板页上的切换项目直接实现系统的功能。例如，"读者管理"切换面板页上应有"读者基本信息输入""读者基本信息查询"和"读者基本信息打印"3 个切换项。下面为"读者管理"切换面板页创建一个"读者基本信息输入"切换面板项，该项目打开已经建立的"输入读者基本信息"窗体。具体操作步骤如下：

（1）在"切换面板页"列表框中选中"读书管理"选项，然后单击"编辑"按钮，打开"编辑切换面板页"对话框。

（2）在该对话框中，单击"新建"按钮，打开"编辑切换面板项目"对话框。

（3）在"文本"文本框中输入"读者基本信息输入"，在"命令"下拉列表中选择"在'编辑'模式下打开窗体"选项，在"窗体"下拉列表中选择"输入读者基本信息"窗体，如图 5.88 所示。

图 5.88　设置"读者基本信息输入"切换面板项

（4）单击"确定"按钮。

其他切换面板项的创建方法与上面介绍的方法完全相同。需要注意的是，在每个切换面板页中都应该创建"返回上一层"切换项，这样才能保证各个切换面板页之间进行切换。

创建完成后，在"窗体"对象下会产生一个名为"切换面板"的窗体。双击该窗体，即可看到图 5.89（a）所示的"图书馆借阅情况管理"启动窗体；单击该窗体中的"读者管理"项目即可看到图 5.89（b）所示的窗体；单击右图的"教师基本信息输入"项目即可看到 5.89（c）所示的窗体。为了方便使用，可将缩减窗体名称和窗体标题有"切换面板"改为"图书馆借阅情况管理"。

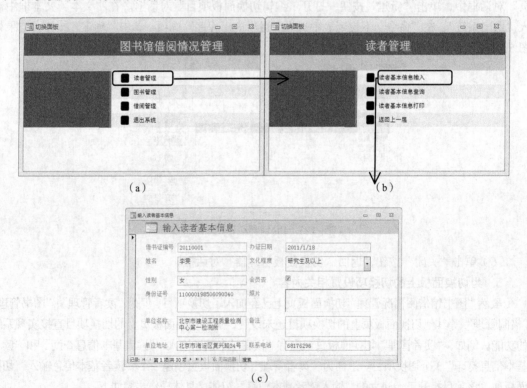

图 5.89　切换面板创建结果

5.5.2　创建导航窗体

切换面板管理器工具虽然可以直接将数据库中的对象集成在一起形成一个操作简单、方便的应用系统。但是，创建前不仅要求用户设计每一个切换面板页及每页上的切换面板项，还要设计切换面板页之间的关系，创建过程相对复杂，缺乏直观性。Access 2010 提供了一种新型的窗体，称为导航窗体。在导航窗体中，可以选择导航按钮的布局，也可以在所选布局上直接创建导航按钮，并通过这些按钮将已建数据库对象集成在一起形成数据库应用系统。使用导航窗体创建应用系统控制界面更简单。更直观。

【例 5.22】　使用"导航"按钮，创建"图书馆借阅情况管理"系统控制窗体。操作步骤如下：

（1）单击"创建"选项卡，在"窗体"组中单击"导航"按钮，从弹出的下拉列表中选择一种所需的窗体样式，本例选择"水平标签，2 级"选项，进入导航窗体的布局视图。将一级功能放在第一层水平标签上，将二级功能放在第二层水平标签上。

（2）在第一层水平标签上添加一级功能。单击上方的"新增"按钮，输入"读者管理"。使用相同方法创建"图书管理"和"借阅管理"按钮，设置结果如图 5.90 所示。

（3）在第二层水平标签上添加二级功能，如创建"读者管理"的二级功能按钮。单击"读者管理"按钮，单击第二层的"新增"按钮，输入"读者基本信息输入"。使用相同的方法创建"读者基本信息查询"和"读者基本信息打印"按钮，设置结果如图 5.91 所示。

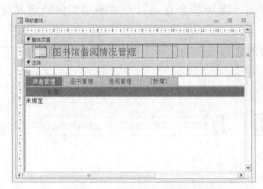

图 5.90　创建一级功能按钮

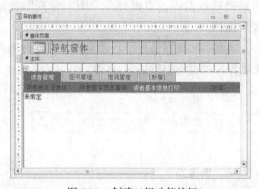

图 5.91　创建二级功能按钮

（4）为"读者基本信息输入"添加功能。鼠标右键单击"读者基本信息输入"导航按钮，从弹出的快捷菜单中选择"属性表"命令，打开"属性表"对话框。在"属性表"对话框中单击"事件"选项卡，单击"单击"事件右侧下拉箭头按钮，从弹出的下拉列表中选择已建宏"打开输入教师基本信息窗体"（关于宏的创建方法请参见后续章节）。使用相同方法设置其他导航按钮的功能。

（5）修改导航窗体标题。此处可以修改两个标题。一是修改导航窗体上方的标题，选中导航窗体上方显示"导航窗体"文字的标签控件，在"属性表"中单击"格式"选项卡，在"标题"栏中输入"图书馆借阅情况管理"。二是修改导航窗体标题栏上的标题，在"属性表"对话框中，单击上方对象下拉列表框右侧下拉箭头按钮，从弹出的下拉列表中选择"窗体"对象，单击"格式"选项卡，在"标题"栏中输入"图书馆借阅情况管理"。

（6）切换到"窗体视图"，单击"读者基本信息输入"导航按钮，此时会打开"输入读者基本信息"窗体。

使用"布局视图"创建和修改导航窗体更直观、方便。因为在这种视图中，窗体处于运行状态，创建或修改窗体的同时可以看到运行的效果。

5.5.3 创建启动窗体

完成"图书馆借阅情况管理"切换窗体或导航窗体的创建后，每次启动时都需要双击该窗体。如果希望在打开"图书管理"数据库时自动打开该窗体，那么需要设置其启动属性。具体操作步骤如下：

（1）打开"图书管理"数据库，打开"Access 选项"对话框。

（2）设置窗口标题栏显示信息。在该对话框的"应用程序标题"文本框中输入"图书管理"，这样在打开数据库时，在 Access 窗口的标题栏上会显示"图书管理"。

（3）设置窗口图标。单击"应用程序图标"文本框右侧的"浏览"按钮，找到所需图标所在的位置并将其打开，这样将会用该图标代替 Access 图标。

（4）设置自动打开的窗体。在"显示窗体"下拉列表中，选择"图书馆借阅情况管理"窗体，将该窗体作为启动后显示的第一个窗体，这样在打开"图书管理"数据库时，Access 会自动打开"图书馆借阅情况管理"窗体。

（5）取消选中的"显示导航窗格"复选框，这样在下一次打开数据库时，导航窗格将不再出现。单击"确定"按钮。

还可以设置取消选中的"允许默认快捷菜单"和"允许全部菜单"复选框。设置完成后，重新启动数据库。当再打开"图书管理"数据库时，系统将会自动打开"图书馆借阅情况管理"窗体。

当某一数据库设置了启动窗体，在打开数据库时想禁止自动运行的启动窗体，可以在打开这个数据库的过程中按住 Shift 键。

习　题　5

一、选择题

1. 在窗体中，既可以通过键盘输入数据有能通过列表选择数据的交互式控件是（　　）。
　　A. 文本框　　　　B. 标签　　　　C. 组合框　　　　D. 列表框

2. 在 Access 中已建立的"读者"表中有存放照片的字段，在使用向导为该表创建窗体时，"照片"字段所使用的默认控件是（　　）。
　　A. 选项组　　　　　　　　B. 未绑定对象框
　　C. 绑定对象框　　　　　　D. 图像框

3. 下面哪个控件不能用来显示数据源中的字段值？（　　）
　　A. 选项组　　　　B. 切换按钮　　　C. 列表框　　　D. 图像框

4. 用来显示某个表达式结果的控件类型是（　　）。
　　A. 绑定型　　　　B. 未绑定型　　　C. 计算型　　　D. 关联性

5. 窗体上一个文本框的"控件来源"属性被设置为：=Day（#2013-09-08#）& "日"，则切换到窗体视图后，该文本框中的显示内容为（　　）。
　　A. =Day（#2013-09-08#）& "日"　　　B. "09" & "日"

C.　5 日　　　　　　　　　　　　D.　05 日

6. 用来改变控件中文字颜色的属性名为（　　　）。

　　A.　文本颜色　　　　B.　背景色　　　　C.　字体颜色　　　　D.　前景色

7. 关于 Access 的窗体以下说法正确的是（　　　）。

　　A.　Access 2010 中的窗体只能显示数据而不能改变表中存储的数据

　　B.　Access 2010 中的窗体必须具有数据源

　　C.　Access 2010 中的窗体可以用来控制应用程序流程

　　D.　Access 2010 中的窗体具有 5 种视图

8. 若将已经创建的"系统界面"窗体设置为启动窗体，应使用的对话框是（　　　）。

　　A.　Access 选项　　　B.　启动　　　　C.　打开　　　　　　D.　设置

9. Access 的控件对象可以设置某个属性来控制对象在窗体视图中是否可见。以下能够控制对象是否可见的属性是（　　　）。

　　A.　Default　　　　B.　Cancel　　　C.　Enabled　　　D.　Visible

10. 在打开数据应用系统过程中，若想终止字段运行的启动窗体，应按住的键是（　　　）。

　　A.　Alt　　　　　　B.　Ctrl　　　　C.　Shift　　　　D.　Delete

二、填空题

1. 能够唯一标识某一控件的属性是_____。

2. Access 的窗体是由 5 个节组成的，按照从上到下的顺序依次是窗体页眉节、页面页眉节、主体节和_____。

3. 可以同时显示表中多条记录的窗体是使用"创建"选项卡"窗体"组中"其他窗体"下拉列表中的"_____"选项创建的窗体。

4. 控件分为"绑定型"、"未绑定型"和"计算型"，用于在窗体上显示文字的标签控件属于_____。

5. 在 Access 数据库中，可以用来与"是/否"类型字段绑定只有两种状态的控件有 3 个，它们是_____、_____、_____。

第6章
报表

报表是 Access 数据库的一种基本对象，它是数据库中的数据通过打印机输出的主要手段。报表和窗体一样，也需要表、查询或 SQL 语句作为数据源，但是只能显示数据源中的数据而无法对数据源中的数据进行编辑修改。精美且设计合理的报表能使数据清晰地呈现在纸质介质上，使用户所要传达的汇总数据、统计与摘要信息让人看来一目了然。本章主要学习如何创建和使用 Access 数据库中的报表。主要知识点如下：

◆ 报表的功能、类型、视图及构成
◆ 自动创建报表
◆ 使用报表向导创建报表
◆ 创建标签报表
◆ 创建主/子报表
◆ 使用设计视图创建报表
◆ 报表中添加页码
◆ 报表的排序与分组
◆ 使用计算控件
◆ 报表中的统计计算
◆ 报表中的常用函数
◆ 报表的打印输出

6.1 认识报表

在 Access 中有多种打印输出数据的方式，例如可以在表或查询的数据表视图中直接打印数据，也可以通过窗体打印输出数据。但是，通过这些方式打印输出的数据既不美观，又往往不符合实际的要求。为了能按照指定的格式方便快捷地输出数据，Access 数据库提供了报表对象。通过报表可以以格式化形式输出数据。可以对数据分组，进行汇总。可以包含子报表及图表数据。可以输出标签、发票、订单和信封等多种样式报表。可以进行计数、求平均、求和等统计计算。可以嵌入图像或图片来丰富数据表现形式。在 Access 2010 中有多种制作报表的方式，使用这些方式能够快速完成基本设计并打印报表。

制作满足要求的专业报表最灵活的方式是使用报表设计视图，这与在设计视图中创建窗体的操作是非常相似的，因此本章将不再重复介绍相关的技巧，而是将重点放在报表自身特有的设计操作上。窗体和报表都可以显示数据，虽然窗体上的数据也可以通过打印机打印输出到纸上，但是窗体主要是用来在屏幕上输出数据，报表的数据则主要用来打印到纸上。

6.1.1　报表的组成

与窗体一样，报表的设计视图也是分节的，每一节都有其特定的功能。如图 6.1 所示。报表主要包括 5 个节，从上到下分别是：报表页眉节、页面页眉节、主体节、页面页脚节和报表页脚节。这和窗体是相同的。但是与窗体不同的是报表中的数据可以进行分组，为了进行分组操作，报表提供了另外的两个节，分别是组页眉节和组页脚节。因此报表一共有 7 个节。各个节的功能如下：

（1）主体节。是报表的主要组成部分，主要用来显示报表数据源中的数据。

（2）报表页眉节。位于报表的最上部位置，一般用于设置报表的标题。在打印报表上的数据时，报表页眉节上的数据只显示在第一页纸的上部。

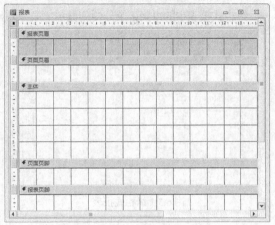

图 6.1　报表设计视图的 5 个节

（3）报表页脚节。位于报表的最下部位置，一般用于显示对报表中所有数据的统计信息。在打印报表上的数据时，报表页脚节上的数据只显示在最后一页纸的紧挨主体节内容之后。

（4）页面页眉节。一般用来设置报表在打印时的页头信息，例如字段名称等。在打印报表上的数据时，页面页眉节上的数据显示在每一页纸的顶部。

（5）页面页脚节。一般用来设置报表在打印时的页脚信息，例如日期、页码等。在打印报表上的数据时，页面页脚节上的数据显示在每一页纸的底部。

（6）组页眉节。在分组报表中，显示在每一组开始的位置，主要用来显示报表的分组信息。

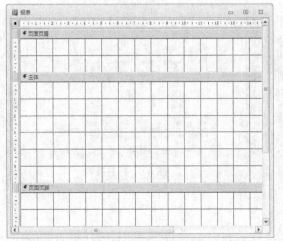

图 6.2　包含默认 3 个节的报表设计视图

（7）组页脚节。用来显示报表分组信息，但它显示在每组结束的位置。主要用来显示报表分组总计等信息。

默认情况下，窗体"设计视图"只显示页面页眉节、主体节和页面页脚节，如图 6.2 所示。若要显示报表页眉节和报表页脚节，需要用鼠标右键单击报表的空白区域，在弹出的快捷菜单中单击"窗体页眉/页脚"命令。窗体页眉和窗体页脚只能一起显示和隐藏。若要显示组页眉节和组页脚节必须对报表添加分组信息，这将在后面章节中介绍。每个节的高度是可以单独改变的，而各个节的宽度都是一致的，改变一个节的宽度其他节也一起改变。

6.1.2　报表的分类

按照报表主体节中数据的布局形式可以把报表分为纵栏式报表、表格式报表、图表报表和标签报表。

（1）纵栏式报表

纵栏式报表中的每条记录分两列显示，第一列显示字段名，第二列显示字段值，如图 6.3 所示。

图 6.3　纵栏式报表

图 6.4　表格式报表

（2）表格式报表

表格式报表可以同时显示表中的多条记录，每条记录占一行，可以在页面页眉中显示字段名，在主体节中显示多行表中的数据，每行显示表中的一条记录。在表格式报表中可以将数据分组，并对每组中的数据进行计算和统计，如图 6.4 所示。

（3）图表报表

图表报表以图表形式显示信息，可以直观地表示数据的分析和统计信息，如图 6.5 所示。

（4）标签报表

标签报表以每一条记录为单位组织为邮件标签的格式。可以在一页中建立多个大小、格式一致的卡片，主要用于表示个人信息、邮件地址等短信息，如图 6.6 所示。

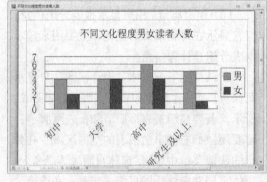

图 6.5　图表报表

图 6.6　标签报表

6.1.3　报表的视图

Access 2010 的报表有 4 种视图："报表视图"、"打印预览"、"布局视图"和"设计视图"。

（1）报表视图

报表视图是报表设计完成后，最终被打印的视图。在报表视图中可以对报表中的数据应用高级筛选，筛选需要的信息。

（2）打印预览

在打印预览视图中，可以查看报表每一页上显示的数据，也可以查看报表的版面设置。在该视图中，鼠标通常以放大镜方式显示，单击鼠标就可以改变报表的显示大小。

（3）布局视图

在布局视图中可以在显示数据的情况下，调整报表设计。报表的布局视图界面与设计视图界面几乎一样，区别仅在于布局视图中各控件的位置可以移动，但不能添加控件。切换到布局视图后，可以看到报表中的控件四周被虚线围住，表示这些控件可以调整位置及大小。

（4）设计视图

设计视图用于设计和修改报表的结果，添加控件和表达式，设置控件的各种属性、美化报表等。

6.2　报表的创建与编辑

Access 中提供了 5 种创建报表的工具，分别是"报表""报表设计""空报表""报表向导"和"标签"。其中，"报表"是利用选定的数据表或查询自动创建报表，"报表设计"是利用报表设计视图手动创建报表；"空报表"是创建一张空白报表，通过将选定的数据表字段添加进报表中建立报表；"报表向导"是借助 Access 提供的向导创建一个报表；"标签"是使用标签报表向导创建一组包含标签的报表。

6.2.1　自动创建报表

在实际应用中，使用"创建"选项卡中"报表"组内的"报表"按钮自动创建一个报表可以提高创建报表的实际效率，通过这种方法创建的报表属于表格式报表。

【例 6.1】　使用"报表"工具创建如图 6.4 所示的"读者"报表。具体操作步骤如下：

（1）打开"图书管理"数据库，在导航窗格中选中"读者表"作为数据源。

（2）在功能区"创建"选项卡的"报表"组中，单击"报表"按钮，会生成如图 6.7 所示的报表。此时报表处于"布局视图"。在此视图中可以对报表的布局进行调整以使报表更加美观。

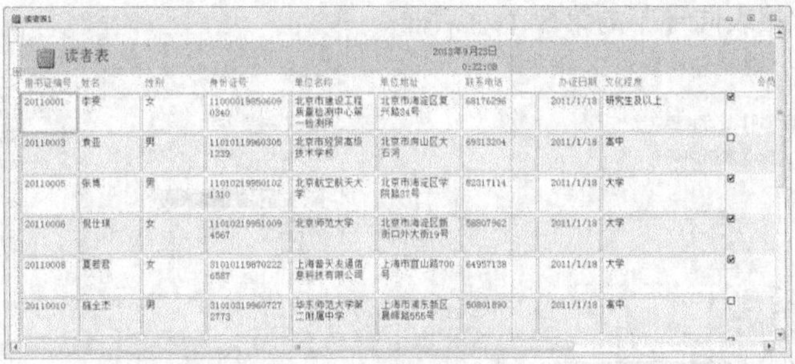

图 6.7　自动创建的报表

（3）单击窗体左上角的"保存"按钮，在报表名称文本框中输入"读者"，然后单击"确定"按钮。

（4）由于字段生成的报表中包含数据源中的所有字段，而有些字段是不需要显示在报表中的，因此需要删除这些字段。用鼠标左键单击要删除的字段，单击键盘上的 Delete 键即可把该字段删除。

（5）由于生成的报表在一行中不能给出一个人的全部信息，因此需要调整报表布局。用左键单击需要调整列宽的字段，将光标定位在字段的分割线上，光标变成双向箭头，按住鼠标左键，左右拖动鼠标即可根据需要调整显示字段的宽度。如图 6.8 所示。

图 6.8　调整报表列宽

（6）保存修改后的报表，单击左上角的"视图"按钮，选择"打印预览"，Access 进入打印预览视图，如图 6.4 所示。

6.2.2　报表向导

使用"报表"工具自动创建报表，会创建一种标准化的报表样式。虽然快捷，但是存在不足之处，尤其是不能选择报表的布局方式。使用"报表向导"则提供了创建报表时选择报表布局方式的自由，除此之外，还可以指定数据的分组和排序方式。

【例 6.2】　使用"报表向导"创建"图书基本信息"报表，要求报表布局为"纵栏式"，报表显示"图书表"的"编号"、"书名"、"作者"、"出版社"和"价格"等字段。操作步骤如下：

（1）打开"报表向导"对话框。单击"创建"选项卡下"报表"组中的"报表向导"按钮，打开"报表向导"的第 1 个对话框。

（2）选择报表的数据源。在"表/查询"的下拉列表中选择"图书表"，然后在可用字段中选择"编号"，单击　　按钮，用此方法依次选择"书名""作者""出版社"和"价格"等字段，设置结果如图 6.9 所示。单击"下一步"按钮，打开"报表向导"的第 2 个对话框。

（3）确定报表分组级别。此报表不需要分组，因此不添加分组级别。如图 6.10 所示。单击"下一步"按钮，打开"报表向导"的第 3 个对话框。

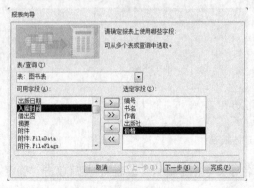

图 6.9　选择报表显示字段

图 6.10　添加报表分组级别

（4）确定报表排序依据。在对话框右侧第一个下拉列表中选择"编号"，如图 6.11 所示。单击"下一步"按钮,打开"报表向导"的第 4 个对话框。

（5）确定报表的布局方式。在对话框右侧的"布局"单选按钮组中选择"纵栏式",在"方向"组中选择"纵向",如图 6.12 所示。单击"下一步"按钮,打开"报表向导"的最后一个对话框。

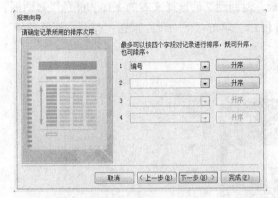

图 6.11 确定报表排序依据

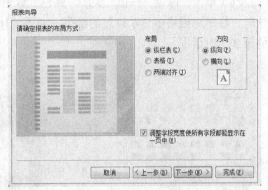

图 6.12 确定报表布局方式

（6）在该对话框中,指定报表名称为"图书基本信息",单击"完成"按钮。这时报表创建完成,如图 6.13 所示。

6.2.3 标签报表

在日程生活中,经常需要制作一些"客户邮件地址"和"读者信息"等标签。标签是一种类似名片的短信息载体。使用 Access 提供的"标签"按钮,可以方便地创建各种各样的标签报表。

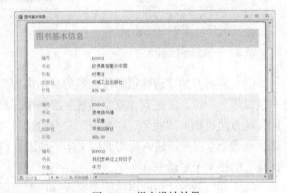

图 6.13 报表设计效果

【例 6.3】 制作"读者信息"标签报表。操作步骤如下:

（1）打开"图书管理"数据库,在导航窗格中选择"读者表"。

（2）在"创建"选项卡的"报表"组中,单击"标签"按钮,打开"标签向导"的第 1 个对话框,在其中指定需要的一种尺寸(如果不能满足需要,可以单击"自定义"按钮自行设计标签),如图 6.14 所示。单击"下一步"按钮,打开"标签向导"的第 2 个对话框。

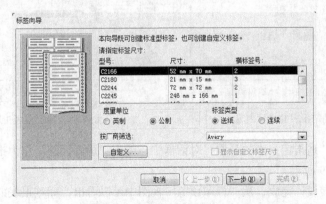

图 6.14 选择标签报表的尺寸

（3）在打开的"请选择文本的字体和颜色"对话框中，可以根据需要选择标签文本的字体、字号和颜色等，这里选择"12"号字，单击文本颜色文本框右侧的按钮，在打开的"颜色"调色板中选择"红色"，如图 6.15 所示。

（4）单击"确定"按钮，关闭"颜色"调色板，返回到"请选择文本的字体和颜色"对话框。这时，在示例窗格中显示设置的结果，如图 6.16 所示。单击"下一步"按钮，打开"标签向导"的第 3 个对话框。

图 6.15　选择字体颜色

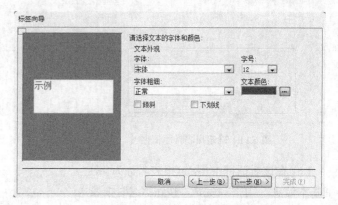

图 6.16　选择报表的字体和颜色

（5）在打开的"请确定邮件标签的显示内容"对话框中，在"可用字段"窗格中，双击"借书证编号"字段，发送到"原型标签"窗格中，然后按键盘上的回车键，把光标移到下一行，用同样的方法再添加"姓名"、"性别"、"身份证号"和"联系电话"等字段。为了让标签意义更明确，在每个字段前面输入所需要的文本，如图 6.17 所示。然后单击"下一步"按钮，打开"标签向导"的第 4 个对话框。

（6）在打开的"请确定按哪些字段排序"对话框中，在"可用字段"窗格中，双击"借书证编号"字段，把它发送到"排序依据"窗格中，作为排序依据，如图 6.18 所示。单击"下一步"按钮，打开"标签向导"的最后一个对话框。

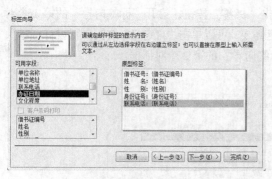

图 6.17　确定报表的显示内容

图 6.18　确定报表排序依据

（7）在打开的"请指定报表的名称"对话框中，输入"读者标签"作为报表名称，单击"完成"按钮，如图 6.19 所示。

至此，标签报表设计完成，从"打印预览"视图中可以看出，标签报表的一页中可以包含多个标签。

图 6.19 标签报表的设计效果

6.2.4 空报表

使用"空报表"工具创建报表也是一直灵活、方便的方式。

【例 6.4】 使用"空报表"工具创建"读者借阅信息表"。具体操作步骤如下：

（1）在功能区"创建"选项卡的"报表"组中，单击"空报表"按钮。显示如图 6.20 所示，直接进入报表的布局视图，屏幕的右侧自动显示"字段列表"窗格。

（2）在"字段列表"窗格中单击"显示所有表"选项，单击"读者表"表前面的"+"，在窗格中会显示该表中所有字段名称，如图 6.21 所示。

图 6.20 空报表的布局视图

图 6.21 读者表中字段

（3）依次双击窗格中需要输出的字段：借书证编号、姓名和联系电话，结果如图 6.22 所示。

（4）在"相关表的可以字段"中单击"借阅表"前面的"+"，显示出表中包含的所有字段，如图 6.23 所示。双击"借阅日期"和"应还日期"，显示的报表如图 6.24 所示。此时，屏幕右侧的"字段列表"窗格也随之发生变化。

（5）在"相关表的可用字段"中单击"图书表"前面的"+"，显示出表中所有的字段，如图 6.25 所示。双击"书名"，显示的报表如图 6.26 所示。

（6）保存设计，输入报表名"读者借阅信息表"。切换到"打印预览"视图，可以看见报表设计最终效果如图 6.27 所示。

图 6.22　添加读者表中字段后的报表

图 6.23　借阅表中的字段

图 6.24　添加借阅表中字段后的报表

图 6.25　读书表中的字段

图 6.26　添加图书表中字段后的报表

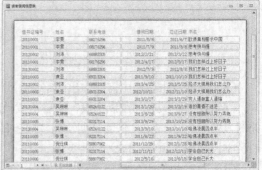

图 6.27　报表的最终设计效果

6.2.5 设计报表

在实际应用中，在"设计视图"中可以灵活建立或修改各种报表，熟练掌握"报表设计"工具可提高报表设计的效率。

【例 6.5】 使用"设计视图"来创建"读者表"的纵栏式报表。具体操作步骤如下：

（1）在功能区"创建"选项卡的"报表"组中，单击"报表设计"按钮，进入报表"设计视图"，如图 6.28 所示。

（2）在图 6.28 所示的报表"设计视图"右侧的空白区域单击右键，在弹出的快捷菜单中选择"属性"，打开"属性表"窗格，如图 6.29 所示。

图 6.28 报表设计视图　　　　　图 6.29 属性表窗口

（3）在"属性表"中选择"数据"选项卡，单击"记录源"属性右侧的下拉列表，选择"读者表"，如图 6.30 所示。

（4）单击"报表设计工具/设计"选项卡内"工具"组中的"添加现有字段"按钮，在屏幕右侧打开"字段列表"对话框，如图 6.31 所示。将字段列表中的字段依次拖拽到报表的主体节中，并适当调整位置，如图 6.32 所示。

图 6.30 设置窗体记录源为读者表　　　图 6.31 读者表中的所有字段

（5）在图 6.28 所示的"页面页眉"节中，单击报表设计工具的"标签"控件，然后在"页面页眉"节的中间进行拖拽，设定适当的大小，在标签中输入"读者基本信息"，然后再次选中该标签，单击右键，打开如图 6.33 所示的"属性表"窗格。在"属性表"窗格中设置字号为"28"，文本对齐方式为"左"，完成后的设计结果如图 6.34 所示。

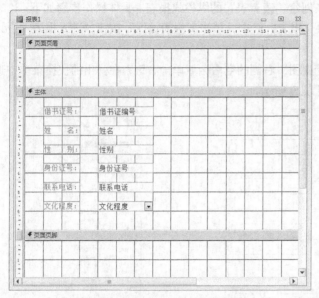

图 6.32　在主体节内添加控件并调整位置

图 6.33　设置标签控件的属性

（6）保存报表，切换到"打印预览"视图，可见如图 6.35 所示的报表。

图 6.34　添加完所有控件后的报表设计视图

图 6.35　报表的最终设计效果

6.2.6　建立主/子报表

把一个报表插入到另一个报表内部，被插入的报表称为子报表，包含子报表的报表叫做主报表。主报表可以是未绑定的，也可以是绑定的。对于绑定的主报表，它包含的是一对多关系"一"方的记录，而子报表显示"多"方的相关记录。

【例 6.6】　创建读者借书信息的"主/子报表"。操作步骤如下：

（1）在功能区"创建"选项卡的"报表"组中，单击"报表设计"按钮，进入报表"设计视图", 如图 6.28 所示。

(2) 在图 6.28 所示的报表设计视图右侧的空白区域单击右键, 在弹出的快捷菜单中选择 "属性", 打开 "属性表" 窗格, 如图 6.29 所示。

(3) 在 "属性表" 中选择 "数据" 选项卡, 单击 "记录源" 属性右侧的下拉列表, 选择 "读者表", 如图 6.30 所示。

(4) 单击 "报表设计工具/设计" 选项卡内 "工具" 组中的 "添加现有字段" 按钮, 在屏幕右侧打开 "字段列表" 对话框, 如图 6.31 所示。将字段列表中的 "借书证编号"、"姓名" 和 "联系电话" 等字段依次拖拽到报表的主体节中, 并适当调整位置。

(5) 确保 "使用控件向导" 按钮被选中。单击 "报表设计工具/设计" 选项卡内 "控件" 组中的 "子窗体/子报表" 控件, 然后在 "主体" 节的适当位置进行拖拽, 设定适当的大小, 这时会打开 "子报表向导" 的第 1 个对话框。

(6) 确定子报表的数据源。选中 "使用现有的表和查询" 单选按钮, 如图 6.36 所示。单击 "下一步" 按钮, 打开 "子报表向导" 的第 2 个对话框。

(7) 确定子报表中显示的字段。在 "表/查询" 下拉列表中选择 "借阅表", 在 "可用字段" 窗格中依次双击 "借书证编号"、"借阅日期" 和 "应还日期", 然后用同样的方法选择 "图书表" 的 "书名" 字段, 如图 6.37 所示。单击 "下一步" 按钮, 打开 "子报表向导" 的第 3 个对话框。

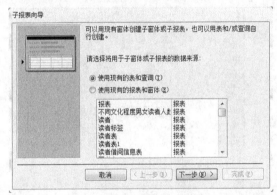

图 6.36 选择子报表的数据源

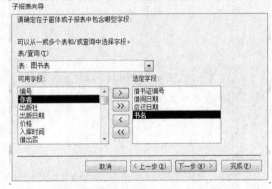

图 6.37 选择子报表显示的字段

(8) 确定将主报表链接到子报表的字段。选择 "自行定义" 单选按钮。然后在 "窗体/报表字段" 下拉列表中选择 "借书证编号", 在 "子窗体/子报表字段" 下拉列表中选择 "借书证编号", 如图 6.38 所示。单击 "下一步" 按钮, 打开 "子报表向导" 的最后一个对话框。

(9) 为创建的子报表命名为 "借阅表子报表", 如图 6.39 所示, 单击 "完成" 按钮。这时在 "主体" 节中生成一个子报表控件, 如图 6.40 所示。删除子窗体/子报表控件自带的标签控件, 然后切换到

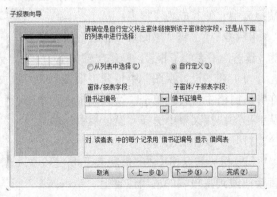

图 6.38 确定将主报表链接到子报表的字段

"打印预览"视图，设计结果如图 6.41 所示。

图 6.39　确定子报表的名称

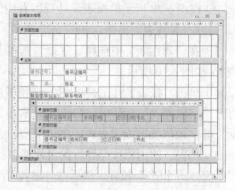

图 6.40　在设计视图中生成子报表控件

在创建子报表时，子报表和主报表的数据源之间需要建立关系，只有建立了关系之后才会在主报表的每一条记录下的子报表中显示与它对应的信息。这个关系是通过"子窗体/子报表"控件的"链接主字段"和"链接子字段"属性创建的，这两个属性在属性窗口的"数据"选项卡下，如图 6.42 所示。其中"链接主字段"是主报表数据源中的字段，"链接子字段"是子报表数据源中的字段，通过这两个字段可以建立两个表之间的关系。

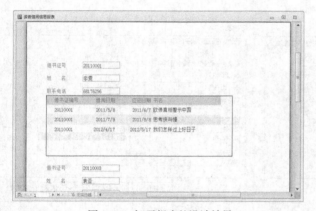

图 6.41　主/子报表的设计效果

图 6.42　子报表控件的数据属性

如果存在"一对多"关系的两个表都已经分别创建了报表，则可将"多"端报表添加到"一"端报表中，使其成为子报表。

【例 6.7】　将"借阅表子报表"设置为"读者"报表的子报表。操作步骤如下：

（1）在"设计视图"中打开主报表。在导航窗格中，右键单击"读者"报表，从弹出的快捷菜单中选择"设计视图"命令，打开"设计视图"。

（2）将导航窗格中的"借阅表子报表"直接拖拽到主报表的适当位置上。Access 将在主报表中添加一个子报表控件，如图 6.43 所示。

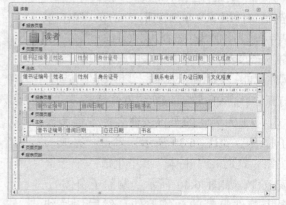

图 6.43　在报表设计视图中添加子报表控件

（3）切换到"打印预览"视图，可以看到如图 6.44 所示的报表。

图 6.44 主/子报表的设计效果

6.3 编 辑 报 表

在报表的"设计视图"中可以创建报表，也可以对已有的报表进行编辑和修改，如添加日期时间、添加分页符和页码以及添加直线和矩形等美化报表的操作。

6.3.1 添加日期和时间

可以在创建报表时向报表里插入当前系统日期和时间以显示报表被创建的具体时间。插入日期和时间有两种方式，第一种方式是使用自动插入的方式，第二种是通过添加控件以显示日期和时间的手动添加方式。

【例 6.8】 在"读者基本信息表"报表中添加日期和时间。自动插入方式的操作步骤如下：

（1）在"设计视图"中打开"读者基本信息表"报表，在"报表设计工具/设计"选项卡的"页眉/页脚"组中单击"日期和时间"按钮，打开"日期和时间"对话框，如图 6.45 所示。

（2）在打开的"日期和时间"对话框中选择显示日期和时间及其格式，单击"确定"按钮即可。切换到"打印预览"视图，我们可以看到，在"报表页眉"节中显示出了日期和时间，如图 6.46 所示。

图 6.45 日期和时间对话框

图 6.46 添加日期和时间后的报表

使用自动插入的方法默认在报表最上面的节中插入日期和时间。

通过添加控件手动添加日期和时间的操作步骤如下：

（1）在"设计视图"中打开"读者基本信息表"报表，在"报表设计工具/设计"选项卡的"控件"组中单击"文本框"控件。

（2）在要插入日期和时间的节（本例中是页面页脚节）中按住鼠标左键拖拽，当大小合适时松开鼠标，这时在窗体中插入了一个文本框，选中这个文本框，打开"属性表"窗口，在"数据"选项卡下选择"控件来源"属性，在对应的文本框中输入"=Date()"。可以用同样的方法再插入一个显示时间的文本框，控件来源设置为"=Time()"。切换到"打印预览"视图，我们可以看到，在"页面页脚"节中显示出了日期和时间，如图 6.47 所示。

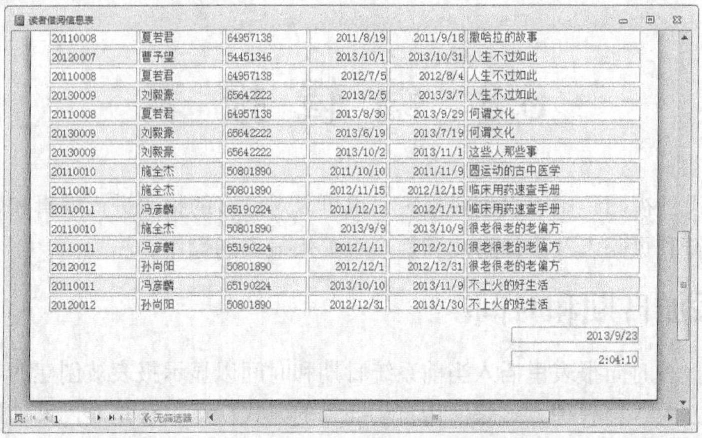

图 6.47　在页面页脚节中添加日期和时间后的报表

6.3.2　添加分页符和页码

在打印报表时，默认情况下是打满一页纸之后才开始打印下一页纸。如果想要在前一页纸未打满的情况下就开始下一页纸的打印，就需要使用分页符控件来进行强制分页。使用分页符的操作步骤如下：

（1）在"设计视图"中打开要插入分页符的报表，在"报表设计工具/设计"选项卡的"控件"组中单击"插入分页符"控件。

（2）选择报表中需要设置分页符的位置然后单击鼠标左键，分页符会以短虚线标志出现在报表的左边界上。

分页符应该设置在某个控件之上或之下，以免拆分了控件中的数据。如果要将报表中的每个记录或记录组都另起一页，则可以通过设置组标头。组注脚或主体节的"强制分页"属性来实现。

在报表中添加页码与添加日期时间一样，也分自动和手动两种方式。自动方式的操作步骤如下：

（1）在设计视图中打开要插入页码的报表，在"报表设计工具/设计"选项卡的"页眉/页脚"组中单击"页码"按钮，打开"页码"对话框。

（2）在"页码"对话框中，根据需要选择相应的页码格式、位置和对齐方式等选项，如图 6.48 所示。

图 6.48　页码对话框

因为页码需要每一页都显示，因此页码只能插入到"页面页眉"节或"页面页脚"节中。

自动插入页码的方式虽然方便快捷，但是可以选择的页码格式非常有限，因此灵活性受到很大限制，而使用手动方式插入页码可以按照要求设置需要的任何格式，因此更加灵活，能满足所有的应用需求。手动插入页码的操作步骤如下：

（1）在"设计视图"中打开要插入页码的报表，在"报表设计工具/设计"选项卡的"控件"组中单击"文本框"控件。

（2）在报表的"页面页眉"节或"页面页脚"节中按住鼠标左键拖拽，当大小合适时松开鼠标，这时在窗体中插入了一个文本框，选中这个文本框，打开"属性表"窗口，在"数据"选项卡下选择"控件来源"属性，在对应的文本框中输入表示页码的表达式。页码表达式在书写的时候比较特殊，页码用"[Page]"表示，总页数用"[Pages]"表示，除了这两部分外，页码中的任何内容都按照字符串的格式原样写出，然后利用字符串连接运算符"&"将各个部分连接成一个字符串。常见的页码格式的表达式见表 6.1。

表 6.1　　　　　　　　　　　　　　　　常用页码格式

表　达　式	显　示　文　本
="第"&[Page]&"页"	第 N（当前页）页
=[Page]&"/"&[Pages]	N（当前页）/M（总页数）
="第"&[Page]&"页，共"&[Pages]&"页"	第 N 页，共 M 页

6.3.3　添加直线和矩形

在报表设计中，可以通过添加线条或矩形来修饰版面，以达到一个更好的显示效果。

在报表中绘制直线的操作步骤如下：

（1）在"设计视图"中打开要绘制直线的报表，在"报表设计工具/设计"选项卡的"控件"组中单击"直线"控件。

（2）在报表的任何位置单击鼠标左键可以创建默认大小的线条。如果想创建自定义大小的线条可以通过按住鼠标左键拖动的方式创建。

利用"格式"工具栏中的"线条/边框宽度"按钮和"属性"按钮，可以分别更改线条样式和边框样式。

在报表上绘制矩形的操作步骤与绘制线条的步骤十分相似，只是在选择控件的时候不要选择"直线"控件而要选择"矩形"控件。绘制了直线和矩形的报表在"打印预览"视图下的效果如图 6.49 所示。

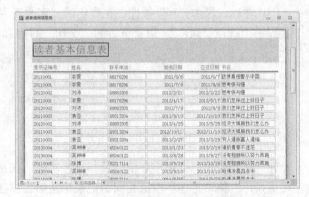

图 6.49　添加直线和矩形后的报表

6.4　报表的高级功能

报表的高级功能包括对报表中记录的排序与分组，在报表中添加计算控件以及进行统计计算等，本节将对报表的这些功能一一进行介绍。

6.4.1　报表的排序与分组

缺省情况下，报表中的记录是按数据输入的先后顺序排列显示的。在实际应用中，经常需要按照某个指定的顺序对报表中的记录进行排序，例如按照价格从低到高排列等，称为报表"排序"操作。此外，报表设计时还经常需要根据某个字段值相等与否对记录进行分组进而完成一些统计计算并输出统计信息，这就是报表的"分组"操作。

1. 报表排序

在设计报表时，可以让报表中的输出数据按照指定的字段或表达式进行排序。

【例 6.9】　在"图书基本信息"报表中按照"出版日期"进行升序排序输出，相同出版日期按"价格"降序排序。具体操作步骤如下：

（1）在"设计视图"中打开"图书基本信息"报表，单击功能区"报表设计工具/设计"选项卡中"分组和汇总"组内的"分组和排序"按钮，显示如图 6.50 所示窗口。

（2）单击"添加排序"按钮，弹出"字段列表"窗格，如图 6.51 所示。选择"出版日期"，屏幕下方的"分组、排序和汇总"区中显示如图 6.52 所示。

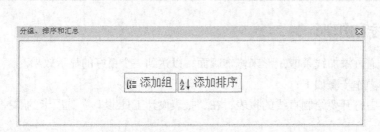

图 6.50　报表的分组、排序和汇总窗口　　　　　　　　　图 6.51　字段列表

（3）单击"添加排序"按钮，在弹出的"字段列表"窗格中选择"价格"，在"升序"右侧的下拉列表中选择"降序"，屏幕下方的"分组、排序和汇总"区中显示如图 6.53 所示。

图 6.52　选择出版日期作为排序依据　　　　　　图 6.53　添加价格作为降序排序依据

在此过程中可以选择排序依据及其排序次序。在报表中设置多个排序字段时，先按第一排序字段值排序，第一排序字段值相同的记录再按第二排序字段值进行排序，以此类推。

（4）保存报表，进入"打印预览"视图，可得到如图 6.54 所示的报表。

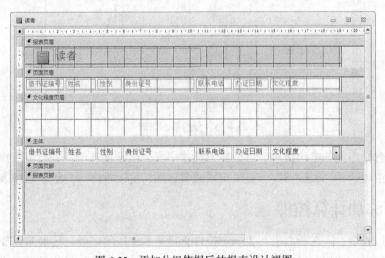

图 6.54 排序后的报表

2. 报表分组

分组是指按选定的某个（或几个）字段值是否相等而将记录划分成组的过程。操作时，先要选定分组字段，将字段值相等的记录归为一组，字段值不等的记录归为不同组。通过分组可以实现同组数据的汇总和输出，增强了报表的可读性。一个报表中最多可以对 10 个字段或表达式进行分组。

【例 6.10】 按"文化程度"字段对"读者"报表进行分组操作。具体操作步骤如下：

（1）在"设计视图"中打开"读者"报表，单击功能区"报表设计工具/设计"选项卡中"分组和汇总"组内的"分组和排序"按钮，显示如图 6.50 所示对话框。

（2）单击"添加组"按钮，在弹出的"字段列表"选择"文化程度"，屏幕显示如图 6.55 所示。在"主体"节上方出现"文化程度页眉"节。此时，可以根据需要设置其他分组属性。

图 6.55 添加分组依据后的报表设计视图

如果要添加"文化程度页脚"节，可单击图 6.55 中"更多"按钮，将"无页脚节"改为"有页脚节"，即可在屏幕上出现"文化程度页脚"节，可以在属性表中设置"文化程度页脚"节的相关属性。

（3）打开"属性表"窗口，将"文化程度页眉"节对应的"组页眉 0"中的"高度"属性设置为 1cm，如图 6.56 所示。此时，可以根据需要设置"文化程度页眉"节的其他属性。

（4）将原来"主体"节内的"文化程度"文本框移至"文化程度页眉"节，并调整各控件的布局，结果如图 6.57 所示。

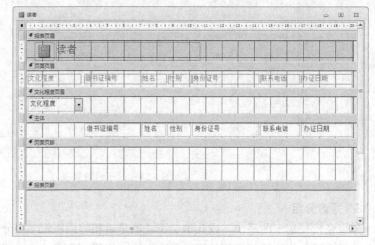

图 6.56 设置节的属性　　　　　　　　　图 6.57 调控控件布局后的报表设计视图

（5）保存报表，切换到"打印预览"视图，报表显示效果如图 6.58 所示。

图 6.58 分组后的报表

对已经设置排序或分组的报表，可以在上述排序或分组设置环境里进行一些操作，如添加排序、分组字段或表达式，删除排序、分组字段或表达式，更改排序、分组字段或表达式。

6.4.2 添加计算控件

报表设计过程中，除在版面上布置绑定控件直接显示字段值之外，还经常需要进行各种运算并将结果显示出来。例如，报表中页码的输出，分组统计结果的输出等均是通过设置控件的控件来源为计算表达式形式而实现的，这些控件就称为"计算控件"。

计算控件的控件来源是计算表达式，当表达式的值发生变化时，会重新计算结果并输出。文本框是最常用的计算控件。

【例 6.11】　在"图书基本信息"报表设计视图中根据"出版日期"字段使用计算控件算出图书的出版年。操作步骤如下：

（1）在"设计视图"中打开"图书基本信息"报表，如图 6.59 所示。

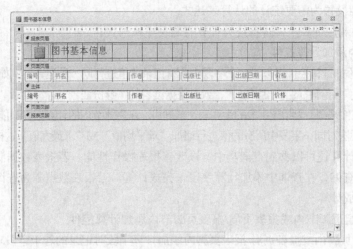

图 6.59　"图书基本信息"报表的设计视图

（2）将页面页眉节内的"出版日期"标签标题更改为"出版年"。

（3）选择主体节内的与"出版年"位置对应的文本框，在"属性表"窗口中选择"全部"选项卡，设置"名称"属性为"出版年"，设置"控件来源"属性为出版年的表达式"=Year([出版日期])"，如图 6.60 所示。

图 6.60　设置控件来源属性　　　　　　　图 6.61　添加计算控件后的报表

　　　　计算控件的控件来源必须是以"="开头的计算表达式。

（4）保存报表，切换到"打印预览"视图，预览报表中计算控件显示结果，如图 6.61 所示。

根据需要，可以在报表设计中增加新的文本框，然后通过添加设置控件来源中的表达式完成更复杂的计算。

6.4.3　报表统计计算

报表设计中，可以根据需要进行各种类型统计计算并输出结果，操作方法就是将计算控件的"控件来源"属性设置为需要统计的计算表达式。

在 Access 中利用计算控件进行统计计算有两种操作形式：

1. 主体节内添加计算控件

在主体节内添加计算控件可以对一个字段中所有记录的值进行同一种运算，例如，上例中的根据每本书的"出版日期"计算它的"出版年份"，或者根据读者的"身份证号"计算读者"年龄"等。只要设置计算控件的"控件来源"为相应字段的运算表达式即可。在主体节内的计算控件只能对每一个字段值进行相同的运算而无法对同一字段中所有的值进行诸如"求平均值"或"求最大值"这样的统计计算。

这种形式的计算还可以移到查询当中，以改善报表操作性能。若报表数据源为表对象，则可以创建一个选择查询，在查询中添加计算字段来完成计算。若报表数据源为查询对象，则可以再添加计算字段完成计算。

2. 组页眉/组页脚节内或报表页眉/报表页脚节内添加计算控件

在组页眉/组页脚内或报表页眉/报表页脚内添加计算字段对记录的若干字段求和或进行统计计算，这种形式的统计计算一般是对报表字段列的纵向记录数据进行统计，而且要使用 Access 提供的内置函数完成相应的计算操作。例如，要计算图书报表中所有图书的平均价格，需要在报表页脚内对"价格"字段的位置添加一个计算型文本框控件，设置控件来源属性为"=Avg([价格])"即可。

如果是进行分组统计，则统计计算控件应该放置在"组页眉"节或"组页脚"节区内相应位置，然后使用统计函数设置控件来源即可。

【例 6.12】 在【例 6.10】的基础上统计每一种文化程度的读者人数，并把结果显示在组页脚中，同时统计所有读者人数，把结果显示在报表页脚中。操作步骤如下：

（1）在"设计视图"中打开图 6.58 所示的报表，添加"文化程度页脚"节。

（2）在"报表设计工具/设计"选项卡的"控件"组中单击"文本框"控件。

（3）在"文化程度页脚"节中按住鼠标左键拖拽，当大小合适时松开鼠标，这时在窗体中插入了一个文本框，选中这个文本框，打开"属性表"窗口，在"数据"选项卡下选择"控件来源"属性，在对应的文本框中输入"=Count([借书证编号])"。可以用同样的方法在"报表页脚"节插入一个文本框，控件来源设置为"=Count([借书证编号])"，同时删除这两个文本框自带的标签。设置结果如图 6.62 所示。

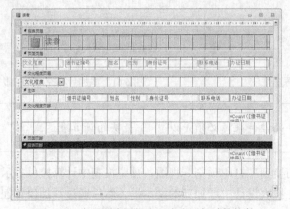

图 6.62　在组页脚和报表页脚内添加计算控件

（4）切换到"打印预览"视图，我们可以看到，在"组页脚"节和"报表页脚"节中分别显示出了每组读者人数和全部读者人数，如图 6.63 所示。

图 6.63 统计计算控件的显示结果

6.4.4 报表中的常用函数

报表设计中，常用的函数包括统计计算类函数。日期时间类函数等。主要函数见表 6.2。

表 6.2 报表中常用函数

函　　　数	功　　　能
Sum	计算某一指定字段中所有值的总和
Avg	计算某一指定字段中所有值的平均值
Count	计算某一指定字段中所有值的个数
Max	计算某一指定字段中所有值的最大值
Min	计算某一指定字段中所有值的最小值
First	返回指定范围内多条记录中的第一条记录指定的字段值
Last	返回指定范围内多条记录中的最后一条记录指定的字段值
Date	返回系统当前日期
Time	返回系统当前时间
Now	返回系统当前日期和时间
Year	返回系统当前年

6.5 报表的打印

报表的主要目的是设计完成后把其上的数据打印出来。但是要想打印美观的报表，在打印之前还需要合理设置报表的页面，直到预览效果满意。

6.5.1　报表的打印预览

当把一个报表切换到"打印预览"视图后，功能区只剩下"文件"和"打印预览"两个选项卡了，如图 6.64 所示。

图 6.64　打印预览视图的功能区

"打印预览"选项卡包括"打印"、"页面大小"、"页面布局"、"显示比例"、"数据"和"关闭预览"6 个组。其中"数据"组的作用是报表导出为其他文件格式，例如 Excel、文本文件、PDF、电子邮件等格式。其余几个组的按钮功能都是非常直观的。

预览报表的目的是在屏幕上模拟打印机的实际效果。为了保证打印出来的报表满足要求且外形美观，通过预览显示打印页面，以便发现问题进行修改。在"打印预览"中，可以看到报表的打印外观，并且显示全部记录。Access 2010 提供了多种打印预览的模式，例如单页预览、双页预览和多页预览。

图 6.65　其他页面列表中的预览方式

在"显示比例"组中，有"单页"、"双页"和"多页"显示方式，通过单击不同的按钮，以不同方式预览报表。单击"其他页面"按钮，可以打开多页预览方式列表。在列表中，提供了四页、八页和十二页等多种预览方式，如图 6.65 所示。

在打印预览中，还可以对报表进行各种设置，这些设置按钮和"报表设计工具/页面设置"选项卡中的按钮是相同的，这里不再赘述。

6.5.2　报表的页面设置和打印

经过预览、修改后，就可以打印报表了。打印是将报表送到打印机输出。打印报表的操作步骤如下：

（1）在"打印"选项卡中单击"打印"按钮，打开"打印"对话框。在该对话框中，可以设置打印页码的范围、打印份数、选择打印机，还可以对打印进行其他设置，如图 6.66 所示。

图 6.66　"打印"对话框

图 6.67　"页面设置"对话框的"打印选项"卡

（2）在"打印"对话框中，单击"设置"按钮，打开"页码设置"对话框，在"打印"选项卡可以设置打印的边界，以及选择"只打印数据"的设置，如图 6.67 所示。

（3）在"列"选项卡中，可以设置一页报表中的列数。行间距、列间距、宽度、高度以及列布局，如图 6.68 所示。设置完成后单击"确定"按钮，返回"打印"对话框，在"打印"对话框，单击"确定"按钮，则开始打印。

在设计完报表，切换到报表设计视图时，常常弹出"节宽度大于页面宽度……"的提示框，如图 6.69 所示。如果忽略这个提示，则常常出现在打印的空白页上没有任何数据情况。一些初学者对此莫名其妙。其原因主要是在设计报表时，在主体节或页面页眉/页脚节中，控件所占据的宽度大于所设置的输入纸张的页面宽度所致。

图 6.68 "页面设置"对话框的"列"选项卡   图 6.69 "节宽度大于页面宽度"提示框

令人困惑的是，常常在调整了控件的大小和位置后，还是仍然出现这个提示框。这往往是由于某个直线控件太长导致节宽度大于页面宽度，需要单独调整直线控件的长度。

习 题 6

一、选择题

1. 报表的主要功能是（   ）。
   A. 存储数据　　　　B. 输入数据　　　　C. 打印输出数据　　　　D. 查询数据
2. 以下叙述中正确的是（   ）。
   A. 报表页眉和报表页脚可以单独出现　　B. 页面页眉和页面页脚可以单独出现
   C. 组页眉和组页脚可以单独出现　　　　D. 主体节是可以取消的
3. 关于报表的数据源可以设置为（   ）。
   A. 表　　　　　　　B. 查询　　　　　C. SQL 语句　　　　D. 以上三种都可以
4. 统计类型的计算控件可以添加到（   ）。
   A. 页面页眉节　　　B. 报表页眉节　　C. 主体节　　　　　D. 页面页脚节
5. 用于计算某一指定字段中所有值的总的函数是（   ）。
   A. Avg　　　　　　B. Max　　　　　C. Count　　　　　D. Sum
6. 在报表中要显示格式为"共 N 页，第 N 页"的页码，正确的页码格式设置是（   ）。
   A. ="共"+Pages+"页，第"+Page+"页"
   B. ="共"+[Pages]+"页，第"+[Page]+"页"

    C. ="共"&Pages&"页，第"&Page&"页"

    D. ="共"&[Pages]&"页，第"&[Page]&"页"

7. 在报表中，要计算"数学"字段的最低分，应将控件的"控件来源"属性设置为（   ）。

    A. =Min（[数学]）   B. =Min（数学）

    C. =Min[数学]   D. Min（数学）

8. 报表的页码应该添加到（   ）。

    A. 报表页眉节   B. 报表页脚节   C. 主体节   D. 页面页脚节

9. 如果设置报表上文本框的空间来源属性为"=Month（#2009-09-12#）&'月'"，切换到打印预览视图后，文本框显示的内容是（   ）。

    A. =Month（#2009-09-12#）&"月"   B. "09"&"月"

    C. 9月   D. 9月

10. 在使用报表设计器设计报表时，如果要统计报表中某个字段的全部数据，应将计算表达式放在（   ）。

    A. 组页眉/组页脚   B. 页面页眉/页面页脚

    C. 报表页眉/报表页脚   D. 主体

二、填空题

1. 要实现报表的分组统计，正确的操作区域是_____。

2. 要显示格式为"页码/总页数"，应当设置文本框的控件来源是_____。

3. 在报表中将大量数据按不同的类型分别集中在一起，称为_____。

4. 目前比较流行的有 4 种报表，它们是_____、_____、_____和_____。

5. 在 Access 中，报表设计时分页符以_____标志显示在报表的左边界上。

6. 报表数据输出不可缺少的内容是_____的内容。

7. 要设计出带表格线的报表，需要向报表中添加_____控件完成表格线显示。

8. 完整的报表设计通常由报表页眉、_____、_____、_____、_____、_____、和组页脚 7 个部分组成。

第7章
宏的设计与应用

宏是 Access 的一个对象，利用宏可以使得用户不需要编写任何代码就能开发出应用程序，而且宏的创建和使用非常简单、方便。灵活地使用宏命令，可以帮助用户完成很多看似复杂的工作。本章主要介绍宏的创建与调用以及与宏相关的事件。相关知识点如下：

- ◆ 宏的概念及类型
- ◆ 创建独立宏
- ◆ 创建操作序列宏
- ◆ 创建条件宏
- ◆ 创建宏组
- ◆ 宏的运行与调试
- ◆ 宏事件

7.1 宏 的 概 述

宏是一种工具，允许用户自动执行任务，或者向窗体、报表和控件中添加功能。可以将 Access 的宏看作是一种简化的编程语言，用户只需要选择执行的操作序列，Access 会自动编写所选操作对应的程序代码。可以认为，宏提供了 VBA 中可用命令的子集，且创建宏比编写 VBA 代码更简单、更容易。

7.1.1 宏的概念及类型

1. 宏的概念

宏是由一个或多个操作组成的集合，这些操作按照指定的顺序排列，每个操作对应一个宏命令，完成特定的功能。

宏操作所对应的宏命令是由 Access 定义的，用户不能定义宏命令，只需要选择宏命令所对应的操作即可，从而简化了对宏的使用。例如打开表（OpenTable）、打开报表（OpenReport）、关闭窗体（CloseWindow）、打开消息框（MessageBox）等。Access 提供了几十个宏命令，常见的宏命令请参见附录 4。

2. 宏的名称

用户可以创建多个宏，为了区分每一个宏，宏都有自己独立的名称。宏的命名原则与表、窗体和报表的命名原则相同，在保存宏的时候需要指定宏的名称，该名称会出现在 Access 的导航窗格中。

以 Autoexec 命名的宏比较特殊，这种宏会在打开数据库的时候自动运行。若要取消这种宏的自动运行，打开数据库时只需按住【Shift】键即可。不管有多少个宏，只能有一个宏命名为 Autoexec。

3. 宏的类型

在 Access 中主要有 3 类宏，分别是操作序列宏、宏组和条件宏。

（1）操作序列宏

宏中包含了若干个操作，这些操作按照一定的次序排列。运行宏时，按照操作排列的先后顺序依次执行每一个操作。

（2）宏组

宏组相当于一个放置宏的容器，其中包含了若干个宏，这些宏可能是操作序列宏，也可能是条件宏。宏组中的每一个宏都有自己的名称，例如："msub1"。宏组也有自己独立的名称，例如"mgroup1"。引用宏组中宏的形式为"宏组名.宏名"。例如："mgroup1.msub1"。

宏组的出现使得宏的分类管理和维护非常方便，既有利于查找宏，也不影响运行宏。

（3）条件宏

条件宏是指通过条件来控制宏操作的执行。在操作序列宏的某些操作上添加了执行条件后，改变后的宏就称为条件宏。条件宏中操作可能有限制条件，也可能没有限制条件。对于有条件限制的宏操作，若条件表达式的值为"True"，则该操作会得到执行，反之，则不会执行。因此，并不是条件宏中的每一个操作都有机会执行。

7.1.2　宏设计视图

可以利用宏"设计视图"来创建或编辑宏。宏"设计视图"又称为"宏生成器"，单击【创建】选项卡的【宏与代码】功能组的【宏】按钮，可以打开图 7.1 所示的"宏生成器"。此时，Access 自动切换到宏【设计】上下文选项卡，在该选项卡的功能区中有【工具】、【折叠/展开】和【显示/隐藏】3 个功能组。功能组下方分为"导航窗格"、"宏设计区"和"操作目录区"。"导航窗格"用于显示用户所创建的各个 Access 对象，"宏设计区"是"宏生成器"的主要编辑区域，用于选择或删除宏命令、设置条件表达式，添加宏注释等。"操作目录区"分类列出了 Access 提供的宏命令。

宏"设计"选项卡的功能组中，各按钮功能如下：

◆ 【运行】：全速运行当前宏，运行过程中不需要用户控制。

◆ 【单步】：单步运行当前宏，一次只执行一个宏命令，需要用户参与并控制执行宏。

◆ 【将宏转换为 Visual Basic 代码】：将当前所设置的宏操作转换为 Visual Basic 代码。

◆ 【展开操作】：以多行形式显示指定的宏命令及其相关参数，便于用户查阅和设置具体内容。

◆ 【折叠操作】：以单行形式显示指定的宏命令及其相关参数，用户可以查阅但不能修改相关内容。

◆ 【全部展开】：将所有的宏命令及其参数以多行形式显示。

◆ 【全部折叠】：将所有的宏命令及其参数以单行形式显示。

◆ 【操作目录】：显示或隐藏操作目录窗格。

◆ 【显示所有操作】：显示或隐藏操作列中下拉列表的所有操作或尚未受信任的数据库中允许的操作。

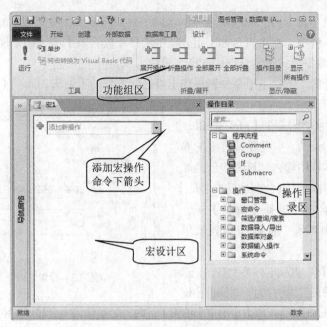

图 7.1 宏生成器

单击"操作目录区"中的某个宏命令，Access 会在"操作目录区"下方显示该命令的帮助信息。

7.2 创建与设计宏

宏的创建与修改都在宏"设计视图"下完成，包括添加或修改宏命令、设置宏命令的相关参数、添加或删除注释、指定宏名等操作。宏可以内嵌到某个对象中，也可以独立保存在导航窗格中供多个程序或对象使用。内嵌在对象中的宏一般称为"事件宏"，保存在导航窗格中的宏称为"独立宏"。本节主要介绍独立宏、条件宏和宏组的创建方法。事件宏将在 7.4 节中介绍。

7.2.1 创建操作序列宏

操作序列宏是最简单的宏，宏的每一个操作都会被执行，按操作排列的先后顺序执行。

【例 7.1】 创建一个操作序列宏，并将创建的宏保存为 "m_opentable"。要求执行该宏时，首先在数据表视图下打开"读者表"，且不允许用户修改数据。然后让计算机的喇叭发出"嘟嘟"声，最后打开一个消息框，消息框标题栏中的文本是"通知"，只有一个"确定"按钮，在消息框上有一个"信息"图标，消息的内容是"读者表已经顺利打开！"。

操作步骤如下：

（1）单击【创建】选项卡的【宏与代码】功能组的【宏】按钮，打开图 7.1 所示的宏"设计视图"。

（2）在"宏设计区"中单击【添加新操作】组合框右侧的下箭头，此时，Access 会打开一个下拉列表，其中列出了 Access 的宏命令。用户可以选择其中任何一个命令，本例选择【OpenTable】项。

（3）当选择了某个命令后，Access 会显示该命令行，同时接续命令行显示其相关的参数行，每个参数占一行。本例中，在【表名称】组合框中选择【读者表】项，在【视图】组合框中选择【数据表】项，在【数据模式】组合框中选择【只读】项。

（4）在"宏设计区"中单击【添加新操作】组合框右侧的下箭头，选择【Beep】项，该命令没有参数。

（5）用相同的方法将宏命令【MessageBox】命令添加到"宏设计区"，并设置其对应的参数。在【消息】文本框中输入"读者表已经顺利打开!"，在【发嘟嘟声】组合框中选择【是】项，在【类型】组合框中选择【信息】项，在【标题】文本框中输入"通知"。设置效果如图 7.2 所示。

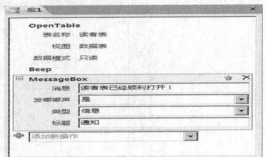

图 7.2 设置宏命令及其参数

（6）在"宏设计区"选项卡标签上右击，选择【保存】项，在打开的"另存为"对话框中输入宏的名称"m_opentable"后，单击【确定】按钮。此时，导航窗格中会显示刚刚保存的宏。

（7）单击【工具】功能组的【运行】按钮，可立即运行当前宏。结果如图 7.3 所示。

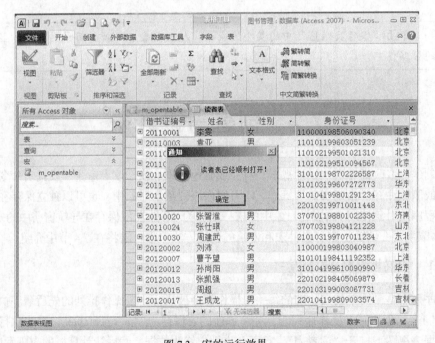

图 7.3 宏的运行效果

在"宏设计区"中，每个命令行右侧会有 3 个按钮 ⬆ ⬇ ✕，分别是"上移"、"下移"和"删除"按钮。单击"上移"按钮，可以将该命令向上移动，反之，也可以利用"下移"按钮将其向下移动。单击"删除"按钮，会删除当前命令，也可以在该命令行任意位置右击，选择【删除】项将其删除。在每一个宏中，第一个命令只能下移，最后一个命令只能上移，中间的命令可以上下移动。若一个宏中只有一个命令，则不能使用移动功能。

除了上例中所使用的添加新操作方法，Access 还提供了下列几种添加新操作的方法。

◆　将导航窗格中的某个数据库对象直接拖到"宏设计区"的【添加新操作】组合框中。

◆　将"操作目录区"中的某个宏命令直接拖到"宏设计区"的【添加新操作】组合框中。

◆　双击"操作目录区"中的宏命令。

◆　右击"操作目录区"中的宏命令，选择【添加操作】项。

7.2.2　创建条件操作宏

操作序列宏中的每个操作都会被执行，并且是按照操作排列的先后次序执行。条件宏中的各操作是根据其所对应的条件表达式的值来决定是否执行。当条件表达式的值为"真"时，其所对应的操作会被执行，否则，其所对应的操作不会被执行。因此，条件宏中的每个操作并不一定都会被执行。

在条件宏中，既包含受条件限制的操作，也包含不受条件限制的操作。受条件限制的操作根据条件表达式的值来决定是否执行，而不受条件限制的操作则无条件执行。

条件宏与 Visual Basic 的编程语言很相似，表现为 If…Else…End If 的形式。其中…所在的位置可以设置多个宏命令，而且可以再包含 If 条件判断命令。下面以实际例题说明其用法。

【例 7.2】　创建一个条件宏，判断某窗体文本框中输入的数是奇数还是偶数。

【分析】　本例中要思考几个关键问题，其一是如何判断用户输入的是否是一个正整数，其二是如何判断一个数是奇数或偶数，其三是如何引用窗体上某个控件的值。

操作步骤如下：

（1）创建一个图 7.4 所示的窗体，并将窗体的文本框命名为"Inumber"，"判断"按钮命名为"btn_judge"。将窗体保存为"使用条件宏"，取消窗体的【记录选择器】和【导航按钮】。

（2）单击【创建】选项卡的【宏与代码】功能组的【宏】按钮，打开图 7.1 所示的宏"设计视图"。

（3）双击"目录操作区"中【程序流程】下的【If】命令，将其添加到"宏设计区"中。在【If】所在的文本框中输入"Not IsNumeric([Forms]![使用条件宏]![Inumber])"，用于判断用户输入的是否是数字。

（4）在【If】下面的【添加新操作】组合框中选择【MessageBox】项，添加一个消息框，消息内容是"您输入的不是一个数字"，类型为【警告！】，标题为"Notice"。

（5）在【添加新操作】组合框中选择【StopMacro】项，停止执行宏操作。设置效果如图 7.5所示。

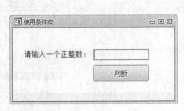

图 7.4　使用条件宏窗体

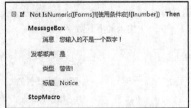

图 7.5　设置判断数字的条件和消息框

（6）在【StopMacro】命令下一行，单击【添加新操作】组合框所在行最右侧的【添加 Else If】

按钮，Access 会添加另一个条件行，用于判断输入的数是否是正整数。按照第（4）步、第（5）步和图 7.6 所示的效果设置条件表达式和消息框。

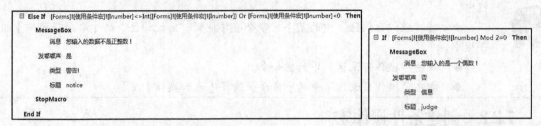

图 7.6　设置判断正整数的条件和消息框　　　　图 7.7　设置判断偶数的条件和消息框

（7）在【End If】下面的【添加新操作】组合框中再次选择【If】项，参照图 7.7 所示的效果设置判断偶数的条件表达式和对应的消息框。

（8）在"您输入的是一个偶数!"消息框下面的【添加新操作】所在行的右侧，单击【添加 Else】按钮，添加【Else】行。

（9）单击【Else】下一行的【添加新操作】组合框右侧的下箭头，选择【MessageBox】项，添加一个消息框，其内容设置如图 7.8 所示。

图 7.8　设置输出奇数消息框　　　　图 7.9　设置窗体控件的事件属性

（10）单击快速访问工具栏中的【保存】按钮，将宏保存为"m_judge"。

（11）打开"使用条件宏"窗体，并进入该窗体的"设计视图"，设置"btn_judge"按钮的单击事件为调用宏"m_judge"。如图 7.9 所示。

（12）运行窗体，分别输入不同值时，Access 通过宏操作判断出不同情形，并通过消息框显示判断结果。如图 7.10（a）、（b）、（c）和（d）所示。

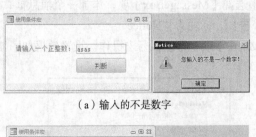

（a）输入的不是数字　　　　　　　（b）输入的不是正整数

（c）输入偶数　　　　　　　　　（d）输入奇数

图 7.10　条件宏的运行效果

在设计条件宏时，有些技巧操作可以帮助用户快速完成操作，具体如下：

◆ 在"宏设计区"，可以直接拖动某个已经设置的宏命令来移动其位置，若在拖动的过程中按住【Ctrl】键不松开，则可以复制所拖动的命令。

◆ 在输入条件表达式时，Access 的智能感知功能会提示用户从提示列表中选择所要的项，达到快速输入的目的。

◆ 若希望将普通的操作序列宏变成条件宏，只需要在想要添加条件的操作上右击，在打开的快捷菜单中选择【生成 If 程序块】项即可。此外，还可以根据需要选择【添加 Else If】项和【添加 Else】项。

在输入条件表达式时，可能会引用窗体或报表上某个控件的值，其正确引用格式有以下几种情形。

◆ 引用窗体：Forms! [窗体名称]

◆ 引用窗体的属性：Forms! [窗体名称].属性名称

◆ 引用窗体的控件：Forms! [窗体名称]! [控件名称]

◆ 引用窗体控件的属性：Forms! [窗体名称]! [控件名称].属性名称

◆ 引用报表：Reports! [报表名称]

◆ 引用报表的属性：Reports! [报表名称].属性名称

◆ 引用报表的控件：Reports! [报表名称]! [控件名称]

◆ 引用报表控件的属性：Reports! [报表名称]! [控件名称].属性名称

7.2.3 创建宏组

宏组概念的提出并不是为了创建更高级的宏，而是为了管理和组织宏。宏组相当于一个容器，在这个容器中，包含了多个功能相关的宏。每一个宏相当于一个子宏，各自又包含了若干操作。

【例 7.3】 创建一个宏组"m_group"，该宏组包含 3 个宏："m_group_1"、"m_group_2"和"m_group_3"。其中，"m_group_1"用于打开"图书表"，并以最大化和只读方式在数据表视图中显示其内容。"m_group_2"用于打开"读者借阅信息"查询，并以最大化方式显示其信息，其他参数使用默认项。"m_group_3"用于打开"使用条件宏"窗体，除【窗体名称】外的其他参数使用默认项。

操作步骤如下：

（1）单击【创建】选项卡的【宏与代码】功能组的【宏】按钮，打开宏"设计视图"。

（2）双击"目录操作区"中【程序流程】下的【Group】命令，将其添加到"宏设计区"。此时，"宏设计区"增加了【Group】和【End Group】行。由【Group】和【End Group】就构成了一个子宏，可以在这两行中间添加该子宏的相关命令。

（3）在【Group】右侧的文本框中输入第 1 个宏的名称"m_group_1"。设置该宏相关的操作，如图 7.11（a）所示。

（4）按照（2）、（3）相同的方法分别创建宏"m_group_2"和"m_group_3"，设置效果分别如图 7.11（b）和图 7.11（c）所示。

（5）单击快速访问工具栏的【保存】按钮，将宏组保存为"m_group"。

【Group】和【End Group】之间还可以包含其他的【Group】和【End Group】，这种形式称为"嵌套"，Access 最多可以嵌套 9 层【Group】和【End Group】。

□ Group: m_group_1	□ Group: m_group_2	□ Group: m_group_3
OpenTable	**OpenQuery**	**OpenForm**
表名称 图书表	查询名称 读者借阅信息	窗体名称 使用条件宏
视图 数据表	视图 数据表	视图 窗体
数据模式 只读	数据模式 编辑	筛选名称
MaximizeWindow	**MaximizeWindow**	当条件
End Group	**End Group**	数据模式
		窗口模式 普通
		End Group
（a）设置宏 m_group_1	（b）设置宏 m_group_2	（c）设置宏 m_group_3

图 7.11　创建宏组范例

若要将已经创建的宏进行分组，则只需要在"宏设计区"中想要分组的命令上右击，选择【生成分组程序块】项即可，最后再根据要求调整相关宏操作的位置。

Access 的宏组中还可以包含一种称为"子宏（Submacro）"的宏。与【Group】比较，【Submacro】不能嵌套，但可以包含除【Submacro】…【End Submacro】以外的其他宏命令。【Submacro】的创建方式与【Group】的创建方式相同，只是【Submacro】所创建的宏主要用于由【RunMacro】和【OnError】等操作来调用执行。

7.3　宏的运行与调试

所有宏在创建完毕后，都要通过运行以验证其设计的正确性。如果宏的运行结果与预期结果不符，则需要修改宏设计中的错误。有些难以发现导致宏错误的操作，就需要通过调试宏来定位错误所在的位置。

7.3.1　运行宏

在 Access 中，有多种运行宏的方法。既可以直接运行宏，也可以通过事件触发来运行宏，还可以通过编写程序来调用并运行宏。

1. 直接运行宏
下列方法之一都可以直接运行宏：
（1）在宏"设计视图"中，单击【工具】功能组的【运行】按钮可以运行当前宏。
（2）在导航窗格中，双击指定的宏名，即可运行该宏。
（3）在导航窗格中，右击指定的宏名，在打开的快捷菜单中选择【运行】项，也可以运行该宏。
（4）使用【RunMacro】或【OnError】宏操作来调用并运行宏。

若在导航窗格中双击某个宏组，则会运行该宏组中所有的宏。

2. 事件触发运行宏
若在对象的某个事件属性中设置了宏调用，则当该事件发生时会触发宏的运行。

3. 编写程序运行宏
在 VBA 程序代码中，可以使用 "Docmd.RunMacro 宏名称" 来运行指定的宏。

7.3.2　调试宏

对于一些功能比较复杂的宏，通过运行宏无法找到其错误的位置，可以通过 Access 提供的调试工具来找到宏设计中的错误。"单步运行"是 Access 用来调试宏的主要工具,通过"单步运行",可以观察宏的执行过程以及每一步操作的执行结果,从而找到那些导致宏执行错误的操作,以帮助用户修改宏设计。

【例 7.4】　利用"单步运行"调试宏"m_opentable"。

操作步骤如下:

(1)在宏"设计视图"下打开宏"m_opentable"。

(2)选中【工具】功能组的【单步】按钮,然后单击该组中的【运行】按钮。Access 会打开一个图 7.12 所示的【单步执行宏】对话框。

(3)在【单步执行宏】对话框中,单击【单步执行】按钮,将逐步执行当前宏的各个操作,并显示所执行操作的相关信息。若某个操作执行有误,则 Access 会弹出错误消息框。单击【停止所有宏】按钮,则停止宏命令的执行并关闭当前对话框。单击【继续】按钮,则退出单步执行状态,全速执行宏中余下的所有命令。

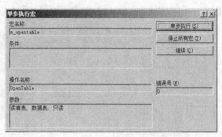

图 7.12　【单步执行宏】对话框

7.4　事件触发宏

在利用 Access 开发的应用程序中,通过事件触发来调用和执行宏是一种很普遍的调用宏的方法。不论是窗体、报表,还是依附在窗体、报表上的控件,在它们身上发生的很多事件都可以设置宏或过程代码的调用。

1. 独立宏与内嵌宏

利用事件触发既可以调用独立宏,也可以调用内嵌在对象中的宏。独立宏在导航窗格中可见,而内嵌宏则是嵌入在对象的某个事件中,一般不可见。独立宏往往是那些可以重复使用的"公共宏",而内嵌宏可以称为是隶属于某个对象的"专用宏"。两者的内容没有什么区别,只是进入"宏生成器"的入口点不同。本章前面所介绍的宏基本属于独立宏,下面用内嵌宏实现【例 7.2】的功能。

【例 7.5】　将【例 7.2】用内嵌宏实现。

操作步骤如下:

(1)在设计视图下打开"使用条件宏"窗体。

(2)打开"btn_judge"按钮的属性窗体,并选择【事件】选项卡,如图 7.13 所示。

(3)在图 7.13 所示的属性窗体中,单击【单击】组合框最右边的"选择生成器"按钮▥,打开图 7.14 所示的【选择生成器】对话框。

图 7.13　属性窗体

图 7.14　【选择生成器】对话框

（4）选择【宏生成器】项，单击【确定】按钮。Access 会进入图 7.15 所示的内嵌宏"设计视图"，该视图与图 7.1 基本相同，只是导航窗格不可用，增加了【关闭】功能组。

（5）接下来的操作与【例 7.2】中的第（3）～（9）相同。这一步体现了独立宏与内嵌宏的共同性。

（6）单击【关闭】功能组的【保存】按钮，保存该内嵌宏。

（7）单击【关闭】功能组的【关闭】按钮，退出宏"设计视图"，返回到图 7.13 所示的属性窗体。此时，可以看到【单击】组合框中显示【嵌入的宏】，它就是刚刚创建的内嵌宏。如图 7.16 所示。

图 7.15　内嵌宏"设计视图"　　　　　　　　图 7.16　带有内嵌宏的属性窗体

（8）若要修改内嵌宏，则可以再次单击【选择生成器】按钮进入内嵌宏"设计视图"，余下的操作与创建内嵌宏相似。

　　　内嵌宏是绑定到对象的某个事件上的，属于该事件专有，所以保存时不需要输入宏的名称。

2. 事件

事件是计算机在运行过程中，由系统或用户操作计算机产生的一系列事务。如计时器归零，用户单击鼠标、移动鼠标或按下键盘的某个键等，都会产生相应的事件。计算机一旦开始运行，就会产生很多事件，这些事件有些是计算机系统产生的，有些是用户操作产生的。不管有多少事件发生，绝大多数事件都是预先定义好的。至于事件发生后会执行什么动作，由系统或用户是否为该事件编写了对应的处理程序决定。

在 Access 中，如果为某个事件设计了宏或编写了过程代码，则该事件发生后将会执行其对应的宏或过程代码。关于窗体、报表及其控件的相关事件请参见附录 5。

打开窗体和关闭窗体时，其常见事件发生的顺序如下：

打开窗体：打开（Open）→加载（Load）→调整大小（Resize）→激活（Activate）→成为当前（Current）

关闭窗体：卸载（Unload）→停用（Deactivate）→关闭（Close）

其他常见事件如下：

◆　更改（Change）

◆　单击（Click）

◆　双击（DblClick）

◆ 击键（KeyPress）

◆ 计时器（Timer）

◆ 获得焦点（GotFocus）

◆ 失去焦点（LostFocus）

◆ 进入（Enter）

◆ 退出（Exit）

Access 中，不同的对象，其事件的数量是不同的。事件的发生具有随机性，发生的时刻不可预知。只要某事件绑定了宏或程序代码，该事件发生时就会执行对应的宏或程序代码。若发生了没有绑定宏或程序代码的事件，则由计算机系统专门程序处理。

3. 通过事件触发宏

通过事件触发宏指的是已经为某事件设计了宏，当该事件发生后，Access 就会执行其对应的宏。绑定到事件上的宏可以是独立宏，也可以是内嵌宏。【例 7.2】就是按钮单击事件触发调用独立宏的范例，而【例 7.4】则是按钮单击事件触发调用内嵌宏的范例。当用户在按钮上单击时，Access 就会执行其绑定的宏。

习 题 7

一、选择题

1. 宏必须按名调用，下列（ ）可以正确调用宏组的宏。

   A. 宏组名：宏名　　　　　　　　　　　B. 宏组名.宏名

   C. 宏组名-宏名　　　　　　　　　　　D. 宏组名→宏名

2. 打开查询的宏操作是（ ）。

   A. OpenTable　　　　　　　　　　　B. OpenForm

   C. OpenQuery　　　　　　　　　　　D. OpenReport

3. 在一个条件宏中，既有带条件的操作，也有不带条件的操作，则不带条件的操作（ ）。

   A. 按条件真假执行　　B. 无条件执行　　C. 不执行　　　D. 出错

4. 若要在条件表达式中引用窗体 Form1 上控件 Txt 的值，下列（ ）能正确引用。

   A. Forms!Form1!Txt　　　　　　　　B. Forms.Form1.Txt

   C. Forms!Forms.Txt　　　　　　　　D. Forms.Form1!Txt

5. 若希望按照满足条件来执行一个或多个操作，这类宏称为（ ）。

   A. 操作序列宏　　　B. 宏组　　　　　C. 自动运行宏　　D. 条件宏

6. 下列不能使用宏的数据库对象是（ ）。

   A. 数据表　　　　　B. 报表　　　　　C. 窗体　　　　　D. 宏

7. 下列（ ）是运行宏的操作。

   A. RunCode　　　　　　　　　　　　B. Requery

   C. RunMacro　　　　　　　　　　　D. RunMenuCommand

8. 某控件失去焦点时发生的事件是（ ）。

   A. Refresh　　　　　B. GotFocus　　　C. LostFocus　　D. Change

9. 下列不属于窗体事件的是（ ）。

  A. Unload   B. Stop   C. Close   D. Open

10. Access 提供了（　　　）工具来调试宏。

  A. 停止执行   B. 跳跃执行   C. 单步执行   D. 继续执行

二、填空题

1. Access 中的宏主要有两种，一种是独立宏，另一种是_____。

2. 若要在打开数据库时限制 Autoexec 宏的执行，则打开数据库时需要按_____键。

3. 在宏的"设计视图"中，若要改变宏命令的位置，有_____种操作方法。

4. 在设计宏时，【Group】和【End Group】最多可以嵌套_____层。

5. 向"宏设计区"添加操作有_____种操作方法。

第8章
模块与VBA程序设计

在 Access 中，虽然可以借助于前面章节中讲过的宏对象来响应和处理事件，但宏对象也有一定的局限性，如无法处理复杂的条件和循环结构、对于数据库对象的处理表现不佳等。而且它运行的速度比较慢，尤其是不能自己定义函数(不能使用自定义函数)，这样当我们要对某些数据进行一些特殊的分析时，它就无能为力了。

模块是 Access 中一个重要的对象，模块中可包含一个或多个过程，过程是由一系列 VBA (Visual Basic for Application，简称 VBA) 代码组成的。它包含许多 VBA 语句和方法，以执行特定的操作或计算。

模块比宏的功能更强大，运行速度更快。使用模块可以建立用户自己的函数，完成复杂的计算、执行宏所不能完成的任务。使用模块可以开发十分复杂的应用程序，使数据库系统功能更加完善。本章主要介绍模块的类型及创建、VBA 程序设计的基础，相关知识点如下：

◆ VBA 编程环境
◆ 模块及其创建
◆ VBA 程序设计基础
◆ VBA 程序的流程控制
◆ VBA 过程与作用域
◆ 面向对象程序设计的基本概念
◆ 程序调试

8.1　VBA 的编程环境

VBA 是 Access 中用来编程实现复杂功能的可视化编程工具，是微软公司 Visual Basic 语言的子集。开发 VBA 程序，要在 VB 编辑器（Visual Basic Editor，简称 VBE）中进行。

8.1.1　进入 VBE 编辑器

在 Access 2010 中，进入 VBE 编辑器的方法主要有以下 4 种：

1. 直接进入 VBE

单击【数据库工具】选项卡，然后在【宏】组中单击【Visual Basic】按钮，即可进入 VBE 编辑器，如图 8.1 所示。

图 8.1 【数据库工具】选项卡

2. 通过创建模块进入 VBE

单击【创建】选项卡，然后在【宏与代码】组中单击【Visual Basic】按钮，也可以进入 VBE 编辑器，如图 8.2 所示。

图 8.2 【创建】选项卡

3. 通过窗体或报表对象的代码生成器进入 VBE

在窗体或报表对象的设计视图中，单击【设计】选项卡的【宏】组中的【查看代码】按钮也可以进入 VBE 编辑环境，如图 8.3 所示。

图 8.3 窗体或报表设计视图中的【设计】选项卡

此外，在控件的【属性表】窗格中，单击某个事件的【生成器】按钮（画着省略号的按钮），在弹出的【选择生成器】对话框中选取【代码生成器】后单击【确定】按钮，也能够进入 VBE 编辑环境，如图 8.4 所示。

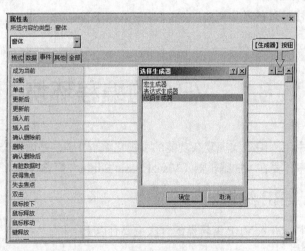

图 8.4 【选择生成器】对话框

4. 通过键盘操作

任何时候按下【Alt+F11】组合键，也可以快速进入 VBE 编辑环境。

8.1.2　VBE 编辑环境简介

进入 VBE 后，首先看到的就是 VBE 的主窗口，主窗口通常由【标题栏】、【菜单栏】、【工具栏】、【工程资源管理器】、【代码窗口】和【立即窗口】组成，如图 8.5 所示。

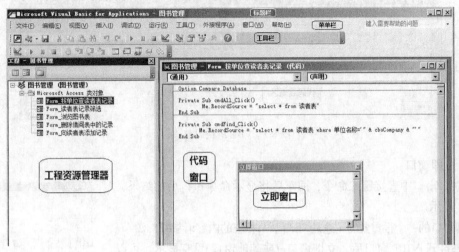

图 8.5　VBE 编辑环境

1. 菜单栏

VBE 的菜单栏里包含了 VBE 中的各种菜单命令，用户可以通过选择某个菜单项来完成特定的功能。

2. 工具栏

默认情况下，工具栏位于菜单栏的下面，可以在【视图】→【工具栏】菜单里显示或隐藏某些工具栏，如图 8.6 所示。

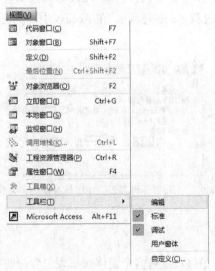

图 8.6　【视图】菜单

3. 工程资源管理器

在工程资源管理器中可以看到所有的标准模块和类模块。用户可以通过双击来快速打开某个模块进行编辑。

4. 代码窗口

代码窗口由对象列表框、事件列表框和代码编辑区、过程分隔线和视图按钮几部分组成，如图 8.7 所示。

图 8.7 VBE 的代码窗口

5. 立即窗口

在立即窗口中直接键入命令，回车后将显示命令执行后的结果，如图 8.8 所示。

立即窗口的一个很重要的用途是调试代码,相应的内容请参阅 8.8.3 节。

如果打开 VBE 窗口后，立即窗口 (或其他窗口)没有显示，可以在【视图】菜单里单击【立即窗口】项或者按【CTRL+G】快捷键打开它。

图 8.8 VBE 的立即窗口

8.2 模块的基本概念

模块是 Access 数据库的一个重要对象，它以 VBA 为基础编写，其内部可包含一个或多个函数过程（Function 过程）或子过程（Sub 过程）。在 Access 中，模块可分为两种类型：标准模块和类模块，如图 8.9 所示。

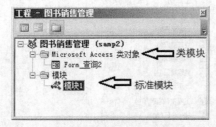

图 8.9 "工程资源管理器"中的标准模块和类模块

8.2.1 标准模块

当应用程序庞大复杂时，最终可能有多个窗体或报表包含一些相同的代码，为了在多个窗体或报表中不产生重复代码，可创建一个独立的模块，用它来实现代码的共用。这个独立的模块就是标准模块。

标准模块用于存放供其他数据库对象或代码使用的公共过程，因此一般不与任何具体的窗体或控件相关联。我们可以通过创建新模块对象而进入其对应的 VBE(Visual Basic Editor,简称 VBE)

编辑环境，并自动打开代码设计窗口，如图 8.10 和图 8.11 所示。

图 8.10　新建标准模块

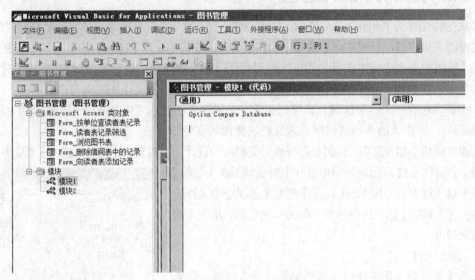

图 8.11　新建模块的代码窗口

如果用户进入 VBE 环境后看不到左侧的"工程资源管理器"，可以单击【视图】菜单下的【工程资源管理器】项或者按【CTRL+R】快捷键打开它。

一般情况下，在标准模块里定义一些公共变量或公共过程供类模块里的过程调用。此时这些公共变量或公共过程具有全局性，在整个应用程序中都有效。在标准模块内部也可以定义私有变量和私有过程，此时这些私有变量和私有过程是局部的，仅供本模块内部使用。

8.2.2　类模块

嵌入到窗体和报表里的代码块称为类模块。窗体模块和报表模块都属于类模块，他们从属于各自的窗体或报表，因此只能在窗体或报表中使用，具有局部性。并且当窗体或报表被移动到其他数据库时，对应的模块代码通常也会跟着被移动。

窗体模块和报表模块通常都含有事件过程，而过程的运行用于响应窗体或报表上的事件。使用事件过程可以控制窗体或报表的行为以及它们对用户操作的响应。

窗体模块和报表模块中的过程可以调用标准模块中已经定义好的过程，窗体模块和报表模块的生命周期伴随着窗体或报表的打开而开始，关闭而结束。

在窗体或报表的设计视图中可以用两种方法进入相应的模块代码设计区域：一是单击窗体"设计视图"的【工具】功能组的【查看代码】按钮进入；二是为窗体或报表创建事件过程时，单击"事件过程"后面的【生成器】按钮，在弹出的【选择生成器】对话框中选择【代码生成器】项，则系统会自动进入相应代码设计区域。

8.3　创建模块

模块是以 VBA 语言为基础编写，以过程为单元的代码集合。Access 中的过程包括 Sub 子过程和 Function 函数过程两种类型。

8.3.1　在模块中加入过程

模块的作用是为了包含 VBA 代码，换句话说，如果要写 VBA 代码，必须要把它放在模块之中。在窗体或报表的设计视图里，单击【窗体设计工具】的【设计】选项卡的【工具】组中的【查看代码】按钮或者创建窗体或报表的事件过程都可以进入类模块的设计和编辑窗口。单击【创建】选项卡的【宏与模块】组中的【模块】按钮，可进入标准模块的设计和编辑窗口。

一个模块包含一个声明区域，且可以包含一个或多个子过程（以 Sub 开头）或函数过程（以 Function 开头）。模块的声明区域用来定义模块使用的变量等项。

若要在模块中加入过程，只需在打开的对应模块的设计和编辑窗口中单击【插入】菜单下的【过程】项，打开图 8.12 所示的【添加过程】对话框。在【名称】文本框中输入过程名（如 Test1），在【类型】选项组中选择过程类型，在【范围】选项组中选择过程的作用范围，单击【确定】按钮即可。

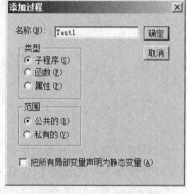

1. Sub 过程

又称为子过程。用于执行一系列操作，无返回值。定义格式如下：

```
Sub 过程名
    【程序代码】
End Sub
```

图 8.12　【添加过程】对话框

可以引用过程名来调用该子过程，也可以在过程名前加上一个关键字 Call 来显式调用一个子过程。在自定义的过程名前加上 Call 关键字是一个很好的程序设计习惯，它可以使代码更加清晰。

2. Function 过程

又称为函数过程。用于执行一系列操作并返回一个结果，这个结果称为返回值。Function 过程的定义格式如下：

```
Function 过程名 As（返回值）类型
        【程序代码】
End Function
```

函数过程不能使用 Call 来调用执行，需要在赋值语句或表达式中引用函数过程名。

8.3.2　将宏转换为模块

在 Access 中，也可以将设计好的宏对象转换为模块代码形式。方法有以下两种：

（1）选中宏对象后，单击【文件】菜单中的【对象另存为】项，在弹出的【另存为】对话框中，将【保存类型】设置为"模块"即可；

（2）选中宏对象后，在宏"设计视图"中，单击【工具】组的【将宏转换为 Visual Basic 代码】按钮。

转换后的模块被自动命名成"被转换的宏-XXX（原宏名）"的形式。

8.3.3　在模块中执行宏

在模块的过程定义中，使用 DoCmd 对象的 RunMacro 方法，可以执行现有的宏。其调用格式为：

`DoCmd.RunMacro 宏名[,重复次数][,重复条件]`

其中：

◆　参数"宏名"表示当前数据库中宏的名称；

◆　参数"重复次数"为可选项，用来指定宏运行次数；

◆　参数"重复条件"为可选项，用来指定宏执行条件的表达式，在每一次运行宏时进行求值，结果为 False 时，停止运行宏。

8.4　VBA 程序设计基础

VBA 是微软 Office 软件的内置编程语言，其语法与 Visual Basic 编程语言兼容。在 Access 程序设计中，当某些操作不能用其他 Access 对象实现，或者实现起来有一定困难时，就可以利用 VBA 语言编写代码，完成这些复杂任务。

8.4.1　VBA 基本语句

VBA 程序是由一系列语句组成的，每个语句是完成某项功能或操作的一条命令。通常将一个语句写在一行，并以回车换行作为语句的结束符。当语句较长、一行写不下时，可以用续行符（空格加下划线_）将语句继续写在下一行。

可以使用冒号分隔符（：）将几个语句并列写在同一行中，但每行语句的长度不能超过 1023 个字符。

当输入一行语句并按下回车键后，如果该行代码以红色文本显示（有时伴有错误消息框出现），则表明该行语句存在语法错误应检查并更正。

1.　注释语句

注释语句多用来说明程序中某些语句的功能和作用。好的程序一般都有注释语句，适量的注释语句会增强代码的可读性。有时注释语句对于程序的调试也非常有用。譬如说可以利用注释屏蔽一条语句以观察变化，发现问题和错误。因此注释语句对程序的维护也有很大的好处。

在 VBA 程序中，注释可以通过以下两种方式实现：

（1）使用 Rem 语句注释，格式为：Rem 注释文字。这种方式要求 Rem 关键字必须出现在一条语句的开头。

（2）使用英文单引号"'"注释，格式为："'注释文字"。这种方式下既可以在句首注释，也可以在句中注释。

不管采用哪种方式去注释，自注释符开始到本行结束，均被 VBA 视为注释文字。凡是注释文字，默认以绿色文字显示。程序在执行时对注释文字直接跳过，不做任何处理。

2.　赋值语句

将确定的数值赋给变量的语句叫做赋值语句。赋值语句是程序设计语言中最简单的、被使用最多的语句。赋值语句的使用格式为：

　　[Let] 变量名 = 操作数或表达式

其含义是，将赋值运算符（=）右侧的操作数或表达式的值存入到左侧变量所代表的存储单元中。一般情况下，写赋值语句时都省略 Let 关键字，而直接写成"变量名 = 操作数或表达式"的形式。

　　在赋值语句中，赋值运算符（=）右侧可以是任何常数、变量或者表达式，但左侧必须并且只能是一个明确的、已命名的变量。

例如：

```
R = 5
S = Pi*R*R
```

而下面的赋值形式是错误的：

```
X+Y=5
2=X
```

另外，赋值运算符（=）与数学表达式中的等号不同，它表示的不是一种等量关系，而是一个"让某变量的值等于…（Let…）"的动作。因此语句 a=a+1 虽然在数学上是不成立的，但在赋值语句中的意义是：读取变量 a 现有的值，将其加上 1 以后，再重新保存在变量 a 所代表的存储单元中，相当于把变量 a 在原来的基础上又增加了 1。

【例 8.1】 定义变量并赋值。

```
Rem  变量 a 自增 10
 a=5
 a=a+10      '即 a=5+10，语句执行后 a 的值变成了 15
Rem  表达式赋值
 m=2*(a-4)   'm=2*(15-4)=22
 b=90
'下面的几条语句很典型
Rem  变量值交换
 t=a 't 为中间变量，此时 t=a=15
 a=b：Rem 把 b 的值存到 a 里，此时 a 的值不再是 15，而变成了 90
 b=t '把 t 的值 15 存到 b 里，此时 b 变成了 15，完成了 a、b 值的交换
```

3．输出语句

在立即窗口中，可以使用 Print 语句或"？"来输出变量或表达式的结果，其一般格式如下：

```
Print|?  变量或表达式[;|,]…[;|,]
```

如果要输出多个变量或表达式的值，变量或表达式之间可以用逗号或分号间隔，依次输出各表达式的值。使用逗号为分区输出，即以 14 个字符位置为一个单位分区，逗号后的表达式在下一个分区首位输出。使用分号为紧凑输出，若即将输出的是数值数据，则数值的前面有一个符号位，后面有一个空格；若即将输出的是字符串，则前后都没有空格。例如：

```
Print 3,-1.75; "Student"
分区输出为
        3            -1.75 Student
```

输出语句结尾也可以加上逗号或分号，用来确定下一条输出语句的位置是分区输出还是紧凑输出。若结尾没有逗号或分号，则意味着下一条输出语句的位置是从新的一行开始。

如果在模块的代码窗口中想要把变量或表达式的值输出到立即窗口，只需把 Print 换成"Debug.Print"，其实就是调用 Debug 对象的 Print 方法（Debug 是立即窗口的对象名），其余用法

同上。有时，为了控制输出的格式，也使用不输出任何变量或表达式的 Debug.Print 语句来输出一个空行。

8.4.2　VBA 中的数据类型

数据类型用来区分不同的数据：由于数据在计算机中存储所需要的容量各不相同，不同的数据就必须要分配不同大小的内存空间来存储，所以就要将数据划分成不同的数据类型。有了数据类型，才能更好的分配管理内存，节省不必要的存储开支。此外，在数据类型上的限制也可以避免一些非法输入，使得计算机处理数据更加高效、可靠。在初学 VBA 编程的阶段，可以简单地把数据类型看作是将数据进行分类、规格化的一种手段。

Access 数据库系统创建表对象时所涉及的字段数据类型(除了 OLE 对象、附件和备注数据类型外)，在 VBA 中都有数据类型相对应。

1. 基本数据类型

传统的 BASIC 语言使用类型字符（用来进行类型说明的特定的标点符号）来定义数据类型。VBA 虽然保留了这种定义方式，不同的数据类型其取值范围也各自不同，参见表 8.1 所示的 VBA 类型标识、符号、字段类型及取值范围。

在使用 VBA 代码中的字节、整数、长整数、自动编号、单精度和双精度数等的常量和变量与 Access 的其他对象进行数据交换时，必须符合数据表、查询、窗体和报表中相应的字段属性。

表 8.1　VBA 常用数据类型

数 据 类 型	类 型 标 识	符　号	字　节	字 段 类 型	取 值 范 围
字节型	Byte		1	数字（字节）	0 ~ 255
整型	Integer	%	2	数字（整型）	-32768 ~ 32767
长整型	Long	&	4	数字（长整型）、自动编号	-2147483648 ~ 2147483647
单精度型	Single	!	4	数字（单精度型、小数）	1.4E-45 ~ 3.4E+38（绝对值）
双精度型	Double	#	8	数字（双精度型、小数）	4.9E-324 ~ 1.7E+308（绝对值）
货币型	Currency	@	8	货币	0 ~ 922337203685477.58（绝对值）
字符串型	String	$	变长	OLE 对象/超链接	最多可包含大约20亿个字符
	String*N		N	文本/备注	1 ~ 65400 字符
日期型	Date		8	日期/时间	100 年 1 月 1 日 ~ 9999 年 12 月 31 日 00:00:00.000 ~ 23:59: 59.999
布尔型	Boolean		2	是/否	True 或 False
变体类型	Variant				数值同 Double，字符串同变长 String

对数据类型的说明如下：

（1）数值型数据

字节、整数、长整数、自动编号、单精度、双精度和货币型数据等统称为数值型数据。不同类型的数值型数据在内存单元中所占用的存储空间也不相同，详见表 8.1。

我们也可以用类型字符来定义变量的类型。常用的表示数据类型的类型字符有：

◆　整型用符号"%"表示；

◆ 长整型用"&"表示；

◆ 单精度型用"!"表示；

◆ 双精度型用"#"表示；

◆ 字符串型用符号"$"表示。

整型数的取值范围不是很大，平时使用时应注意。除非确定待处理的数据变化范围在整型数的取值区间之内，否则应使用长整型，以免出现意外的"溢出"错误。

（2）字符串型数据

VBA 规定，字符串常量一定要用英文双引号（""）括起，如" LiLei "、" HanMeimei " 等。对于定长字符串变量，其长度是固定的，如果给它赋一个超出其长度的值，则仅保留定义该变量时指定的长度，多余的字符自动舍弃。

（3）布尔型数据

布尔型数据只有两种值：True 和 False。

将其他数值类型转换为布尔数据类型时，0 转换为 False，其他值均转换为 True。当布尔型值转换为其他数据类型时，False 转换为 0，True 转换为-1。

（4）日期型数据

任何可以识别的文本日期都可赋值给日期变量。日期文字必须用符号"#"括起来。例如"#2013-5-1#"。

日期变量以计算机中的短日期格式显示，时间则以计算机的时间格式(12 小时或 24 小时)显示。例如："2013/5/8"、"12:30:55" 等。

（5）变体型（Variant）数据

如果未给变量指定数据类型，则 Access 将自动指定其为变体 (Variant)数据类型。变体型是一种特殊的数据类型，除了定长字符串以及用户自定义类型外，可以包含任何种类的数据。Variant 也可以包含 Empty、Error、Nothing 及 Null 特殊值。

变体数据类型十分灵活，但使用这种数据类型最大的缺点在于缺乏可读性，即无法通过查看代码来明确其数据类型。

2. 用户自定义数据类型

为了更加灵活地处理数据，VBA 允许用户自定义包含一个或多个 VBA 标准数据类型的数据类型，这就是用户自定义数据类型。用户自定义数据类型是一个综合的数据类型，里面包含一个或多个分量，这些分量被称为域（类似于记录的分量被称为字段一样）。域的类型不仅可以是 VBA 的标准数据类型，还可以是之前已经定义过的其他用户自定义数据类型。

用户自定义数据类型可以在 Type... End Type 关键字之间定义，定义格式如下：

```
Type  <数据类型名>
    <域> As <数据类型>
    <域> As <数据类型>
    …
End Type
```

【例 8.2】 定义一个名为 LogInfo 的数据类型。

```
Type LogInfo                          '类型名: LogInfo（登录者信息）
    UserName As  String * 8           '登录用户名，8 位定长字符串
```

```
    Pwd  As  String                         '登录密码, 变长字符串
    LogState  As  Integer                    '登录状态, 整型
End  Type
```

当需要建立一个变量来保存包含不同数据类型字段的数据表的一条或多条记录时, 用户自定义数据类型就特别有用。

一般情况下, 用户自定义数据类型在使用时, 首先要在模块区域中定义用户数据类型, 然后显式地以 Dim、Public 或 Static 关键字来定义类型为该用户自定义类型的变量。

8.4.3 常量与变量

常量和变量是数据的两种基本表现形式。在程序执行过程中, 常量的值始终不会改变, 如 30、500、-1.5、"Zhanghua"、#2013-5-1#等。而变量的值可以改变如例 8.1 中的 a、m 等。

1. 常量

在程序执行过程中, 其值不允许改变的数据叫做常量。VBA 程序中的常量有直接常量、符号常量和系统常量 3 种。

（1）直接常量

直接常量就是直接表示的整数、长整数、单精度、双精度、字符串、时间、日期等常数, 如 30、2.31E+30、-1.5、"Zhanghua"、#2013-5-1# 等;

（2）符号常量

在 VBA 编程过程中, 对于一些频繁使用的常量, 可以用符号常量形式来表示。符号常量使用关键字 Const 来定义, 其格式如下:

```
Const 符号常量名 = 常量值
```

例如: Const PI=3.14159 定义了一个符号常量 PI, 之后就可以像其他常量那样使用了。

如果在模块的声明区中定义符号常量, 则建立一个所有模块都可使用的全局符号常量。一般是在 Const 前加上 Global 或 Public 关键字。如 Global Const PI=3.14159 这一符号常量会涵盖全局或模块级的范围。

符号常量定义时不需要为常量指明数据类型, VBA 会自动按存储效率最高的方式来确定其数据类型。

（3）系统常量

除了用户通过声明定义符号常量外, Access 系统内部包含有若干个预定义的系统常量, 如 True、False、vbYes、vbNo、vbRed、vbGreen、vbCrLf 等。可以在自己的代码中直接使用这些系统常量。

2. 变量

变量是指在程序运行过程中, 其值会发生变化的数据。程序运行时数据是在内存中存放的, 内存中的位置是用不同的名字表示的, 这个名字就是变量的名称。该内存位置上存放的值就是变量的值。

变量的命名规则与字段、常量的命名规则相同, 具体规则如下:

- ◆　只能由字母、数字、中文和下划线组成。
- ◆　必须以字母或中文文字开头。
- ◆　变量名长度不能超过 255 个字符。
- ◆　不能使用保留字命名变量。

如 sub、Function、True、Msgbox 等的变量名都是非法的, 但变量可以命名为 Sub1、TrueLove、

MsgBoxForMe 等。

VBA 不区分标识符(变量名或常量名)的字母大小写,但支持标识符的大小写混合命名方式。例如将一个变量命名成 LastNameOfStudent 的效果与将其命名为 lastnameofstudent 没有什么不同,但从程序可读性角度讲,推荐使用大小写混合的方式来命名。

3. 变量的声明

声明变量就是定义变量的名称及类型,以便系统为变量分配存储空间。VBA 规定:在同一有效范围内,变量名必须唯一。(关于变量的有效范围,请参见本节稍后的 "4. 变量的生命周期和作用域"。)

VBA 声明变量有两种方法:

(1)显式声明

显式声明是指在程序中存在明确地声明变量的语句。

变量先定义后使用是较好的程序设计习惯。定义变量的一般格式如下:

Dim <变量名> As <数据类型>或 Dim <变量名><类型说明符>

【例 8.3】 变量定义。

```
Dim age As Integer                  '定义 age 为整型变量
     Dim s1 As String, t As Single  '定义 s1 为字符串型变量, t 为单精度型变量
Dim a%,b!                           '相当于 Dim a As Integer, b As Single
```

在 Dim 语句中,必须为每个变量单独指定数据类型,凡是未指定数据类型的变量一律被定义成变体型。

【例 8.4】 声明变量 s1 和 s2。

Dim s1, s2 As String 上面的语句中只有 s2 被定义成了字符串类型,而 s1 因为未指定类型,被系统自动定义成了变体型。

数据类型除了 VBA 标准数据类型外,还包括用户自定义类型。

【例 8.5】 声明变量 log1,其数据类型为自定义数据类型 LogInfo。

```
Dim log1 As LogInfo
```

定义之后就可以用 "变量名.域名" 的格式来引用,如:

```
log1.UserName="钟华"
log1.Pwd="123456"
log1.LogState=1
```

当向同一对象的不同属性进行赋值时,也可以写成下面的简便形式:

```
With log1
    .UserName="钟华"
    .Pwd="123456"
    .LogState=1
End With
```

注意

　　　　　　属性名前面的圆点是不可以省略的。

(2)隐含声明

若直接给没有声明的变量赋值,或者声明变量时省略了 As <数据类型>短语或类型说明符,则 VBA 自动将变量声明为变体型。如:

```
Dim a As Variant      '显式定义变量 a 为变体型变量
Dim K                 '定义时缺少 "As 类型名", K 是变体型变量
```

```
X = 20                    ' X为变体型变量，值是 20
```
对变体型变量，允许将任何类型的数据赋值给它，VBA 会自动进行类型转换。

【例 8.6】　给变体型变量赋值。

```
S = "张三"                '将字符串赋值给 S
S= # 2013-5-1 #           '将日期型数据赋值给 S
S= True                   '将布尔型数据赋值给 S
```

（3）强制变量声明

在默认情况下，VBA 允许在代码中使用未声明的变量。如果在模块设计窗口的顶部"通用-声明"区域中加入语句：

```
Option Explicit
```

则强制要求所有变量必须先声明，然后才能使用。

（4）变量的初始化

VBA 在初始化变量时，将数值变量初始化为 0。变长字符串初始化为零长度的空字符串（""），对定长字符串的每一位字符都填上 ASCII 码为 0 的字符（不是空格），将 Variant 变量初始化为 Empty。

4. 变量的生命周期和作用域

在 VBA 编程中，声明变量的位置和方式不同，则它存在的时间和起作用的范围也有所不同，这就是变量的生命周期与作用域。VBA 中变量的作用域有 3 个层次。

（1）局部范围

在过程内定义的变量叫做局部变量。局部变量只允许在定义它的过程内使用，在过程外和其他过程中不可以使用，所以局部变量的作用域是局部的。不同的过程可以使用相同的变量名，这些变量的作用域分别是各自所在的过程，互不干扰，避免了要分别命名的麻烦。如求圆形面积的过程 Area 和求球体体积的过程 Vol 均可在其内部定义变量 R 作为半径。

局部变量有两种形式：自动变量和静态变量。

在过程内用 Dim 定义的、用类型符定义的，或直接使用的变量都是自动变量。前面所有例子中的变量都是自动变量，它是程序中使用最多的一种形式。仅当过程执行时，才为自动变量分配内存单元，过程执行结束（执行了 End Sub 语句）则销毁变量，释放其占用的内存空间。可见，自动变量存在的时间是短暂的。它的生命周期就是从过程开始到过程结束，其作用域就是其所在的过程。

在过程内使用保留字 Static 声明的局部变量叫做静态局部变量，简称静态变量。它的作用域也是局部的。与自动变量不同是，当静态变量所在程序开始执行时就为其分配存储单元，程序执行结束才释放。所以，静态变量存在的时间（生命周期）是整个程序的执行时间。另外，静态变量的值具有可继承性。即调用静态变量所在的过程之后，静态变量的值被保留；当再次调用该过程时，静态变量的值在上次保留的基础上进行操作。

下面的例子可以很好地说明自动变量和静态变量的区别。

【例 8.7】　自动变量和静态变量

① 单击【创建】→【宏与代码】→【模块】新建一个标准模块。

② 在打开的 VBE 环境中将光标定位在右侧的代码窗口，单击【插入】→【过程】，完成如图 8.13 所示的设置。

③ 在代码窗口输入如下代码：

```
Public Sub Test1()
        Dim a As Integer            '自动变量a
        Static b As Integer         '静态变量b
```

```
        a = a + 1
        b = b + 1
        Debug.Print a, b
End Sub
```

④ 将光标定位在 Test1 过程内部，单击工具栏上的运行按钮（ ▶ ）5 次，则在立即窗口显示如 图 8.14 所示的结果：

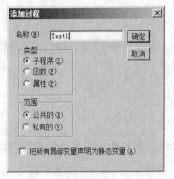

图 8.13　在代码窗口新建名为"Test1"的过程　　　　图 8.14　过程执行 5 次后立即窗口显示的结果

【分析】　本例中变量 a、b 均为整型。因为没有任何初始化变量的语句，因此 a、b 的初始值自动被赋值成 0。

对于变量 a 来说，执行了 a = a + 1 后在立即窗口的左列输出，然后执行 End Sub 语句后 a 被销毁，下次再执行 Test1 的时候重新声明 a，初始化成 0，加 1，输出…，如此 5 次，立即窗口左侧便显示 5 个 1。

而对于变量 b，因为它是用 Static 保留字声明的静态变量，第一次执行 Test1 被加成 1 后，执行 End Sub 语句其值被保留，下次再执行 Test1 则是在上一次的基础上 b 再加 1，因此 5 次执行 Test1 后，变量 b 的值分别是 1，2，3，4，5，如图 8.14 右列所示。

（2）模块范围

变量声明在模块的所有过程之外的起始位置（即"通用-声明"部分），运行时在模块所包含的所有子过程和函数过程中可见。凡是在模块的"通用-声明"区用 Dim、Static、Private … As…保留字声明的变量，其作用域都是模块范围的，其生命周期也是随着模块的打开而开始，随着模块的关闭而结束。

【例 8.8】　在模块中输入如下代码：

```
Dim m As Integer        '在"通用-声明"区定义的模块范围的变量 m
Public Sub AddM()
    m = m + 1
    Debug.Print m,
End Sub
```

多次执行过程 AddM 可以看出，变量 m 的值是一直往上递增的。因为变量 m 是模块级的，它不随着过程 AddM 的结束而结束，只要模块存在，变量 m 就一直起作用，因此立即窗口显示的就是每次 m 被加 1 以后的结果。

【例 8.9】　在【例 8.8】的基础上再添加如下代码：

```
Public Sub DoubleM()
    m = m * 2
    Debug.Print m,
End Sub
```

交替执行过程 AddM 与 DoubleM，立即窗口的结果显示 1　2　3　6　7　14…由此看出，模块变量是可以被模块内部的多个过程共享的，因此两个过程里的赋值语句均作用于模块变量 m，所以 m 按照加 1、乘 2、加 1、乘 2、加 1、乘 2…的规律变化。

【例 8.10】　在【例 8.9】的基础上，在过程 DoubleM 的第一行加上一句：Dim m As Integer（如代码中加粗斜体所示），整个模块内代码如下所示：

```
Dim m As Integer            '在"通用-声明"区定义的模块范围的变量 m
Public Sub AddM()
    m = m + 1
    Debug.Print m,
End Sub
Public Sub DoubleM()
    Dim m As Integer        '在过程内部定义的局部变量 m
    m = m * 2
    Debug.Print m,
End Sub
```

此时仍然交替执行过程 AddM 与 DoubleM，结果会怎样呢？

过程 AddM 仍作用于在"通用-声明"区定义的模块范围的变量 m，将 m 的值加 1。然而对于过程 DoubleM，由于其内部也定义了一个名为 m 的变量，根据 VBA "就近匹配"的原则（模块变量与局部变量同名时，优先使用局部变量），DoubleM 里修改的是在其过程内部定义的局部变量 m。由于局部变量 m 一直被初始化成 0，因此乘 2 以后结果仍然是 0。因此在立即窗口里显示的总的结果（过程 AddM 与 DoubleM 交替执行的结果）为：1　0　2　0　3　0…

（3）全局范围

在标准模块的"通用-声明"区使用 Public 或 Global 声明的变量叫做全局变量。全局变量可以被所有模块的所有过程使用。正是因为全局变量对于所有模块的所有过程都是透明的，任何一个过程都可以引用或改变它的值，因此使用全局变量应该更加谨慎。全局变量的生命周期是整个数据库应用程序，当变量所在的数据库被打开时，全局变量的生命周期开始，只有当变量所在的数据库关闭或 Access 退出时，全局变量的生命周期才结束。

5．数组

在实际应用中，常常需要处理同一类型的一组数据。例如要保存并比较 80 个学生的身高，按照以前学过的知识去定义 80 个变量是不现实的，而且真正使用起来也会使问题变得更加复杂。这时数组的优势就体现出来了。

数组就是把有限个类型相同的变量用一个名字命名，然后用编号来区分这些变量的集合。例如：数组 L（80）。在使用数组的过程中，涉及到的一些相关概念有：

◆　数组名：即整个数组使用的名称，例如数组 L(80) 的数组名就是 L。

◆　数据元素：组成数组的各个变量称为数组的元素。

◆　数组下标：一个数组中包含多个数组元素，它们都有着同样的名称即数组名。我们为每个数组元素分配唯一的编号，用来区别每一个数组元素。这些编号称为数组下标。

◆　下标下界：数组下标的最小值称为下标下界。

◆　下标上界：数组下标的最大值称为下标上界。

◆　数组维数：数组的下标个数,如 a(2)(4)(3) 就是 3 维数组。

这个名字称为数组名，编号称为下标。例如，80 个学生的身高就可以用一个数组 L 来保存。其中 L(5)、L(38)…分别代表不同学生的身高。更为灵活的是，数组下标是支持变量或表达式的，如 L(m)，则 m 等于几，L(m) 指的就是哪个学生的身高。从这个方面来看，数组看起来和代数里的数列及其通项极其相似。

（1）一维数组

定义一维数组的一般格式如下：

Dim 数组名(上界)As 类型名

例如：

```
Dim X(5) As Integer
```

默认地，数组下标是从 0 开始的。

上面定义的数组有 6 个元素，分别是 X(0)、X(1)、…X(5)，这些元素的数据类型均为 Integer 整型。有时候，定义数组的下标从一个非 0 的值开始，这时可以使用下面的格式来定义数组：

Dim 数组名(下界 to 上界) As 类型名

例如语句：

```
Dim W(-2 to 5) As String
```

定义了一个由 8 个字符串元素（W(-2)、W(-1) 、W(0)…W(5)）组成的数组。

（2）多维数组

有些复杂的问题使用一维数组不能解决，如要处理某年级 m 个班、每班 n 名同学的身高数据时，就应该使用二维数组 L(1 to m,1 to n)。如果问题继续复杂下去，要处理某学校 k 个年级，每个年级 m 个班，每班 n 名同学的身高数据时，就应该使用三维数组 L(1 to k,1 to m,1 to n)。若考虑 x 个学校……则数组维度继续升高，这样的具有多个维度的数组就是多维数组。

由前面的叙述可知，多维数组的定义方法与一维数组类似，就是在数组下标中加入多个数值，并以逗号分开。格式如下：

Dim 数组名([下界 to] 上界,[下界 to] 上界…) As 类型名

如语句 Dim N(3, 2 to 5 ,7)定义了一个由 4*4*8=128 个变体型元素组成的三维数组。

（3）动态数组

数组到底应该有多大才合适，有时可能不得而知。所以希望能够在运行时具有改变数组大小的能力。动态数组就可以在任何时候改变大小。在 VBA 中，动态数组最灵活、最方便，有助于更加有效地管理内存。例如，可暂时使用一个大数组，然后，在不使用这个数组时，将内存空间释放给系统。如果不使用动态数组，就得声明一个数组，它的大小尽可能达到最大，然后再抹去那些不必要的元素。但是，如果过度使用这种方法，会导致内存的浪费和操作变慢。

动态数组是指在声明时没有确定数组大小的数组，即忽略圆括号中的下标。当要用它时，可随时用 ReDim 语句重新指出数组的大小。使用动态数组的优点是可以根据用户需要来指定数据的大小，从而有效利用存储空间。

下面举例说明动态数组的创建方法：

```
Dim NewArray() As Long          '定义动态数组
    …
ReDim NewArray( 8)              '分配数组空间大小为 9 个元素

…
ReDim NewArray(15)             '扩展数组，分配数组空间大小为 16 个元素
…
```

使用动态数组时，需要注意以下几个方面：

① 定义（Dim）数组时只定义类型，不定义大小；

② 分配数组空间（ReDim）时只改变数组大小，不改变数组类型；

③ 动态数组只有在用 ReDim 语句分配数组空间后才可以对数组元素进行赋值或引用；

④ ReDim 语句只能用在过程内部。

每次执行 ReDim 语句时，当前存储在数组中的值都会全部丢失。VBA 会重新将数组元素的值设置为对应数据类型的默认值。如果希望改变数组大小又不丢失数组中的数据，可以在 ReDim 关键字的后面加上一个 Preserve 保留字。如上例中若把 ReDim NewArray(15) 语句改成 ReDim Preserve NewArray(15)，则会在扩展数组的同时保留原来数组中 9 个元素的值。

　　　　若在 VBA 模块的【通用】-【声明】部分使用了"Option Base 1"语句，则可以将数组的默认下标下限由 0 改为 1，即数组下标从 1 开始。

6. 数据库对象变量

Access 建立的数据库对象及其属性，也可以象 VBA 程序代码中的变量及其指定的值那样来引用。例如，Access 中窗体与报表对象的引用格式为：

`Forms!窗体名称!控件名称[.属性名称]`

或

`Reports!报表名称!控件名称[.属性名称]`

保留字 Forms 或 Reports 分别表示窗体或报表对象集合。分隔开窗体名称、对象名称和控件名称的是感叹号"!"，代表着一种隶属关系。"属性名称"部分缺省，则为控件的默认属性。

　　　　如果对象名称中含有空格或标点符号，就要用方括号把名称括起来。

下面举例说明含有登录用户权限信息的文本框操作：

`Forms!用户登录!权限="管理员"`

`Forms! 用户登录![权 限]="一般用户"　　'对象名含空格时用[]`

8.4.4　运算符与表达式

1. 运算符

在 VBA 编程语言中，各种形式的运算和处理要通过运算符来完成。根据运算的不同，运算符可以分成 4 种基本类型：算术运算符、关系运算符、逻辑运算符和连接运算符。

（1）算术运算符

算术运算符用于进行算术运算，主要有加法(+)、减法(-)、求模 (Mod)、求商(\)、乘法(*)、除法(/)、乘幂(^)7 个运算符。

除加法(+)、减法(-)、乘法(*)、除法(/)、乘幂(^)等运算外，对其他两种运算符说明如下：

① 求商(\)运算也叫整数除法运算，用来对两个数作除法并返回一个商的整数部分。其操作数（被除数与除数）一般是整数，若为小数时，先舍入成整数后再运算。这里的舍入规则采用"四舍六入五成双"的原则，即尾数是 4 以下舍去，6 以上进位，如果是 5 的话，前一位为偶数就舍去，前一位为奇数就进位，保证取舍之后的末尾是偶数。

例如 5\2、15\4、−7.8\1.5、−7.8\2.5、−7.8\2.6 的结果分别是 2、3、−4、−4、−2。

② 求模运算（Mod）用来求余数。如果操作数是小数，舍入成整数后再求余。余数是带符号的，并始终与被除数的符号相同。例如 5 mod 2、15 mod 4、−7.8 mod 1.5、−7.8 mod 2.5、−7.8 mod 2.6、−7.8 mod −2.6 的结果分别是 1、3、0、0、−2、−2。

（2）关系运算符

关系运算用来表示两个或多个值或表达式之间的大小关系，有大于（>）、小于（<）、等于（=）、大于等于（>=）、小于等于（<=）和不等于（<>）6 个运算符。

运用上述 6 个比较运算符可以对两个操作数进行大小比较。比较运算的结果为逻辑值 True 或 False，依据比较结果判定。

例如 5 > 4 的结果为 True、#2013-5-1# < #2008-8-8# 的结果为 False，而语句

```
Debug.Print (15 Mod 3) = 0, "张三" < "张三丰", True > False, "True" >= "False"
```

的结果是在立即窗口显示 True   True   False   True。

（3）逻辑运算符

逻辑运算指的是逻辑值（True 或 False）之间的运算。逻辑运算经常被用来进行复杂的逻辑分析与判断，常用的逻辑运算包括与(And)、或(Or)和非(Not) 3 种基本运算。如果我们用 0 来表示 False，用 1 来表示 True 的话，3 种基本逻辑运算的规则如表 8.2 所示。

表 8.2　　　　　　　　　　　　　　逻辑运算规则

A	B	A And B	A Or B	Not A
0	0	0	0	1
0	1	0	1	1
1	0	0	1	0
1	1	1	1	0

与运算又叫逻辑乘法，只有当参与运算的逻辑变量都同时取值为 1 (True)时，其结果才等于 1（True）。只要参与运算的逻辑变量中有一个值为 0 (False)，则其结果必为 0 (False)。

或运算又叫逻辑加法，只要参与运算的逻辑变量中有一个值为 1 (True)时，其结果必为 1（True）。只有当参与运算的逻辑变量都同时取值为 0 (False)，则其结果才等于 0 (False)。

非运算又叫逻辑否定，作用是将参与运算的逻辑变量取反，即真变成假，假变成真。

在 VBA 编程中，逻辑值和逻辑表达式通常用来进行条件判断，如 Age>20   And   Not Salary < 3000 表示年龄大于 20 岁且工资不低于 3000 的情况。但有时也用来改变某种逻辑状态，如 Command1.Visible = Not Command1.Visible 用来改变命令按钮 Command1 的可见性，使其在显示/隐藏两种状态间切换。

（4）连接运算符

字符串连接运算符具有连接字符串的功能。有 "&" 和 "+" 两个运算符。

"&" 用来强制两个表达式进行字符串连接，而不管其原来是不是字符串。例如 200 &"600" 的运算结果是字符串 "200600"。

"+" 也具有连接字符串的功能，但它首先是算术运算符。只有当 "+" 两边的操作数都是字符串的时候才进行字符串连接运算，只要有一个操作数是数值或数值表达式，它就进行算术运算，运算的结果或者为数值，或者报错。

比较下列语句的执行结果：

```
Debug.Print "200" + "600"        '两个操作数都是字符串，此时"+"做连接运算,结果是字符串
Debug.Print 200 + "600"          '第一操作数是数值，此时"+"做算术运算,结果是数值
Debug.Print "200" + 600          '第二操作数是数值，此时"+"做算术运算,结果是数值
Debug.Print 200 + "600ABC"       '第一操作数是数值，此时"+"做算术运算，但第二操作数不是数值，
```
结果报错："类型不匹配"

2. 表达式

将常量、变量、函数等用上述运算符连接在一起构成的算式就是表达式。

当一个表达式由多个运算符连接在一起时,运算进行的先后顺序是由运算符的优先级决定的。优先级高的运算先进行,优先级相同的运算按照从左向右的顺序进行。VBA 中常用运算符的优先级划分如表 8.3 所示。

表 8.3   运算符的优先级

优 先 级	高 ←———————————————————————————————— 低			
	算术运算符	连接运算符	关系运算符	逻辑运算符
高 ↑　低	^ (乘幂)		= (等于)	
	− (负)		<> (不等于)	Not(非)
	*、/(乘、除)	&(强制连接)	< (小于)	And(与)
	\ (整除)	+(连接)	> (大于)	
	Mod (求模)		<=(小于等于)	
	+、−(加、减)		>=(大于等于)	Or (或)

若一个表达式中包含多种运算,要按如下的顺序求值:

(1)圆括号是级别最高的运算符,所以括号内的运算总是优先于括号外的运算。可以用括号改变优先顺序,强制使表达式的某些部分优先运行。

(2)不同类别的运算符之间,优先级从高到低的顺序依次是算术运算符→连接运算符→关系运算符→逻辑运算符。

(3)同类运算符之间,如算术运算符、逻辑运算符,要严格按表 8.3 所列的纵向顺序由高到低进行计算。

(4)级别相同的运算符之间,按照从左至右的顺序依次进行计算。

(5)若表达式中有函数,应先对函数求值再进行表达式的计算。

例如:表达式 89- 6*4 - 49 mod 10 +(97>71)相当于 89 - (6*4) - (49 mod 10) + (97>71) = 89-24-9+(-1),结果为 55。表达式 3*3\3/3 相当于(3*3)\(3/3),结果为 9。

8.4.5　常用函数

在 VBA 中,除创建模块时可以定义子过程与函数过程完成特定功能外,又提供了近百个内置的标准函数。可以方便地完成许多操作。

标准函数一般用于赋值语句或表达式中,使用形式如下:

函数名([参数 1][,参数 2][,参数 3][,参数 4][,参数 5]...)

其中,函数名必不可少,函数的参数放在函数名后的圆括号中,参数可以是常量、变量、函数或表达式,可以有一个或多个,少数函数为无参函数。如果有多个参数,参数之间用英文逗号隔开,最后一个参数后面不加逗号。每个函数被调用时,都会返回一个结果,称为返回值。需要指出的是:函数的参数和返回值都有特定的数据类型对应。常用函数请参见附录 A。下面分类介绍一些常用标准函数的使用。

1. 算术函数

算术函数完成数学计算功能。主要包括以下算术函数:

(1)Abs(<表达式>):返回数值表达式的绝对值。如 Abs(-3) =3。

（2）Int（<数值表达式>）：向下取整，返回不大于参数值的最大的整数。

（3）Fix（<数值表达式>）：返回参数表达式的整数部分。

上面的 Int 和 Fix 函数当参数为正值时，结果相同；当参数为负时结果可能不同。Int 返回小于等于参数值的第一个负数，而 Fix 返回大于等于参数值的第一个负数。

例如：Int(5.8)=5，Fix(5.8)=3 但 Int(5.8)= -6，Fix(-5.8)= -5。

（4）Round(<数值表达式>[, <表达式>])：四舍五入函数。

按照指定的小数位数进入四舍五入运算的结果。[<表达式>]是进入四舍五入运算小数点右边应保留的位数，该参数如果省略则默认为 0，仅保留整数部分。

例如：Round(3.1415,1)= 3.1；Round(3.1415,2)=3.14； Round(3.754, 2)= 3.75；Round(3.754, 0)= 4。

（5）Sqr(<数值表达式>)：开平方函数，计算数值表达式的平方根。例如：Sqr(25)= 5。

（6）Sgn(<数值表达式>)：符号函数，计算数值表达式的符号。表达式的值为正数返回 1，表达式的值为负数返回-1，表达式的值等于 0 返回 0。

（7）Rnd(<数值表达式>)或 Rnd：随机数函数。

它产生一个大于等于 0，但小于 1 的随机数。

实际操作时，先要使用无参数的 Randomize 语句来根据系统时间初始化随机数种子，以产生不同的随机数序列。

例如：

```
Randomize
A=Int(100*Rnd)                      ' 产生[0, 99]的随机整数
A=Int(101*Rnd)                      ' 产生[0,100]的随机整数
A=Int(100*Rnd+1)                    ' 产生[1,100]的随机整数
A=Int(100+200*Rnd)                  ' 产生[100, 299]的随机整数
A=Int(100 +201*Rnd)                 ' 产生[100 , 300]的随机整数
```

若要获得任意区间[a,b]内的一个随机数，则可以用函数 Int(a+(b-a+1)*Rnd)来生成，当然写成 a+Int((b-a+1)*Rnd)也是正确的。

2. 字符串函数

（1）InStr([起始位置,] <源字符串>,<子字符串> [,比较方式]) ：查找字符串。

InStr 函数用来在源字符串中查找一个子字符串。函数返回一个整型数，代表子字符串在源字符串中首次出现的位置。

起始位置参数可省略。如省略，从第一个字符开始查找。

比较方式参数指定字符串比较的方法，值可以为 1、2 和 0。该参数不同取值对应的功能如下：

◆ 参数若省略，则默认指定为 0，做二进制比较（区分大小写）。

◆ 指定为 1 时，做不区分大小写的文本比较。

◆ 指定为 2 时，做基于数据库中包含信息的比较。

如果源字符串长度为 0，或子字符串找不到，则 InStr 返回 0。如果子字符串长度为 0，则 InStr 返回起始位置参数的值。

【例 8.11】 字符串查找示例。

```
str1 = "98765"
str2 = "65"
```

```
s = InStr(strl ,str2)              ' str2 是从 str1 的第 4 个字符开始的, 因此返回 4
s = InStr(3, "aSsiAB", "a",1)      ' 返回 5。从第三个字符 s 开始, 字符 A 在第 5 个字符的位置
```

（2）Len(<字符串表达式>或<变量名>)：求字符串长度。

返回字符串所包含字符的个数。

例如：

```
Dim I,str As String * 8
str = "123"
i = 12
lenl = Len("12345")              ' 返回 5
len2 = Len(12)                   ' 参数不是字符串, 出错
len3 = Len(i)                    ' i 是变体型变量, 在本句中作为字符串代入函数求值, 返回 2
len4 = Len("天气晴朗")           ' 返回 4
len4 = Len(str)                  ' str 为定长字符串, 返回其定义长度 8
```

定长字符串变量的长度是定义变量时指定的长度，和字符串实际值无关。

（3）字符串截取函数

Left(<字符串表达式>,<N>)：从字符串左边起截取 N 个字符。

Right(<字符串表达式>,<N>)：从字符串右边起截取 N 个字符。

Mid(<字符串表达式>,<N1> [,N2])：从字符串左边第 N1 个字符起截取 N2 个字符。

对于 Left 函数和 Right 函数，如果 N 值为 0，返回零长度字符串。如果大于等于字符串的字符数，则返回整个字符串。对于 Mid 函数，如果 N1 值大于字符串的字符数，返回零长度字符串。如果省略 N2，返回字符串中左边起 N1 个字符开始到字符串结尾的所有字符。

【例 8.12】　字符串截取示例。

```
strl = "Hello,World"
str2 = "计算机等级考试"
str = Left(strl,4)       ' 返回 "Hell"
str = Left(str2,3 )      ' 返回 "计算机"
str = Right(strl,2 )     ' 返回 "ld"
str = Right(str2,2 )     ' 返回 "考试"
str = Mid(strl,5,4)      ' 返回 "o,Wo"
str = Mid(str2,1,3 )     ' 返回 "计算机"
str = Mid(str2, 5)       ' 返回 "级考试"
```

（4）大小写转换函数

Ucase(<字符串表达式>)：将字符串中小写字母转换成大写，其他字符不变。

Lcase(<字符串表达式>)：将字符串中大写字母转换成小写，其他字符不变。

【例 8.13】　大小写转换示例

```
strl = Ucase("Tom Have 3 Apples.")    ' 返回 "TOM have 3 Apples."
 str2 = Lcase("英语 CET4")             ' 返回 "英语 cet4"
```

若只想比较两个字符串的文字内容而不考虑其大小写情况，一种简单的方法就是将要比较的两个字符串都转换成大写或小写状态后再进行比较。如 "Han Meimei" 与 "HAN MeiMei" 直接比较不相等，但如果将两个字符串都转换成大写后，Ucase（"Han Meimei"）与 Ucase（"HAN MeiMei"）是相等

的，其结果都是"HAN MEIMEI"，则可以说明两个字符串内容是一致的，仅存在大小写上的差异。

（5）删除空格函数

LTrim(<字符串表达式>)：删除字符串的左侧空格。

Rtrim(<字符串表达式>)：删除字符串的右侧空格。

Trim(<字符串表达式>)：删除字符串的左侧和右侧的空格，但对字符串中间的空格不做任何处理。

一般用这三个函数来去掉字符串中多余的空格。

【例 8.14】 删除空格函数的应用

```
str = "    He said so.        "
str1 = Ltrim(str)                '返回"He said so.        "
str2 = Rtrim(str)                '返回"    He said so."
str3 = Trim(str)                 '返回"He said so."
```

（6）Space(<数值表达式>)：生成空格字符串。

返回由数值表达式的值指定空格个数的字符串。

如语句 strl = Space(3)返回 3 个空格组成的字符串。

3.日期/时间函数

日期/时间函数的功能是处理日期和时间。主要包括以下函数：

（1）获取系统日期和时间函数

Date( )：返回当前系统日期。

Time( )：返回当前系统时间。

Now( )：返回当前系统日期和时间。

【例 8.15】 获取系统日期和时间

```
D = Date()  '返回系统日期，如 2013-06-05
T = Time()  '返回系统时间，如 11:45:05
DT = Now()  '返回系统日期和时间，如 2013-06-05 11:45:05
```

（2）截取日期分量函数

Year(<表达式>)：返回日期表达式年份的整数。

Month(<表达式>)：返回日期表达式月份的整数。

Day(<表达式>)：返回日期表达式日期的整数。

Weekday (<表达式>[,W])：返回 1-7 的整数，表示星期几。

Weekday 函数中，返回的星期值见表 8.4 所示。

表 8.4　　　　　　　　　　　星期常数

VBA 常数	值	描　述
vbSunday	1	星期日(默认)
vbMonday	2	星期一
vbTuesday	3	星期二
vbWednesday	4	星期三
vbThursday	5	星期四
vbFriday	6	星期五
vbSaturday	7	星期六

【例 8.16】 日期分量函数示例

```
D = #2013-8-26#
YY = Year( D)              '返回 2013
```

```
MM = Month(D)                      ' 返回 8
DD = Day( D)                       ' 返回 26
WD = Weekday(D)                    ' 返回 2，因 2013-8-26 为星期一
```

（3）截取时间分量函数

Hour(<表达式>)：返回时间表达式的小时数（0-23）。

Minute(<表达式>)：返回时间表达式的分钟数（0-59）

Second(<表达式>)：返回时间表达式的秒数（0-59）。

【例 8.17】　时间分量函数示例

```
T = #13:59:42#
HH = Hours(T)                      ' 返回 13
MM = Minute(T)                     ' 返回 59
SS = Second(T)                     ' 返回 42
```

（4）日期/时间增减函数

DateAdd(<间隔类型>，<间隔值>，<表达式>)：对表达式表示的日期/时间按照间隔类型加上或减去指定的时间间隔值。

注意

间隔类型参数表示时间间隔，为一个字符串，其设定值如表 8.5 所示。间隔值参数表示时间间隔的数目，数值可以为正数（得到未来的日期）或负数（得到过去的日期）。

表 8.5　　　　　　　　　　　　　　"间隔类型"参数字符串设定值

设　　置	描　　述
yyyy	年
q	季度
m	月
d	日
ww	周
h	小时
n	分钟
s	秒

【例 8.18】　日期/时间增减函数示例

```
D = #2012-2-29 10:40:11#
D1 = DateAdd("yyyy",3,D)           ' 返回#2015-2-28 10:40:11#，日期加 3 年
D2 = DateAdd ("q",1,D)             ' 返回#2012-5-29 10:40:11#，日期加 1 季度
D3 = DateAdd("m",-2,D)             ' 返回#2011-12-29 10:40:11#，日期减 2 月
D4 = DateAdd("d",3 ,D)             ' 返回#2012-3-3 10:40:11#，日期加 3 日
D5 = DateAdd("ww",2 ,D)            ' 返回#2012-3-14 10:40:11 #，日期加 2 周
D6 = DateAdd("n",-150,D)           ' 返回#2012-2-29 8:10:11#，日期减 150 分钟
```

（5）日期组合函数——DateSerial( )

DateSerial(表达式 1, 表达式 2, 表达式 3)：返回由表达式 1 值作为年、表达式 2 值作为月、表达式 3 值作为日而组成的日期值。

DateSerial 具有自动进位功能，即当任何一个参数的取值超出可接受的范围时，它会适时进位到下一个较大的时间单位。例如，如果指定了 14 月，则被解释成一年加上多出来的 2 个月。

注意

若 DateSerial 的参数不是整型数，则舍入取整后再进行日期组合。舍入规则仍是"四舍六入五成双"。

【例 8.19】 日期组合函数示例

```
D = DateSerial(2012, 2, 29)        ' 返回#2012-2-29#
D= DateSerial(2012, 14, 29)        ' 返回#2013-3-1#
D = DateSerial(2013, 8 -2, 0)      ' 返回#2013-5-31#
D=DateSerial(12, 25 / 2 , 21)      ' 返回#2012-12-21#
D=DateSerial(Year([办证日期]),4,1)   '返回"办证日期"字段当年的 4 月 1 日
```

4. 条件选择函数

VBA 中提供了 IIF 函数、Switch 函数和 Choose 函数来实现条件选择的功能，其中比较常用的是 IIF 函数。其格式为：

IIF（表达式，真值，假值）

IIF 函数可以根据给定表达式值的真假，来返回"真值"参数或"假值"参数中指定的值。如执行语句 b=IIF(a>5, 15, 20)，则如果变量 a 的值大于 5，b 就被赋值成 15，否则 b 就被赋值成 20。

除此之外，VBA 中的 Choose 函数和 Switch 函数也可以根据指定条件返回不同的值，读者可查阅 VBA 语法手册来做进一步的了解。

5. 输入输出函数

（1）输入函数——InputBox( )

InputBox 函数功能是弹出一个输入框，在输入框中显示一些提示信息，等待用户输入文字并按下按钮，然后返回用户输入的文字。

InputBox 函数用法格式如下：

InputBox(提示信息[,标题] [,默认值] [,X 坐标,Y 坐标] [,帮助文件,帮助索引])

InputBox 函数各参数意义如表 8.6 所示。

表 8.6　　　　　　　　　　　　　　InputBox 函数各参数意义

参　数	描　　述
提示信息	必需的，作为提示文字出现的字符串表达式。若内容超过一行，则可在每行之间用回车换行符 Chr(13) & Chr(10)或 VBA 常量 vbCrLf 将各行分隔开来。
标题	可选的，显示在对话框标题栏中的字符串表达式。如果省略，则显示应用程序名（"Microsoft Access"）。
默认值	可选的，显示在文本框中的字符串表达式，在用户输入前作为缺省值。如果省略，则文本框为空。
X 坐标	可选的，数值表达式，指定对话框的左边与屏幕左边的水平距离。如果省略，则对话框会在水平方向居中。
Y 坐标	可选的，指定对话框的顶端与屏幕顶端的距离。如果省略，则对话框被放置在屏幕垂直方向距底端大约三分之一的位置。
帮助文件	可选的，字符串表达式，识别用来向对话框提供上下文相关帮助的帮助文件。如果提供了"帮助文件"参数，则也必须提供"帮助索引"参数。
帮助索引	可选的，数值表达式，由帮助文件的作者指定给适当的帮助主题的帮助上下文编号。如果提供了"帮助索引"参数，则也必须提供"帮助文件"参数。

如语句 a = InputBox("欢迎您" & vbCrLf & "请输入姓名：", "输入", "张三")执行后效果如图 8.15 所示：

如果用户单击"确定"按钮或按下回车键，则 InputBox 函数以字符串形式返回文本框中的内

容。如果用户单击"取消",则此函数返回一个长度为零的字符串("")。

（2）输出函数——MsgBox( )

MsgBox( )函数可以显示一个消息框，并将用户选择的按钮返回。语句格式为：

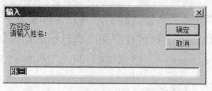

图 8.15　执行 InputBox 函数弹出输入框示例

MsgBox(提示信息 [,按钮组合] [,标题])

MsgBox 函数各参数意义如表 8.7 所示。

表 8.7　　　　　　　　　　　　　　　　MsgBox 函数各参数意义

参　　数	描　　述
提示信息	必须的，可以是常量、变量、函数或字符串表达式，如果内容超过一行，则可以在每行之间用回车换行符 Chr(13) & Chr(10) 或 VBA 常量 vbCrLf 将各行分隔开来
标题	可选的，作为消息框的标题，省略时则把"Microsoft Access"作为标题
按钮组合	可选的，用来显示按钮以及图标的样式

按钮组合如表 8.8 所示（默认为 0，即只有一个"确定"按钮且没有图标）。"按钮组合"参数可以使用系统常量，也可以使用数值，并允许组合取值。

表 8.8　　　　　　　　　　　　　　　　MsgBox 函数的按钮组合

	系 统 常 量	值	说　　明
按钮	vbOKOnly	0	只显示"确定"按钮
	vbOKCancel	1	显示"确定"和"取消"按钮
	vbAbortRetryIgnore	2	显示"终止""重试"和"忽略"按钮
	vbYesNoCancel	3	显示"是""否"和"取消"按钮
	vbYesNo	4	显示"是"和"否"按钮
	vbRetryCancel	5	显示"重试"和"取消"按钮
图标	vbCritical	16	显示"致命错误"图标(X)和"确定"按钮
	vbQuestion	32	显示"问号"图标(?)和"确定"按钮
	vbExclamation	48	显示"警告"图标(!)和"确定"按钮
	vbInformation	64	显示"信息"图标(i)和"确定"按钮

【例 8.20】　显示具有"确定"和"取消"两个按钮及问号图标的对话框，询问用户是否退出程序。

有两种方法

```
a=MsgBox("确定要退出吗?",vbOKCancel+vbQuestion,"示例")  '使用系统常量
```

或

```
a=MsgBox("确定要退出吗?",1+32,"示例")                   '使用系统常量的值
```

则消息框标题为"示例"，并显示问号图标和"确定要退出吗?"提示文字，以及"确定"和"取消"按钮。一般将消息框函数的返回值保存在某个变量中，如本例中的 a。这样当用户单击了某个按钮时，VBA 会把该按钮所对应的整数值保存在变量 a 里。

执行消息框函数时，不同按钮对应的不同的返回值如表 8.9 所示。可以根据这个返回值作出判断，本例中，如果 a 的值为 vbCancel（或 2）则代表用户单击了"取消"按钮。

有些时候希望显示一些信息给用户，而无需用户去做出选择。这时只需要在消息框中放一个

"确定"按钮就够了，而且这种情况下也无需关心消息框的返回值（因为按钮只有一个）。此时可以把消息框函数简化成消息框语句，如：

```
MsgBox "登录成功！"        '显示一个只有"确定"按钮、只有消息没有图标的消息框
```

表 8.9   MsgBox 函数的返回值

被单击的按钮	返回值	系统常量
确定	1	vbOK
取消	2	vbCancel
终止	3	vbAbort
重试	4	vbRetry
忽略	5	vbIgnore
是	6	vbYes
否	7	vbNo

8.4.6　数据类型之间的转换

不同类型的数据分类存储可以给程序带来方便、快捷，但也带来了编程的复杂度。VBA 中针对不同的数据类型有不同的运算规则和处理方式。当不同类型的数据混合在一个表达式中进行运算时，虽然 VBA 可以尽量自动地转换类型，但为了保证程序运行的可靠以及运算的方便，经常需要进行数据类型的判断及转换，而这些功能同样可以通过 VBA 内部函数来完成。

1. 类型判断函数

（1）IsNumeric(<表达式>)：判断表达式是否是数值，如果是，则返回 True，否则返回 False。

VBA 中，IsNumeric()函数的实际作用是判断参数表达式是否是数值，而这个所谓的"数值"不仅仅包含普通的数字，还包括如下情况：

- 前后包含空格的数值字符串，如"　　2.7　　"。
- 科学计数法表达式，如"2e7"和"2d7"（但不包括"2e7.5"、"2d7.5"的情况）。
- 十六进制数，如"&H0A"和八进制数，如"&6"。
- 当前区域下设置的货币金额表达式，如"￥12.44"。
- 加圆括号的数字，如"(34)"。
- 显式指定正负的数字，如"+2.1"和"-2.1"。
- 含有逗号的数字字符串，如"12,25,38"。

（2）IsDate(<表达式>)：判断表达式是否可被转换为日期。如果表达式是日期，或可被转换为日期，则返回 True。否则返回 False。

如：IsDate (" 2013-5-1") 返回 True，而 IsDate ("2013-5.3-1")返回 False。IsDate(#11/11/11#)返回 True，而 IsDate("#11/11/11#")返回 False。IsDate("April 22, 2013")返回 True，IsDate("Hello")返回 False。

（3）IsNull(<表达式>)：判断参数表达式是否为空（不包含任何有效数据），若是，返回 True，否则返回 False。

2. 类型转换函数

类型转换函数的功能是将数据类型转换成指定数据类型，以便计算机能够更有效地处理数据。下面介绍一些常用的类型转换函数。

（1）Asc(<字符串表达式>)：字符串转 ASCII 码。

返回字符串首字符的 ASCII 值(整型)。例如：i= Asc("China")，返回 67

（2）Chr(<ASCII 码>)：ASCII 码转字符串

返回与指定 ASCII 码对应的字符。例如：s = Chr(99)，返回小写字母 c；s = Chr(13)，返回回车符；s = Chr(10)，返回换行符。

（3）Str(<数值表达式>)：数值转换成字符串。

将数值表达式值转换成字符串，正数前头保留一个空格，负数前头保留负号。

例如：s = Str(99)　　　　　　　　' 返回 " 99"，有一前导空格

　　　s = Str(-6)　　　　　　　　' 返回 "-6"

（4）Val（<字符串表达式>）：字符串转换成数值。

将数字字符串转换成数值型数字。

　　数字字符串转换成数值型数字时可自动将字符串中的空格、制表符去掉，当遇到它不能识别为数字的第一个字符时，停止读入字符串。

例如：

```
s = Val("016")                ' 返回 16
s = Val("-016AB321")          ' 返回-16
s = Val("45+5")               ' 返回 45
s = Val("1    19    .75")     ' 返回 119.75
s = Val("119.75.217.56")      ' 返回 119.75
s = Val("45%")                ' 返回 45
```

（5）DateValue（<字符串表达式>）：字符串转换成日期。

DateValue 函数用来将字符串转换为日期值。例如：D=DateValue("February 29，2012")，返回 #2012-2-29#。

（6）NZ(表达式[，规定值])：空值处理函数，若 "表达式" 参数为空值（Null）则返回规定值。

在 VBA 编程时经常遇到处理数据的空值问题，NZ 函数的作用是将可能的空值替换成指定的值。

当省略 "规定值" 参数时，如果 "表达式" 为数值型且值为 Null，NZ 函数返回 0；如果 "表达式" 为字符型且值为 Null，NZ 函数返回空字符串（""）。当 "规定值" 参数存在时，该参数能够返回一个由该参数指定的值。

这个函数是非常有用的，因为在 Access 中空值是不被处理的，假设在 VBA 中有下面一段程序：A=8：B=Null ：C=A+B，其结果 C 等于 Null，这显然不是想要的结果，如果改成 C=NZ(A)+NZ(B)，则其结果为 8，符合预期结果。

又如 H=NZ(status,"未输入")，则若 status 变量有值，则 H=status，否则若 status 为空，则 H= "未输入"。

8.5　VBA 程序的流程控制

结构化程序设计的基本控制结构有 3 种：顺序结构、选择结构和循环结构。

8.5.1　顺序结构

顺序结构就是按照语句的书写顺序从上到下、逐条语句地执行。执行时，排在前面的代码先执行，排在后面的代码后执行，执行过程中没有任何分支。顺序结构是最普遍的结构形式，也是选择结构和循环结构的基础。

【例 8.21】　已知某同学语文、外语、数学的成绩分别是 90、95、91，在立即窗口打印出他的总分和平均分（保留小数点后 2 位）。

实现上述功能的程序如下所示：

```
Public Sub Score( )
Dim Chinese As Integer, Eng As Integer, Math As Integer
Dim AvgScore As Integer, AllScore As Integer
Chinese = 90 : Eng = 95 :  Math = 85
AllScore = Chinese + Eng + Math
AvgScore = AllScore / 3
Debug.Print "平均分是: " & AvgScore & vbCrLf & "总分是: " & AllScore
End Sub
```

程序的执行流程如图 8.16 所示

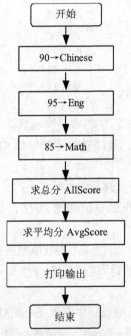

图 8.16　【例 8.21】程序执行流程

由上例可以看出，顺序结构的程序按照语句的书写顺序从上到下、逐条语句地执行。程序没有任何分支，每条语句均被执行一次。

顺序结构的程序虽然能解决计算、输出等问题，但不能在判断的基础上做出选择。对于要先做判断再选择的问题就要使用选择结构。

8.5.2　选择结构

选择结构也叫分支结构或判断结构，该结构对给定的条件进行判断，如果条件满足，则执行某一个分支，否则执行其他的分支或什么也不做。因此选择结构的执行是依据一定的条件选择执行路径，而不是严格按照语句出现的物理顺序。

选择结构适合于带有逻辑或关系比较等条件判断的计算，设计这类程序时往往都要先绘制其程序流程图，然后根据程序流程写出源程序，这样做把程序设计分析与语言分开，使得问题简单化，易于理解。

1. If 语句

（1）单分支 If 语句

单分支 If 语句的语法格式为：

```
If   条件表达式 Then
          <语句块>
End If
```

其功能为：当条件成立(即条件表达式的值为真)时，执行语句块，然后执行 End If 语句后面的一条语句；如果条件不成立，则不执行语句块，直接执行 End IF 语句后面的一条语句。

若语句块内只包含一条语句，则上述语句可简化成"If 条件表达式 Then 语句"的格式。

单分支 IF 语句的执行过程如图 8.17 所示：

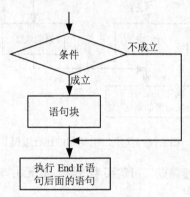

图 8.17　单分支 IF 语句的执行过程

【例 8.22 】　输入一个数，判断其是否为奇数，如果是，显示"你输入了一个奇数"消息框，并将统计奇数个数的变量 Count 加 1。

程序代码如下：

```
Dim Count As Integer            '计数用的模块级变量，在"通用"-"声明"部分声明
Public Sub Odd()
     Dim n As Integer
     n = Val(InputBox("请输入一个小于 32767 的正数", "输入")) ' Integer 型的最大值
     If  n  Mod 2 <> 0 Then
         MsgBox "你输入了一个奇数"
         Count = Count + 1
         MsgBox "到目前为止，你已经输入了" & Count & "个奇数。"
     End If
End Sub
```

（2）双分支 If 语句

前面讲到的单分支 If 语句用于根据给定条件做出相应的处理，而条件不成立的时候什么也不做。当需要对条件成立的情况和条件不成立的情况分别进行处理时，单分支 If 语句就不能满足上

述要求。这时就需要使用双分支 If 语句。

双分支 If 语句的语法格式为：

```
If  条件表达式 Then
        <语句块 1>
Else
        <语句块 2>
End If
```

其功能为：当条件成立时，执行语句块 1，如果条件不成立，则执行语句块 2。然后执行 End If 语句下面的语句。

若语句块 1 和语句块 2 内各自只包含一条语句，则上述语句可简化成"If 条件表达式 Then 语句 1 Else 语句 2"的格式。

双分支 IF 语句的执行过程如图 8.18 所示：

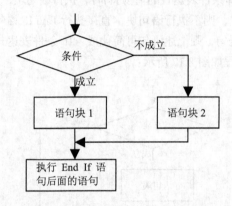

图 8.18 双分支 IF 语句的执行过程

【例 8.23】 某影城规定：逢星期二可购买半价票（30 元），其他时间需购买全价票（60 元）。请编写程序计算当日票价。

程序代码如下：

```
Public SubTicket()
        Dim Price As Integer
    If Weekday(Date( )) = vbTuesday Then
       Price = 30
    Else
       Price = 60
    End If
    MsgBox "今日票价: " & Price & "元。"
End Sub
```

（3）多分支 If 语句

在现实生活中，有些问题比较复杂，必须判定多个条件以便决定执行什么操作。在这种情况下就要使用多分支 If 语句。

多分支 If 语句的语法格式如下：

```
If  条件1  Then
语句块1
ElseIf  条件2  Then      '注意 Else 和 If 是写在一起的，中间没有空格
语句块2
```

```
[ ElseIf  条件 3  Then
语句块 3 ]
…
[ Else                    ' 最后一个 Else 没有 If, 表示以上条件均不满足时的情况
语句块 n+1 ]
End If
```

多分支 If 语句的执行过程如图 8.19 所示。

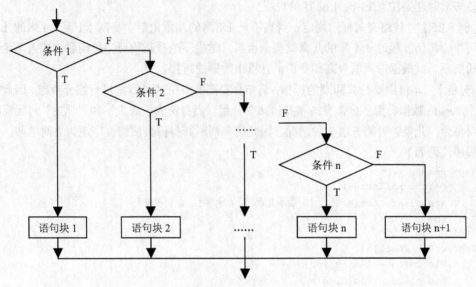

图 8.19　多分支 If 语句的执行过程

【例 8.24 】　根据考试的百分制成绩输出其对应的等级（优秀、良好、中等、合格、不合格）。
程序代码如下：

```
Pub/lic Sub Grade2( )
    Dim score As Single, grade As String
    score = Val(InputBox("请输人考试成绩: "))
    If score >= 90 And score <= 100 Then
         grade = "优秀"
    ElseIf score >= 80 Then
         grade = "良好"
    ElseIf score >= 70 Then
         grade = "中等"
    ElseIf score >= 60 Then
         grade = "合格"
    ElseIf  score >=0  And score < 60 Then        ' 分数小于 60
         grade = "不合格"
    Else
         grade = "输人了无效的数据! "
    End If
    MsgBox  grade
End Sub
```

从多分支 If 语句的执行过程的流程图可以看出：程序是按照条件表达式的书写顺序来进行判
断并选择分支的。一旦选择了某一分支执行，即使仍然满足后面的其他条件，也不会再去执行那

些条件对应的分支，而是执行完当前分支后就转而执行 End If 语句后面的内容。如【例 8.24】中的 score=95 时，仅从条件表达式来看，前 4 个条件都是成立的，但程序会选择最先匹配上的分支（即 score >= 90　And score <= 100 所对应的分支）去执行而忽略其他分支。

以上的 If 语句的语句块中仍然可以包含 If 语句以便进行更进一步的条件判断。当某条件语句的语句块中又包含了条件语句时，称之为嵌套的条件语句。条件语句的嵌套使得程序可以进行更加复杂的逻辑判断，但嵌套的层数不宜太多，一般不超过 3 层，否则会严重降低程序的可读性。在条件嵌套时还要注意 Else、End If 的对应。

【例 8.25】　铁路交通部门规定：身高不足 1.1 米的儿童免票。身高 1.1 至 1.4 米的儿童乘车时，可半价购票。超过 1.4 米的儿童就买全价票。学生不论身高均可半价购票，成人不论身高均需全价购票。试根据输入的身高和身份，计算出购票的折扣。

【分析】　本例中要计算购票的折扣，需结合身高和身份两种因素进行综合考虑。因此我们定义一个 Person 数据类型，包含身高和身份两个分量。当身份为"成人"和"学生"时无需考虑身高，身份为"儿童"时需考虑 3 种情况。因此优先判断其身份会使得程序逻辑更简单些。

程序代码如下：

```
Type Person
    height As Integer
    status As Integer      '0 表示儿童，1 表示学生，2 表示成人
End Type

Public Sub CheckIn()
    Dim Customer As Person
    Dim discount As Single        '折扣
    Dim h As Integer, r As Integer, s As String
    h = Val(InputBox("请输入顾客身高（厘米）"))
    If h > 230 Or h < 0 Then MsgBox "身高无效" Else Customer.height = h
    r = Val(InputBox("请输入顾客身份" & vbCrLf & "0-儿童；1-学生；2-成人", , 2))
    If Int(r) > 2 Or Int(r) < 0 Then MsgBox "身份无效" Else Customer.status = r
    With Customer
        If .status = 0 Then                              '儿童
            If .height < 110 Then
                s = "儿童"
                discount = 0
            ElseIf .height >= 110 And .height < 140 Then
                discount = 0.5
            Else                         '140cm 以上
                discount = 1
            End If
        ElseIf .status = 1 Then                          '学生
            s = "学生"
            discount = 0.5
        Else                                             '成人
            s = "成人"
            discount = 1
        End If
    End With
    MsgBox "顾客是身高" & Customer.height & "的" & s & "，享受的折扣为：" & discount
End Sub
```

当输入身高 130 公分，身份为 1 时，程序运行效果如图 8.20 所示。

图 8.20 【例 8.9】程序运行效果图

2. Select Case 语句

使用多分支 If 语句或条件嵌套的 If 语句虽然功能强大，但代码过于繁琐，从而给代码的阅读和理解带来困难。事实上，如果分支较多或嵌套超过 3 层时，可以考虑使用 Select Case 语句。

Select Case 语句的语法格式如下：

```
Select Case  条件表达式
       Case  值1,值2, … ,值i
                 语句块1
             [ Case  值i+1  To  值i+2
                         语句块2 ]
             [ Case  Is  关系运算符  值i+3
                         语句块3 ]
             ……
             [ Case Else
                          语句块n ]
       End Select
```

此语句的功能是，根据"条件表达式"的值，从多个分支中选择符合条件的一个分支执行。执行过程是，首先计算"条件表达式"的值，然后依次与每个 Case 后的值或条件进行匹配。如果找到，则执行相应的分支并退出；如果没有找到，则执行 Case Else 后的语句块 n 再退出。

【例 8.26】 输入一个月份，显示当月所在的季节。

代码如下：

```
Public Sub Season()
    Dim a As Integer
    a = Val(InputBox("请输入月份: "))
    Select Case a
        Case Is < 0, Is > 12
            MsgBox "输入无效"
        Case 1, 2, 3
            MsgBox "暖春" & a & "月"
        Case 2
            MsgBox "二月春风似剪刀"
        Case 4 To 6
            MsgBox "盛夏" & a & "月"
        Case 7 To 9
            MsgBox "金秋" & a & "月"
```

```
        Case Else
                MsgBox "严冬" & a & "月"
    End Select
End Sub
```

和多分支的 If 语句一样，Select Case 语句也是一旦选择了某一分支执行就不再考虑其他分支，当前分支执行完毕后就转而执行 End Select 语句后面的内容。在本例中，如果输入 2，则只显示"暖春 2 月"而不会显示"二月春风似剪刀"。

在逻辑条件非常复杂、需要进行多分支的选择时，针对不同应用场合，多分支 If 语句与 Select Case 语句在使用上各有千秋。Select Case 语句表达简单、条理清晰易于理解，但只适合于根据同一条件表达式的不同取值去选择不同分支的情况。而对于条件复杂且判断条件为不同的逻辑表达式时，Select Case 语句就显得无能为力了，这时最好的选择莫过于多分支的 If 语句。对于【例 8.27】的情况，因为条件表达式完全不同，因此只能采用多分支 If 语句的形式。

【例 8.27】 某用人单位招聘条件如下：若应聘者为男性且有三年以上的销售经验，则录用到销售部，若应聘者为女性且专业为中文，则录用到新闻部，其他情况不考虑录用。

则有关录用与否部分的程序代码如下（其他部分代码省略）：

```
If Sex = "男" And MarketingYears >= 3 Then
        MsgBox "录用到销售部"
ElseIf Sex = "女" And Major = "中文" Then
        MsgBox "录用到新闻部"
Else
        MsgBox "没有合适的职位"
End If
```

8.5.3　循环结构

除了顺序结构与选择结构以外，结构化程序的另外一种典型结构是循环结构。计算机的最大特点在于非常适合处理规律的、重复的操作。在程序中，凡是需要重复执行相同的操作步骤，都可以用循环结构（又叫做重复结构）来实现。当然，对计算机而言，一切循环都应该是有条件的。只有满足循环条件时程序才重复执行相应的代码，而一旦条件不满足就应该退出循环。否则程序就会陷入"死循环"，导致其他代码不能被执行。

VBA 中提供了两种类型的循环：计数循环和条件循环，分别使用 For … Next 语句和 Do … Loop 语句来实现。

1.For…Next 语句

For…Next 语句一般用于循环次数已知的情况。这种情况主要是根据已经执行了的循环次数判断是继续执行循环还是退出循环，因此这种循环方式也称为"计数循环"。在计数循环方式下，需要用到一个变量来记录循环次数，这个变量就称为循环变量。

For…Next 语句的一般格式如下：

```
For  循环变量=初值  To  终值 [Step 步长]
    …
    [If 条件表达式 Then
        …
        Exit For
```

```
End If]
…
Next [循环变量]
```

格式中各项的说明如下：

◆　循环变量：亦称为循环控制变量，必须为数值型，是循环能否得以继续执行的依据。

◆　初值、终值：都是数值型，可以是数值表达式。代表循环变量的初始值和终止值，当循环变量的取值超出终值时循环结束。

◆　步长：循环变量的增量，是一个数值表达式。一般来说，其值为正，初值应小于终值；若为负，初值应大于终值。但步长不能是 0。如果步长是 1，Step 1 可略去不写。

◆　循环体：在 For 语句和 Next 语句之间被重复执行的语句序列。

◆　Next 后面的循环变量与 For 语句中的循环变量必须相同，也可以省略不写。

◆　Exit For 语句一般与条件语句结合在一起，用来设置当符合某条件时强制退出循环（即使循环变量的取值未超出终值）。

For…Next 语句的执行过程如下：

（1）系统将初值赋给循环变量，并自动记下终值和步长。

（2）检查循环变量的值是否超过终值。如果超过终值就结束循环，执行 Next 后面的语句，否则，执行一次循环体。

（3）执行 Next 语句，将循环变量增加一个步长值再赋给循环变量，转到（2）继续执行。

以上执行过程用流程图描述，如图 8.21 所示。

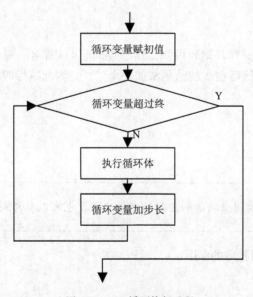

图 8.21　For 循环执行过程

如图 8.22，以小明上楼梯为例。假设每次上台阶的动作是相同的，那么他爬上一层楼梯的操作就可以看成是一个计数循环，其中循环的次数取决于这一层楼梯的台阶数。假设台阶数是 40，小明从第 3 级台阶开始每次上 2 个台阶，写成 For 循环语句就是：

```
For i=3 To 40 Step 2   '从第 3 阶开始上到第 40 阶，每步上 2 阶即步长为 2
    MoveLeg            '一次上台阶的动作
Next i                 '到下个台阶
```

在这个例子里,用来控制循环次数的循环变量就是i,可以根据i的取值决定是否继续循环下去。此外,在某一时刻也可以通过读取变量i的值来得知小明是在哪一层台阶,即循环执行到了哪一步。

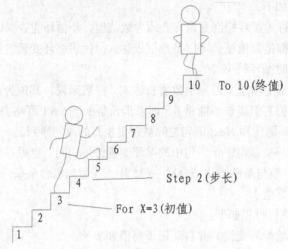

10 To 10(终值)
9
8
7
6
5 Step 2(步长)
4
3 For X=3(初值)
2
1

图 8.22 For 循环各子句示意图

【例 8.28】 判断下面的程序执行后的结果。
```
s = "*"
For i = 1 To 4
    Debug.Print s
    s = s & "*"
Next
```
【分析】 由程序中 For 循环语句可知,程序共执行 4 次循环,每次循环先在新的一行打印出字符串 s 的当前内容,然后在 s 的结尾添加一个 "*",因此执行四次循环后立即窗口打印的结果为:
```
*
**
***
****
```

循环变量不仅用来指示和控制循环的次数,也可以参与到程序的运算当中。

【例 8.29】 分析下面程序的作用:
```
s=0
For i = 1 To 36
    s = s + i
Next
Debug.Print s
```
【分析】 循环被执行 36 次,每次都把循环变量 i 的值加入到变量 s 里,因此 s 的最终取值是 s=1+2+3+…+36=666。程序结束时会在立即窗口输出 666。

【思考】 如果把 "Debug.Print s" 语句移动到循环体的最后一句,程序运行的结果会是怎样的?

除了 Next <循环变量>一句可以将循环变量加上步长值以外,有时也可以在循环体中修改循环变量的值,如:

```
For n = 1 To 8
    n = n + 2
Next
```

上面的代码因为循环变量 n 的值在循环体内被修改导致循环次数被减少到了 3 次，每次进入循环时，n 的值分别为 1、4、7。

【例 8.30】　水仙花数是指一个 n 位数（n≥3），它的每位上的数字的 n 次幂之和等于它本身（例如：1^3 + 5^3 + 3^3 = 153）。试编写程序求出所有的三位水仙花数。

【分析】　计算机在求解数学问题时，并不能像人类一样具有逆向思维的过程，而只能是在一定范围内将所有可能的数代入方程，如果某数代入方程后能使方程成立，则该数就是方程的一个解，然后再代入另一个数，直到所有可能的数都被代入方程。这种在有限范围内将所有可能的情况一一列举的求解方式叫做"穷举法"。

对于本例来说，既然是三位数，不妨从 100 到 999 逐个去测试一遍。其中数 n 的个位可以用 n mod 10 求得，百位可以用 n \ 100 求得，十位稍微复杂些，既可以是 n 除以 10 的商的个位（(n \ 10) Mod 10），也可以是 n 除以 100 的余数再除以 10 的商（(n mod 100) \10）。

程序代码如下：

```
Public Sub Narcissus ()
    Dim n As Integer
    Dim x As Integer, y As Integer, z As Integer    'x 个位, y 十位, z 百位
    For n = 100 To 999
      x = n Mod 10            '个位
      y = (n \ 10) Mod 10     '十位
      z = n \ 100             '百位
      If x^3+ y^3 + z^3 = n Then MsgBox n & "是水仙花数"
    Next n
End Sub
```

【例 8.31】　用小写字母 a~z 填充至字符串数组 aryL( )后，再将其各个元素转换成大写。

程序代码如下：

```
Public Sub LetterArray()
    Dim aryL(1 To 26) As String, i As Integer
    Debug.Print "转换前"
    Debug.Print "----------"
    For i = 1 To 26
        aryL(i) = Chr(97 + i - 1)    '小写 a 的 ASCII 码是 97。
        Debug.Print i, aryL(i)
    Next
    Debug.Print "转换后"
    Debug.Print "----------"
    For i = 1 To 26
        aryL(i) = UCase(aryL(i))
        Debug.Print i, aryL(i)
    Next
End Sub
```

一个循环结构内可以含有另一个循环，称为"循环嵌套"，又称"多重循环"。常用的循环嵌套是二重循环，外层循环称为"外循环"，内层循环称为"内循环"。

仍以小明上楼为例，如图 8.23 所示：已知上一层楼的动作可以通过循环（For x=0 To 10 Step 2）来实现。假设小明需要上 4 层楼梯（即到第 5 层），而每层楼梯的台阶数都是相等的，则意味着要

将上一层楼的动作重复 4 次（For F=1 To 4）。那么每层楼梯要走 10 个台阶就相当于内循环，而一共需要上 4 层楼就相当于外循环。可以想象，每当外循环的循环变量有一个新的值（比如到了新的一层楼梯），内循环都要执行一个完整的循环（走完这一层的所有台阶）。写成 For 循环语句就是：

```
For F = 1 To 4            '从第一层开始上 4 层
    For x = 0 To 10 Step 2    '每层楼梯从第 0 阶开始上到第 10 阶，步长为 2
        MoveLeg
    Next i                '到下个台阶
Next F                    '到下个楼层
```

当循环变化的量有两个以上的时候，就可以使用多重循环。注意多重循环的 Next 语句，一定是内循环的 Next 语句在前，外循环的 Next 语句在后，千万不要写反。循环语句嵌套时，如果想中途退出循环，必须使用带条件的 Exit For 句，并且只能退出本层循环。

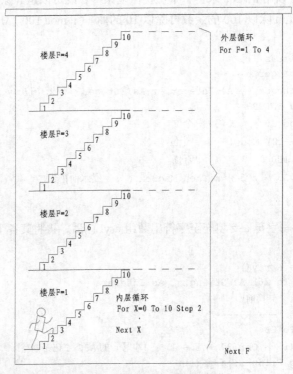

图 8.23　嵌套的 For 循环示意图

【例 8.32】　输出所有形如 aabb 的四位完全平方数。

【分析】　可以根据平方根是否为整数来判断一个数 x 是否是完全平方数。而我们要想在 1000 至 9999 之间穷举出这些数，要考虑 a 和 b 都是可变的量，其值是在 0~9 之间（a≠0）,x 也是可变的，其值是在 0~9 之间。因此需要通过三重循环来求解。最后，这个数满足 x=a*1100+b*11。

程序代码如下：

```
Public Sub AABB()
    Dim a As Integer, b As Integer, x As Integer
    For x = 1000 To 9999
        If Sqr(x) = Int(Sqr(x)) Then    '判断平方根是否为整数
            k = k + 1                    '统计四位完全平方数的个数
```

```
                    For a = 1 To 9
                        For b = 0 To 9
                            If x = a * 1100 + b * 11 Then Debug.Print x
                        Next
                    Next
                End If
        Next
        Debug.Print k
    End Sub
```

在本例中，先判断 x 是否为完全平方数（四位平方数的个数由程序运行结束时 k 的值可知，共 68 个），然后再看其是否形如 aabb，总的循环次数为 68*9*10=6120 次。如果修改一下程序，代码如下：

```
Public Sub AABB2()
    Dim a As Integer, b As Integer, x As Integer
    For a = 1 To 9
        For b = 0 To 9
            x = a * 1100 + b * 11
            If Sqr(x) = Int(Sqr(x)) Then Debug.Print x
        Next
    Next
End Sub
```

则程序仅循环 9*10=90 次。由此可见，对于多重循环，不同的处理方式可能对程序的执行效率产生极大的影响。在进行程序设计时应注意考虑这个问题。

【例 8.33】 打印乘法口诀表。

程序代码如下：

```
Public Sub Mul()
    Dim i As Integer, j As Integer
    For i = 1 To 9
        For j = 1 To i
Debug.Print j & "*" & i & "=" & j * i & " ";       '句尾分号表示下次将连续打印
        Next j
        Debug.Print
    Next i
End Sub
```

2. Do…Loop 语句

有些时候，循环的次数是不确定的，究竟循环多少次取决于某些条件，这种循环叫做"条件循环"。如游戏程序中当 3 条命都用光时才结束循环、当子弹与敌人的位置坐标发生重叠时代表敌人被击中等。条件循环可以用 Do…Loop 语句来实现。

Do…Loop 循环有两种格式，一种是"当型循环"，另一种是"直到型循环"。

（1）当型循环

当型循环即当循环条件成立时才进入循环。当型循环是在 Do…Loop 语句的基础上加上 While 子句来实现，根据 While 子句位置的不同又分成"前测试循环"和"后测试循环"两种。前测试循环指的是把 While 子句放在循环的前面，首先测试循环条件表达式是否成立，若循环条件满足，则进入循环。而后测试循环指的是把 While 子句放在循环的后面，首先进入循环执行一次循环体，然后再测试循环条件表达式是否成立，若循环条件满足，则进入循环。否则就不再执行循环。当型 Do…Loop 循环一般格式如下：

前测试循环：

```
Do While<循环条件表达式>
    循环体
   [Exit Do]
Loop
```

或后测试循环：

```
Do
    循环体
   [Exit Do]
Loop  While<循环条件表达式>
```

① 与 For ... Next 循环不同，For ... Next 循环的循环变量会自动增加步长，而 Do...Loop 循环需要在循环体内用赋值语句重新更改循环变量的值。

② 若循环没有结束，但需要中途强制退出循环时，可以使用 Exit Do 语句。

【例 8.34】 求 1+2+3+...n <1000 中 n 的最大值。

程序代码如下：

```
Private Sub Test1 ( )
   Dim n As Integer, s As Integer
   s = 0 : n = 0
Do while s<1000
   n = n + 1
   s = s + n
Loop
Debug.Print  n - 1
End Sub
```

（2）直到型循环

直到型循环即一直执行循环，直到循环条件成立时才退出循环。因此直到型循环与当型循环是完全相反的两种类型的循环。直到型循环是在 Do...Loop 语句的基础上加上 Until 子句来实现，根据 Until 子句位置的不同也分成前测试循环和后测试循环两种。直到型 Do...Loop 循环一般格式如下：

前测试循环：

```
Do Until <循环条件表达式>
    循环体
   [Exit Do]
Loop
```

或后测试循环：

```
Do
    循环体
   [Exit Do]
Loop  Until <循环条件表达式>
```

四种形式的 Do...Loop 循环语句流程图如图 8.24 所示。

【例 8.35】 截止到 2010 年我国人口数约为 15 亿，如果每年的人口自然增长率为 1.5%，那么多少年后我国人口将达到或超过 18 亿？

程序代码如下：

```
Public Sub Population()
    Dim k As Integer, s As Single
    s = 15
```

```
        Do Until s >= 18
            k = k + 1
            s = s * 1.015
        Loop
        Debug.Print k
End Sub
```

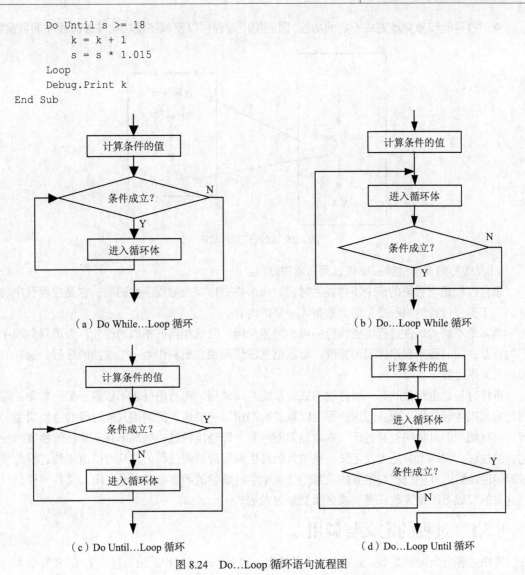

（a）Do While…Loop 循环　　　　　　　　　　（b）Do…Loop While 循环

（c）Do Until…Loop 循环　　　　　　　　　　（d）Do…Loop Until 循环

图 8.24　Do…Loop 循环语句流程图

8.6　VBA 过程与作用域

在设计一个规模较大、复杂程度较高的程序时，往往根据需要按功能将程序分解成若干个相对独立的部分，然后对每部分分别编写程序，这些独立的程序代码称为“过程”。从前面的章节已经了解到，VBA 的程序就是由若干个过程所组成的。

如图 8.25 所示，当要完成某个任务时，就由主调程序去调用相应的过程。图中当主调程序运行到调用过程 proc 的语句时，则转去执行被调过程 proc 中的可执行语句。当执行到过程 proc 的结束语句时，再返回到主调程序中调用 proc 过程的下一句，继续执行，直到主调过程结束。

在编程中应用过程的优点在于：

◆　过程的规模相对较小，易于调试。

◆　调试成功的过程可以被反复调用，从而避免重复编程，缩短开发周期。

◆ 过程能够独立地完成一定的功能，因此使用过程可以使程序模块化并提高程序的可读性。

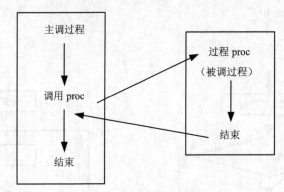

图 8.25　过程调用示意图

VBA 中有两大类过程：事件过程和通用过程。

事件过程是当对象的某个事件发生时，对该事件做出响应的程序代码段，它是应用程序的主体。关于事件过程的编程参见前面的窗体一章的内容。

当多个不同的事件过程需要执行一段相同的代码，完成相同或相似的任务，为了避免程序代码的重复，同时便于程序代码的修改，可以把这段代码独立出来作为一个单独的过程，这样的过程称为通用过程。

事件过程是由对象的某一事件驱动或由系统自动调用，而通用过程不依附于某一对象，需要通过被调用才起作用，而且通用过程可以被多次调用。一般地，把调用其他过程的过程叫主调过程，而被调用的过程叫被调过程。本章前面的内容中曾经接触过一些简单且不带任何参数的独立运行的过程。实际上，还可以定义一些供其他过程调用的被调过程，并且可以由主调过程向被调过程传递参数。其中过程与参数的关系，就像中学时数学的函数与自变量之间的关系一样，只不过这里的参数可以是常数、变量或更加复杂的表达式。

8.6.1　过程的定义与调用

通用过程分为两种类型：Sub 过程（子过程）和 Function 过程（函数过程）。两者最根本的区别在于 Sub 过程没有返回值，而 Function 过程有返回值。因此在设计的时候可以根据实际情况来选择使用 Sub 过程还是 Function 过程。如果仅仅是执行一系列操作，就可以使用 Sub 过程，而如果需要的是执行一系列操作之后的结果，则应该使用 Function 过程。

1. Sub 子过程的定义与调用

Sub 子过程是包含在 Sub 和 End Sub 语句之间的一组语句，Sub 子过程执行操作但不返回值。
Sub 子过程定义的一般格式如下：

```
[Public|Private] Sub 过程名([形参 1 As 数据类型][,…][,形参 n As 数据类型])
          <语句系列>
[Exit Sub]
[<语句系列>]
End Sub
```

其中，保留字 Public（或默认）表示 Sub 过程是公有过程，可以被任何模块中定义的过程所调用。而保留字 Private 表示 Sub 过程是私有过程，它只能被所在模块的其他过程调用。过程名后面圆括号内的参数表用来定义参数。一个过程应该是无参数的还是有一个或多个参数，需要视具体问题而定。如果定义了参数，则参数之间用逗号分开。注意这里的参数是由主调过程传递来的，而不是在过程里面新定义的变量，因此定义参数时不能使用 Dim 关键字。至于过程内部，如果需要用到一些临时变量，可以利用 Dim、Public 或 Static 等保留字去声明。

当某种条件下无需继续执行过程时，可以用 Exit Sub 语句强制退出过程而不必等到执行 End Sub 语句结束子过程。

之所以在参数表中对参数进行定义，是为了方便在过程内部引用它。因此这种定义是一种形式上的、概念性的定义。把为了描述过程的功能而定义的参数称之为"形式参数"，简称"形参"。当定义了形式参数变量的过程被某个过程调用时，主调过程会向这个被调过程的对应参数传递一些实际的值（常数、变量或表达式），这些实际的值会被代入到过程中去参与运算或操作，这种参数称之为"实际参数"，简称"实参"。在分析程序时一定不要混淆形式参数与实际参数。形式参数只出现在过程定义中，在整个过程体内都可以使用，离开该过程则不能使用。而实际参数则是在主调过程内声明的，由主调过程传递给被调过程的，它的作用域取决于它在主调过程中的作用域。

调用子过程的格式是：

Call 过程名（实际参数 1，实际参数 2，…实际参数 n）

或

过程名　实际参数 1，实际参数 2，…实际参数 n

实际参数可以是常量、变量、函数值、表达式等。无论实际参数是何种类型的数据，在进行过程调用时，它们都必须具有确定的值，以便把这些值传送给形式参数。实际参数和形式参数在数量、类型和顺序上必须严格一致，否则会发生"类型不匹配"的错误，然而实际参数和形式参数的名字不必相同。

当用 Call 语句调用执行过程时，若无实际参数，其过程名后圆括号不能省略，若有参数，则参数必须放在括号之内。若省略 Call 关键字，则过程名后不能加括号，若有参数，则参数直接跟在过程名之后，参数与过程名之间用空格分隔，参数与参数之间用逗号分隔。省略某参数时，其后面的逗号不能省略。

【例 8.36】　输入一个自然数 n（n≥3），输出斐波那契数列 1，1，2，3，5，8…的前 n 项。

程序代码如下：

```
'主调过程，接受输入、调用过程 Fibonacci 来输出斐波那契数列
Public Sub Master()
    Dim n As Integer
    n = Val(InputBox("请输入项数n: "))
    Fibonacci n
End Sub
'被调过程，实现前 N 项斐波那契数列的输出
Public Sub Fibonacci(n As Integer)
    Dim f1 As Integer, f2 As Integer, f As Integer
    f1 = 1: f2 = 1: m = 2
    Debug.Print f1, f2,
    Do While m < n
        m = m + 1
        f = f1 + f2
        Debug.Print f,
        f1 = f2
        f2 = f
    Loop
End Sub
```

2. Function 过程的定义与调用

Function 函数过程是过程的另一种表现形式。当希望过程执行后能够将一个值返回到主调过程时，就可以采用函数过程。函数过程也称为函数。在 VBA 中已经预先定义了大量的内部函数，如 Chr()，Sqr()及 Rnd()等。除此之外，还可以根据需要定义自己的函数。这些用户定义函数和内部函数一样，都能完成一定的功能，能够被其他过程调用，并且返回一个结果。

Function 函数过程是包含在 Function 和 End Function 语句之间的一组语句，Function 函数过程执行操作后通过与函数同名的变量返回一个值。

Function 函数过程定义的一般格式如下：

```
[Public|Private] Function 函数名(形参1 As 类型,…形参n As 类型) As 类型
    <语句系列>
    [<函数名>=<表达式>]
[Exit Function]
    [<语句系列>]
    [<函数名>=<表达式>]
End Function
```

其中形式参数变量的定义与 Sub 过程相同。

在定义函数过程时，除了定义形式参数变量的数据类型以外，还需要定义返回值变量（与函数过程同名的变量）的数据类型。即由圆括号外面的"As 数据类型"所定义。

采用函数过程的主要目的就是为了获取一个返回结果，所以通常在函数过程中要给函数名赋值。因此在函数过程中有赋值语句[<函数名>=<表达式>]。表达式的计算结果就是函数过程要返回的值，将该值赋给函数名，就可以通过调用函数过程来获取该返回值。

> 如果没有"函数过程名=表达式"这条语句，则函数过程返回一个默认值：数值类型函数返回 0；字符串类型函数返回空字符串("")，Variant 类型函数返回 Empty。

在函数过程的语句系列中可以用一个或多个 Exit Function 语句从函数中强行退出而不必等到执行 End Function 语句结束函数过程。

函数过程的调用比较简单，可以像使用 VBA 内部函数一样来调用 Function 过程：

函数名（实际参数1，实际参数2，实际参数3,…，实际参数n）

因为函数过程有返回值，因此一般用在赋值语句中或表达式内部。

【例 8.37】 编写根据三角形三个边长求面积的函数 Area。（由海伦公式，三角形面积 $S=\sqrt{p(p-a)(p-b)(p-c)}$，其中 a、b、c 为三角形三条边的边长，$p=\dfrac{a+b+c}{2}$。

代码如下：

```
Public Function Area(a As Double, b As Double, c As Double) As Double
    Dim p As Double
    p = (a + b + c) / 2
    Area = Sqr(p * (p - a) * (p - b) * (p - c))
End Function
```

如果此时需要调用该函数过程计算三边为 3、4、5 的三角形的面积，只要调用函数 Area(3,4,5) 即可。

【例 8.38】 求 1 到 n 的阶乘之和(n<20)，即 1!+2!+…+n!

```
Function fact(x As Integer) As Long
    Dim P As Long, i As Integer
```

```
        P = 1
        If n > 20 Then
                Msgbox "数太大, 超过 20 停止计算。"
                Exit  Function
        End If
        For i = 1 To x
                P = P * i
        Next i
        fact = P
End Function
Public Sub Calc( )
        Dim sum As Long, i As Integer,x As Integer
        x = Val(InputBox("请输入一个不大于 20 的数: "))
        For i = 1 To x
                sum = sum + fact(i)
        Next i
        Debug.Print sum
End Sub
```

本例为了演示 Exit Function 的用法，设计成在函数内部判断用户输入是否合适，若输入大于 20 则直接退出函数。其实最好的办法是在主调过程中、用户刚刚输入完毕时就进行判断。

函数过程可以被查询、宏等调用使用，因此在进行一些计算控件的设计中特别有用。

无论是 Sub 过程还是 Function 过程，都不允许嵌套定义，但可以嵌套调用。也就是说可以在一个过程的内部调用其他已定义的过程，但不能在过程内部定义其他过程。

8.6.2　参数传递

调用过程的目的，就是在一定的条件下完成某项工作或计算某一数值。调用过程时可以把数据传递给过程，也可以把过程中的数据传递回来。在调用过程时，必须考虑调用过程和被调用过程之间的数据的引用方式。VBA 中用参数来实现主调过程和被调过程间的数据传递。

通常在编写一个过程时，要考虑它需要输入哪些量，进行处理后输出哪些量。正确地提供一个过程的输入数据和正确地引用其输出数据，即调用过程和被调用过程之间的数据传递问题，是使用过程的关键问题。

1. 形式参数

形式参数是接收数据的变量。形式参数表中的各个变量之间用逗号分隔。形式参数表中的变量类型可以是合法的简单变量，也可以是数组，但不能是定长字符串。例如，在形式参数表中只能用形如 Str1 As String 之类的变长字符串作为形式参数，不能用 Str1 As String*10 之类的定长字符串作为形式参数，但定长字符串可以作为实际参数传递给过程。

2. 实际参数

实际参数是指在调用 Sub 或 Function 过程时，传递给 Sub 或 Function 过程的常量、变量或表达式。实际参数表可由常量、表达式、变量、数组（数组名后跟左、右括号）组成，实际参数表中各参数用逗号分隔。

在定义过程时，形式参数为实际参数保留位置。在调用过程时，实际参数被插入对应形式参数变量处，第 1 个形式参数接收第 1 个实际参数的值，第 2 个形式参数接收第 2 个实际参数的值，依此类推，完成形式参数与实际参数的结合，即把实际参数传递给形式参数，然后按传递的参数执行被调用的过程。

过程定义时可以设置一个或多个形式参数，多个形式参数之间用逗号分隔。其中，每个形式参数的完整定义格式为：

```
[Optional][ByVal|ByRef][ParamArray]形式参数名[()][As 数据类型][=DefaultValue]
```

各项含义如下：

参 数 名	必需的，形式参数变量的名称。遵循标准的变量命名约定。
Optional	可选项，表示该参数不是必需。如果使用了 ParamArray 关键字，则任何参数都不能使用 Optional 关键字。
ByVal	可选项，表示该参数按值传递。
ByRef	可选项，表示该参数按地址传递。ByRef 是 VBA 的缺省选项。
ParamArray	可选项，只用于形式参数的最后一个参数，指明最后这个参数是一个 Variant 类型的 Optional 数组。使用 ParamArray 关键字可以提供任意数目的参数。但 ParamArray 关键字不能与 ByVal、ByRef 或 Optional 一起使用。
DefaultValue	可选项，任何常数或常数表达式，只对 Optional 参数有效。

3. 参数传递

形式参数在被调用前，既不占用实际的存储空间也没有值，只有当过程调用时，实际参数才以某种方式对其进行赋值。赋值方式有两种：值传递（传值调用）和地址传递（传址调用），如图 8.26 所示。VBA 的默认方式是地址传递。

（1）值传递

如果在定义形式参数时使用了 ByVal，或者在调用语句中的实际参数是常量或表达式，那么实际参数与形式参数之间的数据传递方式就是值传递。

在调用过程时，当实际参数是常量时，直接将常量值传递给形式参数变量中；当实际参数是变量时，仅仅将实际参数变量的值传递给形式参数变量。然后执行被调过程，在被调过程中，即使对形式参数发生改变也不会影响实际参数值的变化。由于在这个过程中数据的传递只有单向性，故称为"传值调用"的"单向"作用形式。

（2）地址传递

按地址传递参数，就是将实际参数的地址传递给相应的形式参数，形式参数与实际参数使用相同的内存地址单元，这样通过调用被调程序可以改变实际参数的值。在进行地址传递时，实际参数必须是变量，常量或表达式无法进行地址传递。系统默认的参数传递方式是按地址传递。由此可见，如果形式参数被说明为传址（ByRef），则过程调用是将相应实际参数的地址传送给形式参数处理，而被调用过程内部对形式参数的任何操作引起的形式参数值的变化又会反向影响实际参数的值。因此在这个过程中，数据的传递具有双向性，故称为"传址调用"的"双向"作用形式。

下面是一个既有值传递又有地址传递的实例。

【例 8.39】 先对 a、b 赋一个初值，然后调用子过程 p1，因参数的传递方式不同，a、b 参数的原值发生了变化。

程序代码如下：

```
Private Sub Test( )
    Dim a As Integer, b As Integer
    a = 20: b = 50
    p1 a, b
    Debug.Print "a="; a, "b="; b
End Sub

Sub p1(x As Integer, ByVal y As Integer)
    x = x * 10
    y = y + 20
End Sub
```

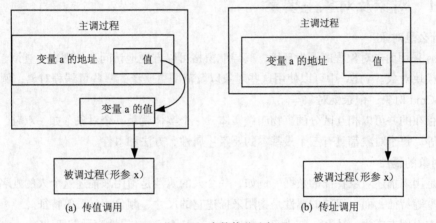

(a) 传值调用　　　　　　　　　　　　　　(b) 传址调用

图 8.26　参数传递示意

【分析】　该程序实际参数是 a、b，被调过程定义的实际参数是 x、y，其中 x 是地址传递方式，y 是值传递方式。当主调过程 Test 中执行调用 p1（a,b）语句后，实际参数 a 的地址传递给形式参数 x，也就是实际参数 a 与形式参数 x 指向同一个内存单元，当对形式参数 x 执行语句 x＝x * 10 后，a、x 的值都变成 200。而实际参数 b 仅仅将值传递给形式参数 y，当对形式参数 y 执行语句 y＝y＋20 后，形式参数 y 的值变成 70，但实际参数 b 的值仍然是 50。因此显示结果为 a＝200，b＝50。

　　　　特殊地，形式参数即使是用传址（ByRef）说明，如果实际参数是常量与表达式，则实际传递的也只是常量或表达式的值，这种情况下，"传址调用"对于实际参数的"双向"作用形式就不起作用。

8.6.3　过程的作用域

在前面的章节中已经学习过变量的生命周期和作用域，与变量的生命周期和作用域类似，过程的生命周期和作用域也分成模块范围与全局范围两种。

如果在 Sub 或 Function 前加上保留字 Private，则该过程是模块级过程，只能被本模块中的其它过程所调用，其作用域为本模块。

如果在 Sub 或 Function 前加上保留字 Public（可以省略），则该过程是全局级过程，可被整个应用程序所有模块中定义的其他过程所调用，其作用域为整个应用程序。

8.7 面向对象程序设计的基本概念

面向过程的程序设计方法适用于中、小规模问题的程序设计。随着计算机解决问题的规模越来越庞大，复杂程度越来越高，面向对象的程序设计便应运而生。VBA 是面向对象的程序设计语言，其核心是对象，如表、查询、窗体、控件等。Access 内嵌的 VBA 功能强大，采用目前主流的面向对象机制和可视化编程开发环境。

8.7.1 对象及对象三要素

1. 什么是对象

Access 采用面向对象程序开发环境，其导航窗格可以方便地访问和处理表、查询、窗体、报表、宏和模块对象。VBA 中可以使用这些对象以及范围更广泛的一些可编程对象，例如 Debug 对象、DoCmd 对象、记录集对象等。

客观存在的并可以相互区分的事物叫做实体，一个实体就是一个对象，如一双鞋、一个人或一个窗体等。每个对象都具有三个最基本的要素：属性、方法和事件。

2. 对象的属性

属性是用来描述对象特征的数据。例如，一个人的属性是指用来描述这个人的姓名、性别、身高、体重等特征，而一双鞋的属性是指用来描述它的尺寸、颜色、材质等特征。

属性的引用方式为：对象名.属性名，如 Command1.Caption 属性表示按钮 "Command1" 控件对象的标题属性。

对象的类别不同，其具有的属性也不尽相同。例如，窗体的格式属性有 "滚动条" "记录选择器" "导航按钮" "分隔线" 等，而控件一般没有；窗体没有 "名称" 属性，而每个控件都有一个名称，用来区别与其他控件的唯一标识；标签控件有 "标题" 属性，用来标识提示信息，而文本框控件则没有。

 窗体与控件的属性是由系统定义的，用户可根据需要对属性进行修改，但无法添加或删除属性。

数据库对象的属性既可以在 "设计" 视图中通过 "属性窗体" 进行浏览和设置，也可以在 "代码窗口" 中通过代码进行设置或读取。设置属性时直接使用赋值语句对属性进行赋值就可以了，如 Command1.Caption="退出"；而读取属性更简单：直接把属性名写在表达式里就行了，如 m=Label1.FontSize+5。

常用的控件属性有：

◆ Caption（标题），控件上显示的提示文字（不能被操作者修改）。

◆ Enabled（有效性），控制控件是否可用。例如，当一个命令按钮的 Enabled 属性的值为 True 时，按钮正常可用；值为 False 时，按钮显示成灰色、不可用状态。

◆ Visible（可见性），控制控件在窗体上是否显示。值为 True 时显示控件，值为 False 时隐藏控件。

◆ Value（值），用于不同的控件有不同的含义。例如，文本框的 Value 属性（写代码时可省略属性名），用来指定要显示的信息。选项按钮的 Value 属性表示状态：值为 True 时按钮被选中，值为 False 时按钮未被选中。

3. 对象的方法

方法描述了对象的行为，即对象所具备的功能。其引用方式为：对象名.方法名，如 Debug.Print 方法用来在立即窗口输出表达式的值。

Access 应用程序的各个对象都有一些方法可供调用。了解并掌握这些方法的使用可以极大地增强程序功能。

4. 事件和事件过程

事件是指由系统事先设定的、能被对象识别和响应的动作。如单击鼠标、文本框内容改变、窗体或报表打开等。在 Access 数据库系统里，可以通过两种方式来处理窗体、报表或控件的事件响应。

一是使用宏对象来设置事件属性，具体内容请参见 7.4 节相关内容；二是为某个事件编写 VBA 代码过程，完成指定动作，这样的代码过程称为事件过程或事件响应代码。

在 Access 系统中，面向对象的应用程序是由事件驱动的，是一种非顺序的执行方式。一个事件发生，则相应的事件过程代码被自动执行。如果没有任何事件发生，则不执行任何代码。这种事件驱动的方式使得编程人员将注意力更多地放在对象的运行机制上而不是去关注代码执行的顺序，代码灵活性大大增加，体现了面向对象程序设计的优点。

同属性和方法一样，窗体与控件究竟能够感知哪些事件是由系统预先设置的，用户无法增加、删除或重新命名已有的事件，只能对事件过程进行编码，从而使得当某个对象发生了某个事件时可以执行需要的操作。

当对象发生了某个事件，就会执行与这个事件相应的代码，这段代码被称为"事件过程"。控件的事件过程名称由控件名、下划线和事件名组成。如 Command1_Click()事件过程指的就是控件 Command1 的 Click（单击）事件过程。但窗体的事件过程名称例外，无论窗体的名字叫什么，窗体的事件过程都是由保留字 Form、下划线和事件名组成，如 Form_Load()事件过程指的就是当前窗体的 Load（加载）事件过程。

8.7.2 常用窗体、控件事件

1. 窗体的打开、关闭、加载与卸载事件

打开窗体时首先引发窗体打开事件（Open），然后将窗体（包括相应模块）装入内存，并显示在屏幕上。窗体显示到屏幕之前，要对对象的属性和窗体内的变量进行初始化，则自动执行"加载"（Load）事件过程。关闭窗体时首先从内存中清除窗体，引发"卸载"（Unload）事件，然后再关闭窗体，引发关闭事件。所以，这四个事件发生的顺序是：打开窗体→加载窗体→卸载窗体→关闭窗体。读者可以通过下面的程序代码来测试这四个事件的发生顺序，四个事件发生时，会在立即窗口中显示相应的信息。

```
Private Sub Form_Close()
    Debug.Print "正在关闭窗体"
End Sub

Private Sub Form_Load()
    Debug.Print "正在加载窗体"
End Sub
```

```
Private Sub Form_Open(Cancel As Integer)
    Debug.Print "正在打开窗体"
End Sub

Private Sub Form_Unload(Cancel As Integer)
    Debug.Print "正在卸载窗体"
End Sub
```

2. 窗体的计时器触发事件

VBA 不提供单独的计时器控件，要实现关于定时的功能必须使用窗体的"计时器触发"事件（Timer）。选择窗体属性窗口的【事件】选项卡，设置【计时间隔】（TimeInterval），它以毫秒（千分之一秒）为单位。例如，将计时间隔设置为 500，则每隔 500 毫秒就自动发生一次"计时器触发"事件。当计时器时间间隔设置为 0 时，则终止"计时器触发"事件。用户可以通过编写"计时器触发"事件过程来实现周期性操作的功能，如倒计时、动画效果等。

【**例 8.40**】 在窗体 frmShowTime 上放置一个标签控件 lblTime，上面显示每秒自动更新的当前系统日期和时间，标签从窗体的最右边向左滚动，滚动到最左边时再重新从最右边开始，即实现跑马灯的效果（移动的时间间隔 200 毫秒），用一个按钮 cmdStart 控制控件的移动与停止。

【**分析**】：当前的系统日期和时间可以使用 Now()函数获得。决定控件位置的两个属性分别是 Left 和 Top，因此实现自右向左滚动效果只要定时将其 Left 属性递减即可。本题中标签文字更新的时间间隔是 1000 毫秒，是控件移动时间间隔的 5 倍，因此将窗体的计时间隔设置为 200 毫秒，在程序中再设置一个变量 k 用于计数，每计满 5 次为 1 秒，更新时间显示。按钮 cmdStart 不能直接控制窗体计时的有效性（Enabled），因为无论是否移动，标签文字始终要更新，因此计时不能停止。可以设置一个变量（CanMove）单独控制可否移动，该变量只对应着"可"和"否"两种状态，因而可以定义成 Boolean 型的，并通过单击按钮来切换其状态。

操作步骤如下：

（1）单击【创建】选项卡里的【空白窗体】按钮，然后右击窗体切换到窗体"设计视图"。

（2）单击【保存】按钮或按下【CTRL+S】组合键保存窗体，命名为 frmShowTime。

（3）在窗体上放置一个标签控件、一个按钮控件，合理安排其大小和位置。

（4）选择【窗体设计工具】的【设计】选项卡，单击【属性表】按钮打开属性窗口。

（5）选择窗体或控件，在打开的属性窗口中如表 8.10 所示设置相关属性：

表 8.10　　　　　　　　　　　　　　　窗体和控件属性、事件设置

类　型	属性名	属性值	事　件	说　　明
窗体	名称	frmShowTime		保存窗体时命名，不是在属性窗口设置
	标题	计时器应用	加载	初始化标签控件的位置和标题文字
	计时间隔	200	计时器触发	移动标签控件、更新显示
标签	名称	lblTime		
	标题	（任意）		标题文字不能为空，否则无法创建控件
	前景色	黑色文本		
按钮	名称	cmdStart	单击	切换变量 CanMove 的状态
	标题	移动		

（6）单击工具栏上的【查看代码】按钮打开 VBE 代码编辑器，完成如下程序代码：

'在"通用-声明"部分定义计数变量 m 和控制可否移动的变量 CanMove，供本窗体内所有过程使用
```
Dim m As Integer r, CanMove As Boolean

Private Sub Form_Load()
    lblTime.Left = Me.Width      '初始位置在窗体右侧开始
    lblTime.Caption = Now()
    m = 0
    CanMove = False
End Sub

Private Sub Form_Timer()
    m = m + 1
    If m = 5 Then                     '5 次触发为 1 秒，更新时间显示
        lblTime.Caption = Now()
        m = 0
    End If
    If CanMove Then
        lblTime.Left = lblTime.Left - 200    '向左移动
        '即将移动至最左，从右侧重新开始
        If lblTime.Left <= 200 Then lblTime.Left = Me.Width
    nd If
End Sub

Private Sub cmdStart_Click()
    CanMove = Not CanMove
End Sub
```

3. 鼠标事件

鼠标事件是 VBA 编程中最常用到的事件，不仅是窗体，多数控件都支持鼠标操作，因此经常要对鼠标事件进行编程。

鼠标事件主要有以下几种：

◆ Click：单击事件，即单击鼠标时发生的事件。

◆ DblClick：双击事件，即双击鼠标时发生的事件。

◆ MouseDown：鼠标按下事件，即鼠标按下时发生的事件。

◆ MouseUp：鼠标释放事件，即鼠标抬起时发生的事件。

◆ MouseMove：鼠标移动事件，即鼠标在此控件上移动时发生的事件。

在上面所列出的这些事件中，最常用到的就是 Click 事件和 DblClick 事件，而 MouseDown、MouseMove 和 MouseUp 事件不经常使用，一般用在需要对鼠标进行处理的地方。如：对于最常见的命令按钮，通常情况下使用 Click 事件；而在进行画图的时候，例如画一条直线，必须先按住鼠标左键，然后拖动鼠标，再松开鼠标。在此过程中，首先触发 MouseDown 事件，可以在此事件中记录鼠标的开始位置，再对 MouseUp 事件进行编程，以记录鼠标的结束位置；其中还要对 MouseMove 事件进行编程，以便在移动鼠标的过程中进行画图操作。

鼠标的单击事件过程和双击事件过程定义比较简单，都是无参的过程。而 MouseDown、MouseUp 和 MouseMove 事件过程则定义了形参。例如 MouseUp 事件过程定义如下（其中 XXX 为控件对象名）：

```
Private Sub XXX_MouseUp(Button As Integer, Shift As Integer, X As Single, Y As Single)
    …
```

```
End Sub
```

在上面的参数中，参数 Button 可能的取值为 vbLeftButton、vbRightButton 或者是 vbMiddleButton，分别用于确定按下的是鼠标的左键、右键，还是中键。参数 Shift 可能的取值是 acShiftMask、acCtrlMask 和 acAltMask 的组合值，用于确定键盘上 Shift 键、Ctrl 键、Alt 键是否被按下（或者三个键中同时有多个键被按下）。单精度类型的参数 X、Y 显然是用于获取鼠标的位置信息。

MouseDown 和 MouseMove 事件过程定义与 MouseUp 事件过程定义类似，不再赘述。

【例 8.41】 鼠标事件过程编码及事件响应顺序。

现有文本框 Text3 的事件过程代码如下：

```
Private Sub Text3_Click()
     Debug.Print "鼠标单击事件"
End Sub

Private Sub Text3_DblClick(Cancel As Integer)
     Debug.Print "鼠标双击事件"
End Sub

Private Sub Text3_MouseDown(Button As Integer, Shift As Integer, X As Single, Y As
Single)
     Debug.Print "鼠标按下事件"
End Sub

Private Sub Text3_MouseUp(Button As Integer, Shift As Integer, X As Single, Y As Single)
     Debug.Print "鼠标释放事件"
End Sub
```

试分析其功能并通过实际操作理解鼠标事件的响应顺序。

【分析】 当窗体处于运行状态时，在文本框里双击鼠标，则不同事件发生时会在立即窗口输出相应的文字，由此可知：当用户做出一次双击鼠标的操作时，会依次引发 MouseDown、MouseUp、Click、DblClick、MouseUp 事件。

修改文本框的 MouseDown 事件过程代码如下：

```
Private Sub Text3_MouseDown(Button As Integer, Shift As Integer, X As Single, Y As Single)
     Debug.Print "鼠标按下事件"
     If Shift = 0 Then          'Ctrl、Alt、Shift 键均未按下
          MsgBox "在文档中单击鼠标用于定位" & vbCrLf & _
               "在左侧页边空白处单击鼠标用于选中一行文字。"
     ElseIf Shift = acCtrlMask Then
          MsgBox "在文档中 Ctrl+单击鼠标用于选择一个句子，" & vbCrLf & _
               "在左侧页边空白处 Ctrl+单击鼠标用于选中全文。"
     End If
End Sub
```

则当用户在文本框内按下鼠标时，除在立即窗口输出文字外，还用消息框分两行显示"在文档中单击鼠标用于定位，在左侧页边空白处单击鼠标用于选中一行文字。"若按下鼠标的同时还按下了 Ctrl 键，则消息框分两行显示"在文档中 Ctrl+单击鼠标用于选择一个句子，在左侧页边空白处 Ctrl+单击鼠标用于选中全文。"

因为 MouseDown 事件过程代码中有 MsgBox 语句，而消息框必须要用户点击按钮才能够关闭，所以即使用户在文本框内双击鼠标也不会引发鼠标双击事件，实际上用户的双击操作

已经被消息框给阻断了。正因为消息框具有这个特点，在对鼠标事件进行编程的时候就需要格外注意。

 注意　在 Access 中，窗体被分割成了若干个节（Section），因此一般情况下是对节的鼠标事件进行编程而不是针对窗体的鼠标事件编程。

4. 键盘事件

涉及键盘操作的事件主要有 KeyDown（键按下）、KeyPress（击键）和 KeyUp（键释放）3个，其事件过程形式为（XXX 为控件对象名）：

- ◆ XXX_KeyDown(KeyCode As Integer, Shift As Integer)
- ◆ XXX_KeyPress(KeyAscii As Integer)
- ◆ XXX_KeyUp(KeyCode As Integer, Shift As Integer)

其中 KeyPress 的 KeyAscii 参数常用于识别具有 ASCII 码的字符。而 KeyCode 参数主要用于识别不具有 ASCII 码的扩展字符键（F1～F12、Home、End、PageUp、PageDown、向上键、向下键、向左键、向左键、Insert、Delete、Tab、Shift、Ctrl 或 Alt 键等）。当用户按下一个具有 ASCII 码的字符时，KeyCode 参数返回其对应的大写字符的 ASCII 码，如无论大写状态还是小写状态，按下【A】键始终返回值为 65 的 KeyCode 码。Shift 参数与前面讲过的鼠标事件过程里的 Shift 参数相同。

当一个窗体被打开时，默认的焦点一般是在某个控件上而不是窗体上。此时的按键操作由具有焦点的控件处理。若要在窗体的键盘事件中处理按键操作，需要在窗体加载时执行一条 Me.KeyPreview = True 语句，这样无论在哪个控件上按下键盘，都首先由窗体进行预处理后才交给对应控件去进一步处理。

【例 8.42】　鼠标拖动选择文本框（Text1）的输入文本，程序通过对话框显示其起始位置、选择文本的长度以及选择的文字。

对文本框文本的选择，可以理解为这样的过程：先在欲选择的文本前按下鼠标左键不放，拖动鼠标选择文字，直到选择文本的结束处，最后松开鼠标。这说明，文本选择的结束对应的是松开鼠标的那一刻，从而应该在文本框的鼠标释放事件（MouseUp）中书写代码进行处理。

代码如下：

```
Private Sub Text1_MouseUp(Button As Integer, Shift As Integer, X As Single, Y As Single)
    lblStart.Caption = Text1.SelStart
    lblLen.Caption = Text1.SelLength
    lblText.Caption = Text1.SelText
End Sub
```

5. 其他事件

- ◆ GotFocus 事件：当对象获得焦点时产生该事件。可以通过诸如 TAB 切换，或单击对象之类的用户动作使某个控件获得焦点，或在代码中用控件的 SetFocus 方法改变焦点来实现。
- ◆ LostFocus 事件：当对象失去焦点时产生该事件。一个对象获得焦点的同时，势必有一个对象失去焦点。
- ◆ Change 事件：当一个控件的内容已经改变时产生该事件。

8.7.3　DoCmd 对象

除了前面学习过的数据库的 6 个对象外，Access 还提供了一个非常重要的对象——DoCmd。

DoCmd 对象允许用户执行各种 Microsoft Access 命令。这些命令在 Access 宏中使用时叫做操作，在代码中执行时叫做 DoCmd 对象的方法。例如打开或关闭其他数据库对象（窗体、报表、查询等）、运行宏、以及设置控件值等任务。

DoCmd 对象执行 Access 命令的一般格式如下：

```
DoCmd.方法名 [参数表]
```

1. 打开窗体操作

一个程序中往往包含多个窗体，DoCmd 对象的 OpenForm 方法可以用代码的形式打开这些窗体。

命令格式为：

```
DoCmd.OpenForm 窗体名称[,视图][,查询名][,条件][,输入模式] [, 窗口模式 ]
```

有关参数说明如下：

◆ 参数 "窗体名称" 表示当前数据库中窗体的有效名称。

◆ 参数 "视图" 可选，指定将以何种视图打开窗体，有效的取值包括 acNormal（打开窗体视图）、acDesign（打开设计视图）、acPreview（打开预览视图）、acFormDS（打开数据表视图）等，默认值为 acNormal。

◆ 参数 "查询名" 可选，表示当前数据库中的查询的有效名称。

◆ 参数 "条件" 可选，是一个不包含 WHERE 关键字的 SQL 条件子句。

◆ 参数 "输入模式" 可选，指定窗体的数据输入模式。

◆ 参数 "窗口模式" 可选，用来指定打开窗体时采用的窗口模式，有效的取值包括 acDialog（对话框模式）、acHidden（隐藏窗口）、acIcon（最小化窗口）和 acWindowNormal（常规窗口）。默认值为 acWindowNormal。

下面的代码可以在窗体视图中打开 frmMainEmployees 窗体并显示只适用于 cboDept 组合框中选定部门的记录。

```
Private Sub cmdByDept_Click()
    DoCmd.OpenForm "frmMainEmployees", , , "DepartmentID=" & cboDept.Value
End Sub
```

 注意　　　　参数可以省略，取默认值，但分隔符 "," 不能省略。

2. 打开报表操作

命令格式为：

DoCmd.OpenReport 报表名称[, 视图][, 查询名][, 条件]

有关参数说明如下：

◆ "报表名称" 参数代表当前数据库中的报表的有效名称。

◆ "视图" 参数可选，指定将以何种视图打开报表，有效的取值包括 acViewDesign（设计视图）、acViewNormal（打印机视图）、acViewPreview（打印预览视图）等，默认值为 acViewNormal，即立刻从打印机输出报表（用户需在 Windows 下安装打印机驱动程序）。

其他参数参见 DoCmd.OpenForm 方法的参数说明。

如语句 DoCmd.OpenReport "借阅情况",acViewPreview 将 "借阅情况" 报表以打印预览视图的形式打开。

3. 关闭操作

DoCmd 对象的大部分方法名与前面学习过的宏操作的名字相同，但个别有不同，如宏操作 CloseWindow 对应的是 DoCmd 对象的 Close 方法、宏操作 QuitAccess 对应的是 DoCmd 对象的 Quit 方法等。

关闭数据库对象可以使用 DoCmd 对象的 Close 方法，格式如下：

DoCmd.Close [对象类型,对象名],[保存方式]

有关参数说明如下：

◆　"对象名"参数代表当前数据库中的要关闭的对象的有效名称。

◆　"对象类型"参数指定要将其关闭的对象的类型。对象类型的取值可以是 acDatabaseProperties（数据库属性）、acDefault（默认值）、acDiagram（数据库图表）、acForm（窗体）、acMacro（宏）、acModule（模块）、acQuery（查询）、acReport（报表）、acServerView（服务器视图）、acStoredProcedure（存储过程）、acTable（数据表）、acFunction（函数）、acTableDataMacro（数据宏）之一，当取值为 acDefault 时，由 Access 根据对象名参数来决定对象的类型。

◆　"对象名"参数指定要关闭的有效的对象名称。

◆　参数"保存方式"可选，指定关闭之前保存的方式。有效的取值包括 acSaveNo（不保存）、acSaveYes（保存）、acSavePrompt（询问用户是否保存），默认值为 acSavePrompt。

例如，要关闭名为"读者信息"的查询可以使用下面的语句：

DoCmd.Close acQuery, "读者信息"

注意　如果省略 DoCmd.Close 命令的所有参数，则关闭当前的对象或窗口。

【例 8.43】　设计一个用户登录窗体，输入用户名和密码，如用户名或密码为空，则给出提示，重新输入；如用户名或密码不正确则给出错误提示，结束程序运行；如正确，则显示"登录成功"。登录限时 30 秒，最多可以输入三次，在窗体上有标签显示剩余的时间和次数。若超时或超过三次，则给出提示，结束程序运行。

首先设计一个窗体，标题命名为"登录"，将"导航按钮"、"记录选择器"和"分隔线"属性都设置成"否"。在窗体上添加两个标签，一个命名为"lblCountDown"，用于显示剩余的时间，另一个命名为"lblTries"，用于显示剩余的次数。然后在窗体上再添加两个文本框，两个文本框前面的提示文字分别为"用户名:"和"密码:"，一个用于输入用户名，命名为"txtUserName"，文本属性为空；另一个用于输入密码，命名为"txtPassword"，文本属性为空，设置其"输入掩码"属性为"Password"。最后在窗体上添加一个命令按钮，设置标题为"登录"并命名为"cmdLogin"，用于输入完用户名和密码后单击此按钮确认登录。

代码如下：

```
Dim PassedTime As Integer    '时间计数器
Dim Tries As Integer    '次数计数器
Private Sub Form_Timer()
    If PassedTime > 30 Then
        MsgBox "登录超时! ", vbCritical, "警告"
        DoCmd.Close
    Else
        lblCountDown.Caption = "剩余时间: " & 30 - PassedTime & "秒"
```

```
            End If
            PassedTime = PassedTime + 1  '用时秒数加一
     End Sub

     Private Sub cmdLogin_Click()
         Tries = Tries + 1    '登录次数加一

         If Trim(NZ(txtUserName)) = "" Then
             MsgBox "用户名为空，请重新输入" & vbCrLf & "您还有" & _
                         3 - Tries & "次机会", vbExclamation, "错误"
             txtUserName.SetFocus      '将焦点定位在用户名文本框等待用户输入
         ElseIf Trim(NZ(txtPassword)) = "" Then
             MsgBox "密码为空，请重新输入" & vbCrLf & "您还有" & _
                         3 - Tries & "次机会", vbExclamation, "错误"
             txtPassword.SetFocus      '将焦点定位在密码文本框等待用户输入
         Else        '用户名、密码均不空，判断是否合法用户
             If LCase(txtUserName) = "hyi" Then  '用户名不区分大小写，统一转成小写判断
                 If txtPassword = "123456" Then  '用户名、密码均正确的情况
                     Tries = 0
                     Me.TimerInterval = 0
                     MsgBox "登录成功", vbInformation, "登录"
                     DoCmd.Close
                 Else    '用户名正确、密码不正确的情况
                     MsgBox "密码错误，请重新输入" & vbCrLf & "您还有" & _
                             3 - Tries & "次机会", vbExclamation, "错误"
                     txtPassword.SetFocus       '将焦点定位在密码文本框等待用户输入
                 End If
             Else
                 MsgBox "不存在此用户，请重新输入" & vbCrLf & "您还有" & _
                         3 - Tries & "次机会", vbInformation, "错误"
             End If
         End If

         If Tries >= 3 Then
             MsgBox "3次错误输入后无法继续登录！", vbCritical, "警告"
             DoCmd.Close
         Else
             lblTries.Caption = "您还有" & 3 - Tries & "次登录机会"
         End If
     End Sub

     Private Sub Form_Load()
         '初始化时间计数器和次数计数器
         PassedTime = 0
         Tries = 0
     End Sub
```

8.7.4 文件操作

有时，需要将一个外部文件中的数据读取到程序中，或将变量的内容按某种格式导出到文本文件中，这时，就需要使用文件操作命令。

不管是对何种文件，文件操作总是分成如下几步：用 Open 语句打开文件，用 Input 语句读文件，用 Write 语句或 Print 语句写文件，最后用 Close 语句关闭文件。

1. 打开文件——Open 语句

Open 语句的语法：

Open 文件名 For 模式 [Access 读写方式][锁定方式] As [#]文件号 [Len=记录长度]

对各部分说明如下：

◆　"文件名"参数是一个字符串表达式，用来指定文件名，该文件名可能还包括目录、文件夹及驱动器。

◆　"模式"参数指定打开文件的方式，有 Append、Binary、Input、Output 或 Random 方式。如果未指定方式，则以 Random 访问方式打开文件。不同的文件打开方式的说明如表 8.11 所示。

◆　"读写方式"参数可选，说明在打开的文件上可以进行的操作，有 Read（读）、Write（写）、或 Read Write（读写）操作。

◆　"锁定方式"参数可选，说明限定于其它进程打开的文件的操作，有 Shared（共享）、Lock Read（读锁定）、Lock Write（写锁定）和 Lock Read Write（读写都锁定）操作。

◆　"文件号"参数是必须给出的，范围在 1 到 511 之间。打开一个文件后对该文件的所有操作都可以通过引用其文件号来完成（而不是其文件名）。若某一个文件号已经分配给一个打开的文件，则在该文件被关闭之前，这个文件号不能再分配给其他文件。为了保证不至于发生文件号被占用的冲突，我们可以使用 FreeFile 函数来由计算机自动分配一个可用的文件号。

◆　"记录长度"参数可选，对于用随机访问方式打开的文件，该值就是记录长度。对于顺序文件，该值就是缓冲字符数。

表 8.11　　　　　　　　　　　文件打开模式

模　　式	说　　明
Append	追加模式，打开顺序文件将数据添加至文件尾。若文件不存在则建立新文件
Input	输入模式，打开顺序文件供程序读入数据。若文件不存在则返回错误信息
Output	输出模式，建立新顺序文件供程序输出数据。若文件已经存在则删除原文件
Random	（默认）随机模式，打开随机文件供读写，若文件不存在则建立新文件
Binary	二进制模式，打开二进制文件供读写，若文件不存在则建立新文件

需要说明的是，对文件进行任何读写操作之前都必须先打开文件。

下面的语句用来打开 C 盘根文件夹下的 Mail.txt 文件以供追加信息。

Open "C:\Mail.txt" For Append As #1

则以后对 mail.txt 文件进行操作时，凡是涉及文件名的时候都可以用#1 文件号代替。

2. 关闭文件——Close 语句

Close 语句用来关闭 Open 语句所打开的输入/输出文件。其语法格式为：

Close [文件号列表]

说明：可选的"文件号列表"参数为一个或多个文件号，用逗号隔开。若省略文件号列表，则将关闭 Open 语句打开的所有活动文件。在执行 Close 语句时，文件与其文件号之间的关联将终结，文件号被释放，可以再次分配给以后要打开的文件。

例如：使用 Close 语句来关闭所有为 Output 而打开的三个文件。

```
Dim i,FileName
```

```
For i=1 To 3  '循环三次。
    FileName="TEST" & i    '创建文件名。
    Open FileName For Output As #i '打开文件。
    Print #i,"This is a test."'将字符串写入文件。
Next I
Close            '将三个已打开的文件全部关闭。
```

3. 写入文件——Write#语句和 Print#语句

Write#语句用来将数据写入顺序文件。其语法格式为:

  Write #文件号, [逗号分隔的输出表达式列表]

通常用 Input#从文件读出 Write#写入的数据。Write#语句如果省略输出表达式列表,并在文件号之后加上一个逗号,则会将一个空白行打印到文件中。多个表达式之间可用空白、分号或逗号隔开。空白和分号等效。

与 Print#语句不同,当要将数据写入文件时,Write#语句会在项目和用来标记字符串的引号之间插入逗号。Write#语句在将输出表达式列表中的最后一个字符写入文件后会插入一个回车换行符(Chr(13)+Chr(10))。

下面的两行代码使用 Write#语句向文件输出数据:

  Write #1, "Hello World", 234 ' 写入以逗号隔开的数据。

  Write #1,   ' 写入空白行。

Print # 语句可以将格式化显示的数据写入顺序文件中。其语法格式为:

  Print #文件号, [输出表达式列表]

其中输出表达式列表的设置如下:

  [{Spc(n) | Tab[(n)]}] [表达式] [;|,]

各项说明如表 8.12 所示:

表 8.12   输出表达式列表

设　　置	描　　述
Spc(n)	用来在输出数据中插入空白字符,而 n 指的是要插入的空白字符数。
Tab(n)	用来将插入点定位在某一绝对列号上,这里,n 是列号。使用无参数的 Tab 将插入点定位在下一个打印区的起始位置。
表达式	要打印的数值表达式或字符串表达式。
; 或,	指定下一个字符的插入点。使用分号将插入点定位在上一个显示字符之后。用 Tab(n)将插入点定位在某一绝对的列号上,用无参数的 Tab 将插入点定位在下一个打印区的起始处。如果省略,则在下一行打印下一个字符。

【例 8.44】 使用 Print # 语句将数据写入文件。

程序代码如下:

```
Open "TESTFILE" For Output As #1                ' 打开输出文件。
Print #1, "This is a test"                       ' 将文本数据写入文件。
Print #1,                                        ' 将空白行写入文件。
Print #1, "Zone 1"; Tab ; "Zone 2"              ' 数据写入两个区(print zones)。
Print #1, "Hello" ; " " ; "World"               ' 以空格隔开两个字符串。
Print #1, Spc(5) ; "5 leading spaces "          ' 在字符串之前写入五个空格。
Print #1, Tab(10) ; "Hello"                     ' 将数据写在第十列。
Close #1                                          ' 关闭文件。
```

需要说明的是：如果今后想用 Input#语句读出文件的数据，就要用 Write#语句而不用 Print# 语句将数据写入文件。因为在使用 Write#时，将数据域分界就可确保每个数据域的完整性，因此 可用 Input#再将数据读出来。使用 Write#还能确保任何地区的数据都被正确读出。

4. 读取文件——Input#语句和 Line Input#语句

Input#语句可以从已经打开的顺序文件中读出数据并将数据指定给变量。Input#语句的语法格 式为：

Input　#文件号，变量表

其中"文件号"参数为之前用 Open 语句打开文件时指定的文件号。"变量表"是一个用逗号 分界的变量列表，用于将文件中读出的值分配给这些变量。

在输入数据项目时，如果已到达文件结尾，则会终止输入，并产生一个错误。为了避免这类 错误，往往是先利用 EOF( )函数（无参布尔型函数，当前指针到达文件尾时返回 True）来判断是 否已到达文件结尾，当且仅当未到达文件结尾时才进行数据的输入。在读入字符串时，字符串本 身的定界符——双引号（""）被忽略。通常用 Write # 将 Input # 语句读出的数据写入文件。

【例 8.45】　使用 Input # 语句将文件内的数据读入两个变量中。本例假设 TESTFILE 文件 内含数行以 Write # 语句写入的数据；也就是说，每一行数据中的字符串部分都是用双引号括起 来，而与数字用逗号隔开，例如，某行的内容是"Hello", 234，即第一个数据是字符串，而第二个 数据是数值。

程序代码如下：

```
Dim MyString, MyNumber
Open "TESTFILE" For Input As #1   ' 打开输入文件。
Do While Not EOF(1)   ' 循环至文件尾。
    Input #1, MyString, MyNumber    ' 将数据读入两个变量。
    Debug.Print MyString, MyNumber    ' 在立即窗口中显示数据。
Loop
Close #1   ' 关闭文件。
```

Line Input #语句可以从已打开的顺序文件中读出一行并将它分配给字符串变量。其语法格 式为：

Line Input #文件号，字符串变量名

Line Input #语句一次只从文件中读出一行，直到遇到回车符（Chr(13)）或回车换行符（Chr(13) + Chr(10)）为止。回车换行符将被跳过，而不会被附加到字符串上。通常用 Print #语句将 Line Input #语句读出的数据写入文件。

【例 8.46】　将文件 TestFile 的全部内容显示在立即窗口。

程序代码如下：

```
Dim TextLine As String
Open "TESTFILE" For Input As #1   ' 打开文件。
Do While Not EOF(1)   ' 循环至文件尾。
    Line Input #1, TextLine   ' 读入一行数据并将其赋予某变量。
    Debug.Print TextLine   ' 在立即窗口中显示数据。
Loop
Close #1   ' 关闭文件。
```

熟练地掌握文件操作的方法，可以使开发出来的程序功能更加强大。

8.8 VBA 程序调试

程序调试，是在编制的程序投入实际运行前，用手工或编译程序等方法进行测试，修正语法错误和逻辑错误的过程。不管是初学者还是写过多年代码的程序员，都会不可避免地在编码过程中犯这样或那样的错误。因此在编写完代码后，一定要进行程序调试。

8.8.1 VBA 程序错误的分类

VBA 程序的错误分成三类：编译错误、实时错误和逻辑错误。

编译错误多数是因为不正确的代码产生的，即在编写程序时书写了错误的语法，从而导致编译器无法正确解释源代码而产生的错误，因此也称为"语法错误"。例如不符合规定的语句格式、对象说明与使用不一致、不正确的初始化数据、不恰当的循环嵌套、在过程的外面书写了代码等，都属于编译错误。这一类错误是最简单的错误，因为在编写代码的过程中编译器总是不断地对代码进行检查，一旦发现有语法错误立刻给出错误提示，并且错误的

图 8.27 编译错误

语句以红色文字显示，因此错误比较容易排除。编译错误的错误提示如图 8.27 所示。

实时错误是指应用程序运行期间，一条语句试图执行一条不可能执行的操作而产生的错误，也称为"运行时错误"。例如数组越界、被 0 除、求负数的平方根、打开一个并不存在的数据库对象、死循环等错误。这一类错误不存在语法上的问题，因此能够通过编译器的检查。程序被编译、生成可执行文件后，在执行的过程中错误才被发现。因此这类错误比较隐蔽，并且不一定每次运行程序的时候都能够导致错误，需要程序员凭借自己的经验准备足够的测试数据才能够发现并排除错误。实时错误发生时，系统通常告知一些相关的信息，然后让用户选择停止执行还是即刻调试程序。这个信息很重要，通常可以提示用户错误产生的直接原因，而如果此时选择调试程序的话，多数情况下系统会把最有可能出现错误的语句用黄色背景显示，用户只需要检查其前后的几条语句就可以了。实时错误的错误提示以及单击【调试】按钮后的效果如图 8.28 所示。

图 8.28 实时错误

然而最难发现和排除的是逻辑错误。逻辑错误是指程序的运行结果和程序员的设想有出入时产生的错误。例如把 x+y 写成了 x-y、条件语句中的大于号（＞）写成小于号（＜）导致分支不能被如愿执行等。这类错误大多是由于程序员没有考虑周全或失误而导致的，并不直接导致程序在编译期间和运行期间出现错误，因此更难以发现，而且运行时没有消息提示，一般要通过设置断点和借助于调试工具才能够发现和改正错误。

8.8.2　断点及其设置

断点是告诉 VBA 挂起程序暂停执行的一个标记，当程序执行到断点处即暂停程序的执行，进入中断模式，此时可以在代码窗口中查看程序内变量、属性的值。在代码中设置断点是常用的一种调试方法。

断点的设置有 3 种办法：

（1）将光标放置在需要设置断点的语句中，执行【调试】菜单中的【切换断点】命令或单击调试工具栏中的【切换断点】按钮，即可在该行语句上设置或取消一个断点。

（2）用键盘设置：将光标放置在需要设置断点的语句中，按下【F9】键也可以在该行语句上设置或取消一个断点。

（3）设置断点更简便的办法是，直接在要设置断点的行的左边单击鼠标。设置了断点的行将以深棕色背景高亮显示，并且在该行左边显示一个深棕色的圆点，作为断点的标记。在代码中可以设置多个断点。单击断点标记（即行首显示的深棕色圆点），可以将已经设置好的断点取消。

设置完断点后，运行程序，运行到断点处，程序就暂停下来，进入中断模式。这时断点处语句以黄色背景显示，左边还显示一个黄色小箭头，表示这条语句等待运行（此时这条语句尚未执行）。

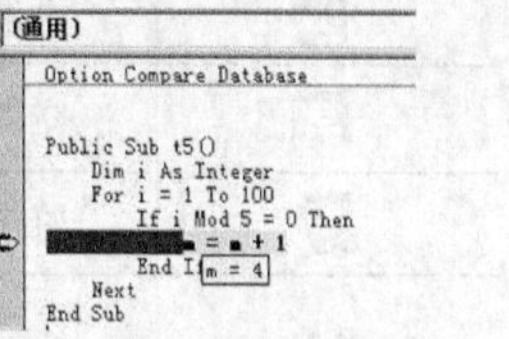

图 8.29　程序在断点处暂停执行

把鼠标光标移到各变量处悬停，则会显示出变量的当前值，如图 8.29 所示。此外，用户也可以在立即窗口里用问号加变量名的命令形式来显示出变量的值。

在需要设置断点的代码行前面添加一个 Stop 语句，也能起到中断程序的作用，在程序运行遇到 Stop 语句时，就会暂停下来。使用 Stop 语句比设置断点更灵活，例如，可以让某个循环在循环指定次数后停止执行，进入到中断模式。

> Stop 语句与断点不同的是：断点不能保存，代码窗口关闭后，重新打开代码窗口时原来设置的断点不再存在；而 Stop 语句会作为程序中的一条语句保存在源代码中，除非手动删除，否则一直存在。

程序运行到断点处暂停后，用户也可以根据需要继续执行、中断程序或者单步运行。

8.8.3　调试工具与使用

VBA 本身不能改正错误，但它提供了一些调试工具辅助程序员查找，分析逻辑错误。有了调试工具，程序员就能够深入到应用程序内部，彻底地了解发生了什么，以及为什么会发生。为了方便调试程序，用户可以使用调试工具栏。

在默认情况下，VBE 界面上不显示调试工具栏。打开【视图】菜单，指向【工具栏】选项，则弹出【工具栏】子菜单，执行其中的【调试】命令即可打开调试工具栏。也可以直接在工具栏空白处右击，在弹出的菜单里选择其中的【调试】命令打开调试工具栏。调试工具栏上各按钮的功能如表 8.13 所示。

表 8.13　　　　　　　　　　　　　　　调试工具栏按钮

按　　钮	名　　称	作　　用
☑	切换设计模式	打开或关闭设计模式

按　　钮	名　　称	作　　用
▷	运行/继续	在设计阶段，运行子程序或窗体；在调试运行的"中断"阶段，程序继续运行至下一个断点或结束程序
ⅠⅠ	中断	暂时中断程序运行并切换至中断模式进行分析
✋	切换断点	用于设置/取消"断点"
⤇	逐语句	用于单步跟踪操作。每操作一次，程序执行一步。当遇到过程调用语句时，会跟踪到被调用过程内部去执行
⤈	逐过程	在调试过程中，遇到调用过程语句时，不跟踪进入到被调用过程内部，而是将调用某过程的操作看作一条语句在本过程内单步执行
⤉	跳出	用于被调用过程内部正在调试运行的程序提前结束被调过程代码的调试，返回到主调过程调用语句的下一行语句
▣	本地窗口	打开"本地窗口"窗口
▤	立即窗口	打开"立即窗口"窗口
▦	监视窗口	打开"监视窗口"窗口
6d	快速监视	中断模式下，在程序代码区选定某个变量或表达式后点击此按钮，则打开"快速监视"窗口
🔗	调用堆栈	显示"调用"对话框，列出当前活动的过程调用（应用中已开始但未完成的过程）

【例 8.47】　调试如下代码，查看变量的中间值。

本例是在文本框 Text0 内输入一个数，然后调用过程 Fibonacci 输出斐波那契数列的前 n 项。因为实现主要计算功能的代码都在被调过程 Fibonacci 内，因此我们在被调过程 Fibonacci 的 Loop 语句处设置断点，目的是为了每次进入循环计算出新项之后暂停，以便观察计算结果是否正确。

```
Private Sub Command2_Click()
    Dim n As Integer
    n = Val(Me.Text0)
    Fibonacci n
End Sub

Public Sub Fibonacci(n As Integer)
    Dim f1 As Integer, f2 As Integer, f As Integer
    f1 = 1: f2 = 1: m = 2
    Debug.Print f1, f2,
    Do While m < n
        m = m + 1
        f = f1 + f2
        Debug.Print f,
        f1 = f2
        f2 = f
    Loop
End Sub
```

程序进入被调过程 Fibonacci 内执行时，遇到 Loop 语句暂停执行。此时把鼠标移动至变量名上面逐一查看各变量的值。也可以打开本地窗口查看所有变量的值。而如果要观察表达式的值，如查看 m<n 的值，可以先在代码窗口选中表达式后点击【监视窗口】按钮，打开监视窗口。此时

表达式的值会显示在监视窗口中。也可以在代码窗口选中表达式后右击，在弹出的菜单中选择【添加监视】项，此时除可以设置观察表达式的值以外，还可以设置根据表达式的取值决定是否中断程序运行，相当于设置了一个"动态的"断点。

调试过程中涉及的窗口如图 8.30 所示，其中立即窗口中显示的是程序执行期间的结果（在立即窗口打印数列的值）。

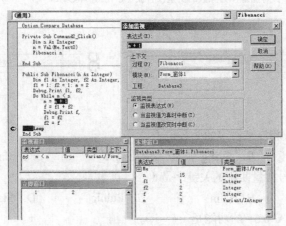

图 8.30　调试程序时查看变量与表达式的值

8.8.4　VBA 错误处理

当程序在运行期间发生错误时，系统会挂起程序，并给出相关的提示信息。也可以使用 On Error GoTo 语句捕获错误，再处理错误。

On Error GoTo 语句 的一般使用格式是：

On Error GoTo 标号

或

On Error GoTo 0

或

On Error Resume Next

语句"On Error GoTo 标号"的作用是，当其后的语句在运行期间发生错误时，程序转移到标号所在的位置去执行。On Error GoTo 处理的语句，是指从其下一条语句到下一个 On Error 语句或标号行之间的所有语句。

语句"On Error Resume Next" 的作用是，忽略发生错误的语句，从出错语句的下一条语句开始继续执行。

语句"On Error GoTo 0"的含义是关闭错误处理，停止错误捕捉，由系统处理错误。

例如，当程序中有类似被零除的错误发生时，系统一般会给出"运行时错误'11'：除数为零"的错误，如果想要使提示信息更加友好、易于理解，我们就可以自己捕获错误，并在错误处理时给出自己定义的提示信息，如图 8.31 所示。

图 8.31　自行定义的错误提示

程序代码如下：

```
Public Sub Err1()
    Dim a As Integer, b As Integer
```

```
    b = 200
    On Error GoTo myerror1
    Debug.Print 5 / a
    Exit Sub
myerror1:
    MsgBox "出错了，可能是作为除数的变量没有被初始化或者值为 0。"
End Sub
```

习 题 8

一、选择题

1. 将一个数转换成相应字符串的函数是（　　）。

A. Str B. String C. Asc D. Chr

2. VBA 中定义符号常量使用的关键字是（　　）。

A. Const B. Dim C. Public D. Static

3. 表达式"B=INT(A+0.5)"的功能是（　　）。

A. 将变量 A 保留小数点后 1 位 B. 将变量 A 四舍五入取整

C. 将变量 A 保留小数点后 5 位 D. 舍去变量 A 的小数部分

4. 在程序的调试过程中，可配合使用设计器上的（　　）工具按钮进入过程内部调试。

A. "监视窗口" B. "快速监视"

C. "逐语句" D. "逐过程"

5. Sub 过程与 Function 过程最根本的区别是（　　）。

A. Sub 过程的过程名不能返回值，而 Function 过程能通过过程名返回值

B. Sub 过程可以使用 Call 语句或直接使用过程名调用，而 Function 过程不可以

C. 两种过程参数的传递方式不同

D. Function 过程可以有参数，Sub 过程不可以

6. 如果 X 是一个正的实数，保留两位小数、将千分位四舍五入的表达式是（　　）。

A. 0.01*Int(X+0.05) B. 0.01*Int(100*(X+0.005))

C. 0.01*Int(X+0.005) D. 0.01*Int(100*(X+0.05))

7. 两个日期变量 D1=#2003-5-28 20:8:36#，D2=#2004-2-29 10:40:11#。下列函数表达式中可以返回-9，即间隔 9 月的是（　　）。

A. DateAdd("m",-9,D1) B. DateDiff("m",D2,D1)

C. DateDiff("m",D1,D2) D. DateSerial（2004,2,29）

8. 由 "For i = 1 To 16 Step 3" 决定的循环结构被执行（　　）。

A. 4 次 B. 5 次 C. 6 次 D. 7 次

9. 定义了二维数组 A(3 to 8,3)，该数组的元素个数为（　　）。

A. 20 B. 24 C. 25 D. 36

10. 如果在被调用的过程中改变了形参变量的值；但又不影响实参变量本身，这种参数传递方式称为（　　）。

A. 按值传递 B. 按地址传递 C. ByRef 传递 D. 按形参传递

11. 在 VBA 中，能自动检查出来的错误是（　　　）。

    A. 语法错误　　　　B. 逻辑错误　　　　C. 运行错误　　　　D. 注释错误

12. 若有以下窗体单击事件过程：

```
Private Sub Form_Click()
    result = 1
    For i = 1 To 6 Step 3
        result = result * i
    Next i
MsgBox result
    End Sub
```

打开窗体运行后，单击窗体，则消息框的输出内容是（　　　）。

    A. 1　　　　　　　　B. 4　　　　　　　　C. 15　　　　　　　　D. 120

13. 窗体中有命令按钮 Command1，其 Click 事件代码如下。该事件的完整功能是：接收从键盘输入的 10 个大于 0 的整数，找出其中的最大值和对应的输入位置：

```
Private Sub Command1_Click()
    max = 0
    max_n = 0
    For i = 1 To 10
        num = Val(InputBox("请输入第" & i &"个大于 0 的整数："))
        if_____Then
            max = num
            max_n = i
        End If
    Next i
    MsgBox("最大值为第" & max_n & "个输入的" & max)
End Sub
```

程序空白处应该填入的表达式是（　　　）。

    A. num > I　　　　　　B. i < max　　　　　　C. num > max　　　　D. num < max

14. 若有如下 Sub 过程：

```
Sub sfun ( x As Single, y As Single )
    t = x
    x = t / y
    y = t Mod y
End Sub
```

往窗体中添加一个命令按钮 Command1，对应的事件过程如下：

```
Private Sub Command1_Click()
    Dim a As Single
    Dim b As Single
    a = 5 : b = 4
    sfun( a, b )
    MsgBox a & chr(10) + chr (13) & b
End Sub
```

打开窗体运行后，单击命令按钮，消息框中有两行输出，内容分别为（　　　）。

    A. 1 和 1　　　　　　B. 1.25 和 1　　　　C. 1.25 和 4　　　　D. 5 和 4

15. 运行下列程序，在立即窗口显示的结果是（　　　）。

```
Private Sub Command0_Click()
    Dim I As Integer, J As Integer
    For I = 2 To 10
        For J = 2 To I/2
```

```
            If I mod J = 0 Then Exit For
        Next J
        If J > sqr(I) Then Debug.Print I;
    Next I
End Sub
```

A. 1 5 7 9   B. 4 6 8   C. 3 5 7 9   D. 2 3 5 7

16. 下列程序的功能是求算式: 1-1/2+1/3-1/4+....前 30 项之和:

```
Private Sub Command1_Click()
    Dim i as Integer, s As Single, f As Integer
    s = 0 : f = 1
    For i = 1 To 30
        s = s + f/i
        f =
    Next i
Debug.Print "1-1/2+1/3-1/4+…="; s
End Sub
```

程序空白处应该填入的表达式是（   ）。

    A. f+1   B. -1*(f+1)   C. –I   D. –f

17. 在窗体中添加一个命令按钮（名称为 Command1），然后编写如下代码:

```
Private Sub Command1_Click ()
    a = 0: b = 0: c = 6
    MsgBox a = b + c
End Sub
```

窗体打开运行后，如果单击命令按钮，则消息框的输出结果为（   ）。

    A. 11   B. a=11   C. 0   D. False

18. 在窗体中添加一个名称为 Command1 的命令按钮，然后编写如下事件代码:

```
Private Sub Command1_Click ()
    Dim a (10, 10)
    For m = 2 To 4
        For n = 4 To 5
            a (m, n) = m*n
        Next n
    Next m
    MsgBox a(2,5)+a(3,4) +a(4,5)
End Sub
```

窗体打开运行后，单击命令按钮，则消息框的输出结果是（   ）。

  A. 22   B. 32   C. 42   D. 52

19. 在窗体中添加一个名称为 Command1 的命令按钮，然后编写如下程序:

```
Public x As Integer
Private Sub Command1_Click ()
    x = 10
    Call s1
    Call s2
    MsgBox x
End Sub
Private Sub s1 ()
    x = x + 20
End Sub
```

```
Private Sub s2()
    Dim x As Integer
    x = x+20
End Sub
```

窗体打开运行后，单击命令按钮，则消息框的输出结果为（　　）。

　　A．10　　　　　　　B．30　　　　　　　　C．40　　　　　　　　D．50

20．在窗体中添加一个名称为 Command1 的命令按钮，然后编写如下事件代码，窗体打开运行后，单击命令按钮，则消息框的输出结果是（　　）。

```
Private Sub Command1_Click()
    s = "ABBACDDCAB"
    For i = 6 To 2 Step -2
        x = Mid(s, i, i)
        y = Left(s, i)
        z = Right(s, i)
        z = x & y & z
    Next i
    MsgBox z
End Sub
```

窗体打开运行后，单击命令按钮，则消息框的输出结果是（　　）。

　　A．ABAAB　　　　　　B．ABBABA　　　　　　C．BABBA　　　　　D．BBABBA

21．下面 VBA 程序段运行时，内层循环的循环总次数是（　　）。

```
For m = 0 To 7 step 3
    For n = m-1 To m+1
    Next n
Next m
```

　　A．5　　　　　　　　B．6　　　　　　　　　C．8　　　　　　　　D．9

22．以下程序运行后，消息框的输出结果是（　　）。

```
a=sqr(3)
b=sqr(2)
c=a>b
MsgBox c+2
```

　　A．-1　　　　　　　B．1　　　　　　　　　　C．2　　　　　　　　　　D．出错

23．在窗体上添加一个命令按钮（名为 Command1），然后编写如下事件过程：

```
Private Sub Command1_Click
    Dim b, k
    For k = 1 to 6
        b = 23 + k
    Next k
    MsgBox b+k
End Sub
```

打开窗体后，单击命令按钮，消息框的输出结果是（　　）。

　　A．35　　　　　　　B．36　　　　　　　　C．37　　　　　　　　D．29

24．运行下列程序段，结果是（　　）。

```
For m=10 to 1 step 0
    k=k+3
Next m
```

A. 形成死循环   B. 循环体不执行即结束循环

C. 出现语法错误   D. 循环体执行一次后结束循环

25. 若窗体 Frm1 中有一个命令按钮 Cmd1，则它们的单击事件过程名分别为（   ）。

     A. Form_Click()、Command1_Click()   B. Frm1_Click()、Command1_Click()

     C. Form_Click()、Cmd1_Click()   D. Frm1_Click()、Cmd1_Click()

26. 下列程序的功能是计算 N = 2+(2+4)+(2+4+6)+   +(2+4+6+   +40)的值。

```
Private Sub Command1_Click( )
    t = 0
    m = 0
    sum = 0
    Do
        t = t+m
        sum = sum + t
        m = _____
    Loop while m < 41
    MsgBox "Sum = " & sum
End Sub
```

空白处应该填写的语句是（   ）。

     A. t + 2   B. t + 1   C. m + 2   D. m + 1

27. 窗体中有命令按钮 run1，对应的事件代码如下：

```
Private Sub run1_Click()
    Dim num As Integer, a As Integer, b As Integer, i As Integer
    For i=1 To 10
        num=InputBox("请输入数据: ","输入")
        If Int(num/2)=num/2 Then
            a=a+1
        Else
            =b+1
        End If
    Next i
    MsgBox("运行结果: a=" & Str(A) & ",b=" & Str(B))
End Sub
```

运行以上事件过程，所完成的功能是（   ）。

     A. 对输入的 10 个数据求累加和

     B. 对输入的 10 个数据求各自的余数，然后再进行累加

     C. 对输入的 10 个数据分别统计奇数和偶数的个数

     D. 对输入的 10 个数据分别统计整数和非整数的个数

28.如下程序段定义了学生成绩的记录类型，由学号、姓名和三门课程成绩(百分制)组成。

```
Type Stud
    no As Integer
    name As String
    score(1 to 3) As Single
End Type
```

若对某个学生的各个数据项进行赋值，下列程序段中正确的是（   ）。

A.   Dim S As Stud   B.   Dim S As Stud

     Stud.no = 1001   S.no = 1001

     Stud.name = "米小乐"   S.name = "米小乐"

	Stud.score = 78,88,96		S.score = 78,88,96
C.	Dim S As Stud	D.	Dim S As Stud
	Stud.no = 1001		S.no = 1001
	Stud.name = "米小乐"		S.name = "米小乐"
	Stud.score（1）= 78		S.score（1）= 78
	Stud.score（2）= 88		S.score（2）= 88
	Stud.score（3）= 96		S.score（3）= 96

29. 用于打开报表的 VBA 代码是（　　　）。

　　A. Me.OpenReport　　　　　　　　　　B. Docmd.OpenReport

　　C. Docmd.OpenQuery　　　　　　　　　D. Me.OpenQuery

30. 执行下面的程序段后，K 的值为（　　　）。

```
K=0
For I=1 to 3
    For J=1 to I
        K=K+J
    Next J
Next I
```

　　A. 8　　　　　　　　B. 10　　　　　　　C. 14　　　　　　　D. 21

31. 函数 Mid("123456789",3,4)返回的值是（　　　）。

　　A. 123　　　　　　　B. 1234　　　　　　C. 3456　　　　　　D. 456

32. 运行下面程序代码后，变量 J 的值为（　　　）。

```
Private Sub Fun()
    Dim J as Integer
    J=10
    DO
        J=J+3
    Loop While J<19
End Sub
```

　　A. 10　　　　　　　B. 13　　　　　　　C. 19　　　　　　　D. 21

33. 下面的程序执行后的结果是（　　　）。

```
s = ""
For i = 1 To 4
    For j = 1 To 4
        s = s & "*"
    Next
    Debug.Print s
Next
```

　　A. *　　　　　　B.　　　　　　　C.　　　　***　　D. 以上都不是

　　　　**　　　　　　　　*　　　　　　　*

　　　　***　　　　　　　**　　　　　　****

　　　　****　　　　　　***　　　　　　****

　　　　　　　　　　　　****　　　　　　****

34. 给定日期 D1，可以计算该日期当月最大天数的正确表达式是

　　A. Day(DateSerial(Year(D1),Month(D1),Day(D1)))

　　B. Day(DateSerial(Year(D1),Month(D1),0))

C. Day(DateSerial(Year(D1),Month(D1+1),0))

D. Day(DateSerial(Year(D1),Month(D1)+1,0))

35. 在窗体中有一个命令按钮 Command1 和一个文本框 Text1，编写事件代码如下：

```
Private Sub Command1_Click()
    For I =1 To 4
        x = 3
        For j = 1 To 3
            For k = 1 To j Step 2
                x = x + 3
            Next k
        Next j
    Next I
    Text1 = Str(x)
End Sub
```

打开窗体运行后，单击命令按钮，文本框 Text1 输出的结果是（   ）。

A. 12   B. 15   C. 18   D. 21

二、填空题

1. 若窗体中已有一个名为 Command1 的命令按钮、一个名为 Label1 的标签和一个名为 Text1 的文本框，且文本框的内容为空，然后编写如下事件代码：

```
Private Function f(x As Long ) As Boolean
    If x/2 =Int(x/2) Then f = True Else f = False
End Function
Private Sub Command1_Click( )
    Dim n As Long
    n = Val(Me!text1)
    p = IIf(f(n), "Even number", "Odd number")
    Me!Label1.Caption = n & " is "& p
End Sub
```

窗体打开运行后，在文本框中输入 21，单击命令按钮，则标签显示内容为_____。

2. 在窗体中添加一个名称为 Command1 的命令按钮，然后编写如下程序：

```
Private Sub s(ByVal x As Integer)
    x = x * 5
End Sub
Private Sub Command1_Click()
    Dim i As Integer
    i = 3
    Call s(i)
    If i mod 5=0 Then i = i ^ 2
    MsgBox i
End Sub
```

窗体打开运行后，单击命令按钮，则消息框的输出结果为_____。

3. 运行下面程序，其运行结果 k 的值为_____，其最内层循环体执行次数为_____。

```
Dim i, j, k As Integer
i = 1
Do
    For j = 1 To i Step 2
        k = k + j
    Next
    i = i + 2
Loop Until i > 8
```

4. 运行下面程序，其输出结果（str2 的值）为_____。

```
Dim str1, str2 As String
Dim i As Integer
str1 = "abcdef"
For i = 1 To Len(str1) Step 2
    str2 = UCase(Mid(str1, i, 1)) + str2
Next
MsgBox str2
```

5. 表达式 3\3*3\3 的结果是_____。

6. 退出 Access 应用程序的 VBA 代码是_____。

7. 在窗体中使用一个文本框（名为 num1）接受输入值，有一个命令按钮 run1，事件代码如下：

```
Private Sub run1_Click()
    If Me!num1 >= 60 Then
        result = "及格"
    ElseIf Me!num1 >= 70 Then
        Result = "通过"
    ElseIf Me!num1 >= 85 Then
        Result = "合格"
    End If
    MsgBox result
End Sub
```

打开窗体后，若通过文本框输入的值为 85，单击命令按钮，输出结果是_____。

8. 运行如下程序段后 x 的值应是_____。

```
x = 1 :    y = 1 :     z = 1
For j = 1 To 3
    For k = 1 To 2
        If j = 1 Then
            x = x + y + z
        ElseIf j = 2 Then
            x = 2 * x + 2 * y + 2 * z
        Else
            x = 3 * x + 3 * y + 3 * z
        End If
    Next k
Next j
```

9. 有一个标题为"登录"的用户登录窗体，窗体上有两个标签，标题分别为"用户名:"和"密码:"，用于输入用户名的文本框名为"UserName"，用于输入密码的文本框名为"UserPassword"，用于进行倒计时显示的文本框名为"Tnum"，窗体上有一个标题为"确认"的按钮名为"OK"，用于输入完用户名和密码后单击此按钮确认。

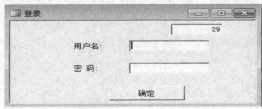

输入用户名和密码，如用户名或密码错误，则给出提示信息；如正确，则显示"欢迎使用!"信息。要求整个登录过程要在 30 秒内完成，如果超过 30 秒还没有完成正确的登录操作，则程序

给出提示自动终止整个登录过程。

请在程序空白处填入适当的语句，使程序完成指定的功能。

```
Option Compare Database
Dim Second As Integer
Private Sub Form_Open(Cancel As Integer)
    Second = 0
End Sub
Private Sub Form_Timer()
    If Second > 30 Then
        MsgBox "请在 30 秒内登录", vbCritical, "警告"
        DoCmd.Close
    Else
        Me!Tnum = 30 - Second    '倒计时显示
    End If
    Second =_____
End Sub
Private Sub OK_Click()
    If Me.UserName <> "123" Or Me.UserPassword <> "456" Then
        MsgBox "错误!" + "您还有" & 30 - Second & "秒", vbCritical, "提示"
    Else
        Me.TimerInterval =                    '终止 Timer 事件继续发生
        MsgBox "欢迎使用! ", vbInformation, "成功"
        DoCmd.Close
    End If
End Sub
```

10. 以下是一个竞赛评分程序，去掉一个最高分和一个最低分，计算平均分（设满分为 10 分）。请填空补充完整。

```
Private Sub Form_Click()
    Dim Max As Integer, Min As Integer
    Dim i As Integer, x As Integer, s As Integer
    Dim p As Single
    Max = 0
    Min = 10
    For i = 1 To 8
        x = Val(InputBox("请输入分数: "))
        If _____Then Max = x
        If_____Then Min = x
        s = s + x
    Next i
    s = _____
    p = s / 6
    MsgBox "最后得分: " & p
End Sub
```

11. 设有如下代码：

```
x = 1
Do
x = x + 2
Loop until_____
```

运行程序，要求循环执行 3 次后结束循环，在空白处填入适当语句。

12. 如下程序用来计算 1/2+2/3+3/4+4/5 的值。

```
Private Sub Command1_Click( )
```

```
Dim sum As Double, x As Double
sum = 0
n = 0
For i=1 To 5
x = n / i
_____
sum = sum + x
Next i
End Sub
```

13. 执行下面的程序，消息框里显示的结果是_____。

```
Private Sub Form_Click()
    Dim Str As String,k As Integer
    Str="ab"
    For k=Len(Str) To 1 Step -1
        Str=Str & Chr(Asc(Mid(Str,k,1))+k)
    Next k
    MsgBox Str
End Sub
```

14. 在窗体上放置一个名称为 Command1 的命令按钮，然后编写如下事件过程：

```
Private Sub Command1_Click()
    _____
s=0
For i=1 To 8
f=f_____
s=s+f
Next
Print s
End Sub
```

该事件过程的功能是计算 s=1+1/2!+1/3!+...+1/8!的值，在空白处填入适当语句。

15. 运行下列程序，在立即窗口显示的结果是_____。

```
Public SubTest()
    Dim i As Integer, j As Integer
    For i = 2 To 10
    For j = 2 To i / 2
        If  i Mod j = 0 Then Exit For
    Next
    If  j > Sqr(i) Then Debug.Print i;
    Next
End Sub
```

第 9 章
VBA 数据库编程

前面的章节中，已经介绍了使用各种类型的 Access 数据库对象来处理数据的方法和形式。本章将进一步学习数据库编程，即编写 VBA 程序访问数据库。开发 VBA 数据库应用程序除了可以更加快速、有效地管理好数据以外，还能从根本上将最终用户与数据库对象隔离开来，避免最终用户直接操作数据库对象，从而加强了数据库的安全性，保证了数据库系统的可靠运行。

本章相关知识点如下：
◆ 数据库引擎及接口
◆ 数据访问对象
◆ ActiveX 数据对象
◆ 域聚合函数
◆ 数据库编程举例

9.1 VBA 数据库编程基础

9.1.1 数据库引擎及接口

Microsoft Office VBA 是通过 Microsoft Jet 数据库引擎工具来支持对数据库的访问。所谓数据库引擎实际上是一组动态链接库（DLL），当程序运行时被连接到 VBA 程序而实现对数据库的数据访问功能。数据库引擎是应用程序与物理数据库之间的桥梁，它以一种通用接口的方式，使各种类型物理数据库对用户而言都具有统一的形式和相同的数据访问与处理方法。

在 Microsoft Office VBA 中主要提供了 3 种数据库访问接口：
◆ 开放数据库互连应用编程接口（Open DataBase Connectivity Application Programming Interface，简称 ODBC API）；
◆ 数据访问对象（Data Access Objects，简称 DAO）；
◆ ActiveX 数据对象（ActiveX Data Objects，简称 ADO）；

ODBC 基于 SQL，把 SQL 作为访问数据库的标准，一个应用程序通过一组通用代码访问不同的数据库管理系统。ODBC 可以为不同的数据库提供相应的驱动程序。

DAO 是 Office 早期版本提供的编程模型，用来支持 Microsoft Jet 数据库引擎，并允许开发者通过 VBA 直接连接到 Access 数据库。DAO 是微软的第一个面向对象的数据库接口，DAO 封装了 Access 的 Jet 函数。通过 Jet 函数，它还可以访问其他的结构化查询语言（SQL）数据库。DAO

通过定义一系列数据访问对象，如 Database、Recordset、Field 对象等，实现对数据库的各种操作。DAO 最适用于单系统应用程序或在小范围本地分布使用，其内部已经对 Jet 数据库的访问进行了加速优化。如果数据库是 Access 数据库且是本地使用的话，可以使用这种访问方式。

ADO 是基于组件的数据库编程接口，是一个和编程语言无关的 COM 组件系统。使用它可以方便地连接任何符合 ODBC 标准的数据库。由于 Microsoft 公司明确表示对 DAO 不再升级，重点放在 DAO 的后继产品 ADO（包括最新发布的 ADO.Net）上，ADO 已成为当前数据库开发的主流技术。ADO 扩展了 DAO 所使用的层次对象模型，用较少的对象，更多的属性和方法来完成对数据库的操作，如查询、添加、更新、删除等，使得应用程序对数据库的操作更加灵活，开发过程更加规范。

Microsoft Access 2010 同时支持 ADO 和 DAO 两种数据访问接口。综合分析 Access 环境下的数据库编程，大致可划分为以下情况：

（1）利用 VBA+ADO（或 DAO）操作当前数据库。

（2）利用 VBA+ADO（或 DAO）操作本地数据库（Access 数据库或其他）。

（3）利用 VBA+ADO（或 DAO）操作远端数据库（Access 数据库或其他）。

对于这些数据库编程设计，完全可以使用前面叙述的一般 ADO（或 DAO）操作技术进行分析和加以解决。

9.1.2　数据访问对象（DAO）

数据访问对象（DAO,Data Access Object）是 VBA 提供的一种数据访问接口。DAO 包括数据库创建、表和查询的定义等工具，借助 VBA 代码可以灵活地控制数据访问的各种操作。

需要指出的是，在 Access 模块设计时要想使用 DAO 访问各个对象，首先应该增加一个对 DAO 库的引用。Acces 2010 的 DAO 引用库为 DAO 3.6，其引用设置方式为：先进入 VBA 编程环境，打开【工具】菜单并单击选择【引用】菜单项弹出引用对话框，从【可使用的引用】列表框选项中选中【Microsoft DAO 3.6 Object Library】，并按"确定"按钮即可。

DAO 数据访问对象模型如图 9.1 所示。它包含了一个复杂的可编程数据关联对象的层次，其中处于最顶层的是 DBEngine 对象。

DAO 的对象层次包括：

（1）DBEngine 对象，表示 Microsoft Jet 数据库引擎。它是 DAO 模型的最上层对象，而且包含并控制 DAO 模型中的其余全部对象。数据库引擎是一组动态链接库，在程序运行时被连接到 VBA，实现对数据库的数据访问功能，是应用程序与物理数据库之间的桥梁。

（2）Workspace 对象，表示工作区，可以使用隐含的 Workspace 对象。

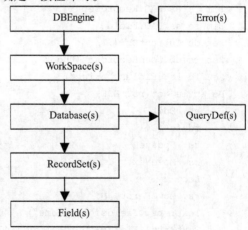

图 9.1　DAO 数据访问对象模型

（3）Database 对象，代表到数据库的连接，表示操作的数据库对象。一旦创建了 Database 对象，就可以通过对象的属性和方法来操作数据库。

（4）RecordSet 对象，代表一个数据记录的集合，该集合的记录来自于一个表、一个查询或一个 SQL 语句的运行结果。

（5）Field 对象，表示记录集中的字段。

（6）QueryDef 对象，表示数据库查询信息。

（7）Error 对象，表示数据提供程序（Data Provider）出错时的扩展信息。

用 DAO 访问数据库时，先在程序中设置对象变量，然后通过对象变量调用访问对象的方法、设置访问对象的属性，从而实现对数据库的各种访问。定义 DAO 对象要在对象前面加上前缀"DAO"。

下面是用 DAO 访问数据库的一般语句和步骤：

```
Dim ws as DAO.Workspace                '定义 Workspace 对象变量
Dim db as DAO. Database                '定义 Database 对象变量
Dim rs as DAO.RecordSet                '定义 RecardSet 对象变量
Dim fd as DAO.Field                    '定义 Field 对象变量
Set ws=DBEngine.Workspace(0)           '打开默认工作区，用 Set 语句给对象赋值
Set db=OpenDatabase(<全路径数据库文件名>)        '打开数据库
Set rs=db.OpenRecordSet(<表名、查询名或 SQL 语句>)    '打开记录集
Do While not rs.EOF          '循环遍历整个记录集直至记录集末尾
……                          '对字段的各种操作
rs. MoveNext                 '记录指针移到下一条
Loop                         '返回到循环开始处
rs.Close                     '关闭记录集
db.Close                     '关闭数据库
Set rs=Nothing               '释放记录集对象变量所占内存空间
Set db=Nothing               '释放数据库对象变量所占内存空间
```

说明　　　如果是本地数据库，可以省略定义 Workspace 对象变量，打开工作区和打开数据库两条语句可以用一条 Set db=CurrentDB()语句代替。该语句是 Access 的 VBA 为 DAO 提供的一种快捷的打开数据库的方式。

【例 9.1】　实现将单价提高 10%的代码如下：

```
Dim db as DAO.Database                 '定义 Database 对象变量
Dim rs as DAO.Recordset                '定义 Recordset 对象变量
Dim fd as DAO.Field                    '定义 Field 对象变量
Set db=CurrentDb ()                    '建立与当前数据库的连接
Set rs=db.OpenRecordset("book")        '建立与 book 表的连接
Set fd=rs. Fields("price")             '设置对 "price" 字段的引用
Do While Not rs. EOF                       '如果指针没有到最后就执行循环体
    rs. Edit                              '使 rs 处于可编辑状态
    fd=fd *1.1                         '给指定字段值增加 10%
    rs. Update                '更新表
    rs. MoveNext                       '向下移动指针
    Loop                              '返回到循环开始处
    rs. MoveFirst                     '指针移到第一条记录，刷新显示
    Text1=rs. Fields("BookName")    'Text1 显示书名字段的值
    Text2=rs. Fields("price")       'Text2 显示单价字段的值
    rs. Close
    db. Close
    Set rs=Nothing
    Set db=Nothing
```

9.1.3　ActiveX 数据对象（ADO）

ADO 数据对象的全称是 ActiveX Data Objects，它是一种基于组件的数据库编程接口。ADO

实际是一种提供访问各种数据类型的连接机制，是一个与编程语言无关的 COM 组件系统。ADO 被设计为一种极简单的格式，可以方便地连接任何符合 ODBC 标准的数据库。

与 DAO 对象类似，在设计 Access 数据库模块时，为了能使用 ADO 的各个访问对象，也要设置引用库。设置方法也很简单：在 VBA 编程环境下，选择【工具】菜单的【引用】命令，从【可使用的引用】列表中选择【Microsoft ActiveX Data Objects X.Y Library】（X、Y 为版本号），单击"确定"按钮。

ADO 对象模型是一系列对象的集合，对象不分级，除 Field 对象和 Error 对象之外，其他对象可直接创建。使用时，通过对象变量调用对象的方法、设置对象的属性，实现对数据库的访问。ADO 对象模型如图 9.2 所示。

ADO 的对象层次包括：

（1）Connection 对象，建立到数据源的连接。通过连接对象可从应用程序访问数据源。

（2）Command 对象，表示一个命令。在建立数据库连接后，可以发出命令操作数据库。一般情况下，Command 对象可以在数据库中添加、删除或更新数据，或者在表中进行数据查询。Command 对象在定义查询参数或执行存储过程时非常有用。

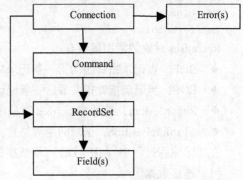

图 9.2　ADO 对象模型

（3）RecordSet 对象，表示数据操作返回的记录集。这个记录集是一个连接的数据库中的表，或者是 Command 对象的执行结果返回的记录集。所有对数据的操作几乎都是在 RecordSet 对象中完成的。可以完成定位、移动记录指针、添加、更改和删除记录等操作。

（4）Field 对象，表示记录集中的字段。

（5）Error 对象，表示数据提供程序出错时的扩展信息。

Connection 对象与 RecordSet 对象是两个 ADO 中最重要的对象。RecordSet 对象可以分别与 Connection 对象和 Command 对象联合使用。

当 RecordSet 对象与 Connection 对象联合使用时，代码如下：

```
Dim cn as New ADODB.Connection        '建立连接对象
Dim rs as new ADODB.RecordSet         '建立记录集对象
cn.Provider="Microsoft.Jet.OLEDB.4.0" '设置数据提供者
cn. Open  <连接字符串>                 '提供全路径数据库文件名，打开数据库
rs. Open  <查询字符串>                 '打开记录集
Do While Not rs.EOF                   '循环开始
……                                   '对字段的各种操作
rs. MoveNext                          '记录指针移到下一条
Loop                                  '返回到循环开始处
rs. Close                             '关闭记录集
cn. Close                             '关闭连接
Set rs=Nothing                        '释放记录集对象变量所占内存空间
Set cn=Nothing                        '释放连接对象变量所占内存空间
```

对于本地数据库，Access 的 VBA 也给 ADO 提供了类似于 DAO 的数据库打开快捷方式，可以将设置数据提供者和打开数据库两条语句用 Set cn=CurrentProject.Connection()语句代替。

当 RecordSet 对象与 Command 对象联合使用时，代码如下：

```
Dim cn as New ADODB.Command           '建立命令对象
```

```
Dim rs as New ADODB.RecordSet          '建立记录集对象
cn.ActiveConnection=<连接字符串>         '建立命令对象的活动连接
cn.CommandType=<查询类型>               '指定命令对象的查询类型
cn.CommandText=<查询字符串>             '建立命令对象的查询字符串
rs.Open cn, <其他参数>                  '打开记录集
Do While Not rs.EOF                    '循环开始
    ……                                '对字段的各种操作
  rs.MoveNext                          '记录指针移到下一条
loop                                   '返回到循环开始处
rs. close                              '关闭记录集
Set rs=nothing                         '释放记录集对象变量所占内存空间
```

Recordset 对象的常用属性有：

◆ BOF，当记录指针指向第一条记录之前时，结果为 True。

◆ EOF，当记录指针指向最后一条记录之后时，到达记录集尾，结果为 True。

◆ RecordCount，统计 Recordset 对象中的记录数。

◆ AbsolutePosition，记录的绝对位置，用记录号指示。

在实际编程过程中.使用 ADO 存取数据的主要对象操作有：

（1）连接数据源

利用 Connection 对象可以创建一个数据源的连接。应用的方法是 Connection 对象的 Open 方法。

语法：

```
    Dim cn As New ADODB. Connection          '创建 Connection 对象实例
  cn.Open [连接字符串][, 用户名][, 密码]
```

其中连接字符串包含了连接数据库的信息，最重要的就是体现 OLE DB 主要环节的数据提供者(Provider)信息。

（2）打开记录集对象或执行操作查询

实际上，记录集是一个从数据库取回的查询结果集。执行操作查询则是对数据库中的表直接实施追加、删除或修改记录操作。一般有 3 种方法：

① 记录集的 Open 方法

语法：

```
Dim rs As New ADODB. RecordSet        '创建 RecordSet 对象实例
'打开记录集
rs.Open [ Source][,ActiveConnection ][,CursorType][,LockType][,Options]
```

其中：

◆ Source：可选项，指明了所打开的记录集信息。可以是合法的 SQL 语句、表名、存储过程调用或保存记录集的文件名。

◆ ActiveConnection：可选项，合法的已打开的 Connection 对象变量名，或者是包含连接字符串参数的字符串。

◆ CursorType：可选项，确定打开记录集对象使用的指针类型。

◆ LockType：可选项，确定打开记录集对象使用的锁定类型。

◆ Options：可选项，指示提供者 Source 参数的方式，其值 adCmdText 对应 Source 参数为 SQL 语句；adCmdTable 对应 Source 参数为表名；adCmdStoredProc 对应 Source 参数为存储过程；默认值为 adCmdUnknown 对应 Source 参数的类型未知。

② Connection 对象的 Execute 方法

语法：
```
Dim cn as New ADODB.Connection        '建立连接对象
Dim rs as New ADODB.RecordSet         '建立记录集对象
Set rs=cn.Execute(CommandText[,RecordsAffected][,Options])
```
或
```
        cn.Execute(CommandText[,RecordsAffected][,Options])  '不需要返回记录集的情况
```
其中：
- CommandText：字符串，返回要执行的 SQL 命令、表名、存储过程或指定文本。
- RecordsAffected：可选项，Long 类型的值，返回操作影响的记录数。
- Options：可选项，Long 类型值，指明如何处理 CommandText 参数。

③ Command 对象的 Execute 方法

语法：
```
Dim cn as New ADODB.Connection                    '建立连接对象
Dim cmm As New ADODB.Command                      '建立 Command 对象
     ……                                          '打开连接等
Dim rs As New ADODB.RecordSet          ' 建立记录集对象
Set rs=cmm.Execute([Recordsfected][,Parameters][,Options])
```
或
```
cmm .Execute[RecordAffected][, Parameters][,Options]
```
其中：
- RecordsAffected：可选项，Long 类型的值，返回操作影响的记录数。
- Parameters：可选项，用 SQL 语句传递的参数值的 Variant 数组。
- Options：可选项，Long 类型值，指明如何处理 CommandText 参数。

（3）使用记录集

得到记录集后，可以在此基础上进行记录指针定位、记录的检索、添加、更新和删除等操作。

① 定位记录

ADD 提供了多种定位和移动记录指针的方法。主要有 Move 和 MoveXXXX 两类。

语法：
```
recordset.Move  NumRecords[,Start]
```
其中：
- NumRecords 参数为带符号的长整型表达式，指定当前记录位置偏移的记录数。
- Start 参数可选，字符串或变体型，用于计算书签。如果指定了 Start 参数，则移动相对于该书签的记录（假定 Recordset 对象支持书签）。如果没有指定，则移动相对于当前记录。

所有 Recordset 对象都支持 Move 方法。如果 NumRecords 参数大于零，则当前记录位置将向后移动（向记录集的末尾）。如果 NumRecords 小于零，则当前记录位置向前移动（向记录集的开始）。

如果 Move 调用将当前记录位置移动到首记录之前，则此时记录集的 BOF 属性值为 True。在 BOF 属性已经为 True 时如果向前移动，系统将产生错误。如果 Move 调用将当前记录位置移动到尾记录之后，则此时记录集的 EOF 属性值为 True。在 EOF 属性已经为 True 时试图向后移动也会产生错误。这是编程时应该考虑的问题。

除了 Move 方法外，ADO 还提供了几个更为简单的方法用来定位和移动记录指针的方法，那就是 MoveFirst、MoveLast、MoveNext 和 MovePrevious 方法，语法格式为：
```
Recordset.{MoveFirst|MoveLast|MoveNext|MovePrevious}
```

使用 MoveFirst 方法将当前记录位置移动到 Recordset 中的第一个记录。

使用 MoveLast 方法将当前记录位置移动到 Recordset 中的最后一个记录。

使用 MoveNext 方法将当前记录位置移动到 Recordset 中的下一个记录。如果最后一个记录是当前记录并且调用 MoveNext 方法，则 ADO 将当前记录设置到 Recordset 的尾记录之后，此时记录集的 EOF 属性值变为 True。当 EOF 属性已经为 True 时试图向后移动将产生错误。

使用 MovePrevious 方法将当前记录位置移动到 Recordset 中的前一条记录。如果首记录是当前记录并且调用 MovePrevious 方法，则 ADO 将当前记录设置在 Recordset 的首记录之前，此时记录集的 BOF 属性值变为 True。而 BOF 属性为 True 时向前移动将产生错误。

② 检索记录

ADO 提供了 Find 方法用于搜索 Recordset 中满足指定条件的记录。如果条件符合，则将记录指针设置在符合条件的记录上，否则将记录指针设置在记录集的末尾。

语法：

```
rs.Find criteria[,SkipRows][, searchDirection][, start]
```

其中：

◆ criteria：字符串，包含用于搜索的指定列名、比较操作符和值的语句。criteria 中的"比较操作符"可以是">"（大于）、"<"（小于）、"="（等于）或"like"（模式匹配）。criteria 中的值可以是字符串、浮点数或者日期。字符串值以单引号分隔（如"state = 'WA'"）。日期值以"#"（数字记号）分隔（如"start_date > #7/22/97#"）。如"比较操作符"为"like"，则字符串"值"可以包含"*"（某字符可出现一次或多次）或者"_"（某字符只出现一次）。（如"state like M_*"与 Maine 和 Massachusetts 匹配）

◆ SkipRows：可选，长整型值，其默认值为零。它指定从当前行或 start 书签的位置开始跳过多少条记录再进行搜索。

◆ searchDirection：可选，指定搜索应从当前行还是搜索方向上的下一个有效行开始。其值可为 adSearchForward 或 adSearchBackward。搜索停止在记录集的开始还是末尾取决于 searchDirection 值，如果该值为 adSearchForward，不成功的搜索将在记录集的结尾处停止；如果该值为 adSearchBackward，不成功的搜索将在记录集的开始处停止。

◆ Start：可选，变体型书签，用作搜索的开始位置。

例如语句 rs. Find "姓名 LIKE '王*' "就是查找记录集 rs 中姓"王"的记录信息，检索成功记录指针会定位到的第一条王姓记录。

③ 操作记录

对应于常用的记录的增、删、改操作，ADO 分别提供了 AddNew 方法、Delete 方法和 Update 方法。为了有效地修改记录，一般还会用到 Edit 方法将当前记录集切换到改写状态。

AddNew 方法用于向 ADO 中添加新的记录，语法如下：

```
rs.AddNew [FiledList][,Values]
```

参数说明：

◆ FieldList：可选项，为一个字段名，或者是一个字段数组。

◆ Values：可选项，要添加记录的对应字段的值。该参数与 FieldList 需严格对应，如果 FiledList 为一个字段名，那么 Values 应为一个单个的数值；假如 FiledList 为一个字段数组，那么 Values 必须也为一个大小、类型与 FieldList 相同的数组。

当 AddNew 方法不带任何参数时，表示向记录集中添加一条空白的记录。多数情况下我们使用不带任何参数的 AddNew 方法向记录集中添加一条空白的记录，然后由用户在窗体上的文本框内输入各字段的值，之后再用形如 rs. Fields("<字段名>") = <值>或 rs. Fields(n) = <值>（注：n 为记录集中某字段的字段编号）的语句将文本框内的值更新到新增记录的各个字段。

AddNew 方法为记录集添加新的记录并为字段赋值后，应使用 Update 方法将所添加的记录数据存储在数据库中。

Delete 方法用于在 ADO 中删除记录集中的记录。与 DAO 对象的方法不同，ADO 中的 Delete 方法可以成组删除记录。

Delete 方法的语法格式为：

```
rs.Delete [AffectRecords]
```

无参的 Delete 方法用于删除记录集中的当前记录，等价于 AffectRecords 参数取值为 adAffectCurrent 的情况。除此之外，AffectRecords 参数的取值还可以是 adAffectGroup（删除满足当前 Filter 属性设置的一组记录）和 adAffectAll（删除所有记录）等。

Update 方法可以将所添加的记录数据真正地存储在数据库中。我们使用记录集的相关方法对记录集及其内部的记录所做的修改，仅仅是在内存中进行。如果不进行物理存储，程序退出或系统掉电后所做的修改就会丢失，而 Update 方法完成的就是由内存修改向磁盘文件修改的转换过程，即临时性修改向永久性修改转换的过程。Update 方法执行后，保存在磁盘上的数据库文件才真正得到了更新，之前所做的修改才真正得以保存。Update 方法的语法格式为：rs.Update。另外，CancelUpdate 方法用于在数据库文件被更新之前放弃在 RecordSet 上所做的修改，格式为 rs.CancelUpdate。

此外，对记录的操作（增、删、改）也可以通过 DoCmd 对象的 RunSQL 方法来完成，格式为：

```
DoCmd. RunSQL <SQL 语句>
```

如 DoCmd. RunSQL "Update 图书表 Set 价格=价格*0.9"语句执行后可将图书表中的价格向下浮动 10%。

使用 DoCmd 对象的 RunSQL 方法是直接对数据库文件进行操作，因此一旦执行就会直接引起数据库的变化，因此无需更新数据库。

（4）关闭连接和记录集

在应用程序结束之前，应该将打开的 ADO 对象（数据库连接与记录集）正常关闭，并回收（释放）为对象所分配的存储空间以便系统分配给其他程序使用。对象的释放可以通过 Close 方法和 Set 对象=Nothing 语句来实现，其格式为：

```
    ADO 对象.Close
    Set ADO 对象= Nothing
```

例如：

```
rs.Close                        ' 关闭记录集
db.Close                        ' 关闭数据库
Set rs = Nothing                ' 回收记录集对象的空间
Set db = Nothing                ' 回收数据对象的空间
```

9.1.4　域聚合函数

在进行数据库访问和处理时，有时会用到几个特殊的域聚合函数：

◆　DSum()，在给定的记录集中，对满足条件的记录求数值字段的总计。

◆ DAvg()，在给定的记录集中，对满足条件的记录求数值字段的平均值。

◆ DCount()，在给定的记录集中，对满足条件的记录统计字段非空值的个数。

◆ DMax()，在给定的记录集中，对满足条件的记录求字段的最大值。

◆ DMin()，在给定的记录集中，对满足条件的记录求字段的最小值。

◆ DLookup()，在给定的记录集中，获取第一个满足条件的记录的指定字段的值。

这些域聚合函数是 Access 为用户提供的内置函数。通过这些函数可以方便地从一个表或查询中取得符合一定条件的值赋予变量或控件值，而无需显式进行数据库的连接、打开等操作。这些域聚合函数都具有同样的语法格式：

> 函数名(字段表达式,记录集[,条件式])

其中：

◆ "字段表达式"用于标识统计的字段。

◆ "记录集"是一个字符串表达式，可以是表名或查询的名称。

◆ "条件式"是可选的字符串表达式，用于限制函数执行的数据范围。"条件式"一般要组织成 SQL 表达式中的 WHERE 子句，只是不含 WHERE 关键字，如果忽略，函数在整个记录集的范围内计算。

如要在文本框里显示"读者表"中男读者的人数，则可把控件的控件来源设置成：=DCount("借书证编号", "读者表", "性别='男'")。

在这些域聚合函数中，比较特殊的是 DLookup()函数。有时，要根据字段 A 来构造查询条件，而真正想要的是查询结果中字段 B 的值，这时就可以使用 DLookup()函数。DLookup()函数的具体用法详见【例 9.2】。

【例 9.2】 报表的记录源为"借阅表"，其主体节区内文本框"tBook"的控件来源属性为计算控件。要求该控件可以根据报表数据源里的"图书编号"字段值，从非数据源表对象"图书表"中检索出对应的书名并显示输出。

选择"tBook"文本框，在其控件来源属性中输入

```
=DLookUp("书名","图书表","编号='" & 图书编号 & "'")
```

9.2 VBA 数据库编程应用举例

对数据记录的常用操作不外乎浏览、添加、删除、修改和查询等操作，本节将通过实例讲解如何用 VBA 代码完成上述常用功能。

9.2.1 记录的浏览

通过 ADO 中 RecordSet 对象的 MoveXXXX 方法可以实现记录的浏览，使用 Move 方法可以实现记录的定位。有了这几个方法，就可以自由地定位到任何一条记录，然后再对其进行操作。

【例 9.3】 编程实现浏览图书表记录和定位记录的功能。

新建窗体，命名为"图书表"。将其记录源设置成"图书表"，"记录选择器""导航按钮""分隔条"属性都设置成"否"。在窗体主体节放置若干文本框，将其控件来源对应到表的各个字段，并在窗体上合理布局。(操作过程略)。在窗体页脚节放置 5 个按钮、一个文本框和一个标签控件，其名称属性设置如表 9.1 所示。

完成布局后的窗体运行效果如图 9.3 所示。

表 9.1　　　　　　　　　　　　　　　窗体控件名称及功能

控 件 类 型	名　　称	备　　注
命令按钮	cmdFirst	浏览第一条记录
	cmdNext	浏览下一条记录
	cmdLast	浏览最后一条记录
	cmdPrev	浏览上一条记录
	cmdGo	根据 txtRecordNum 的值定位浏览记录
文本框	txtRecordNum	要定位的记录位置（从 1 开始）
标签	lblIndicator	以 "第 X 条，共 Y 条" 的形式显示当前记录的位置

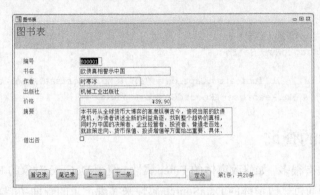

图 9.3　"图书表" 窗体布局

在窗体 Load 事件中初始化标签控件的显示：

```
Private Sub Form_Load()
        lblIndicator.Caption = "第" & Me.Recordset.AbsolutePosition + 1 & "条, 共" &
                        Me.Recordset.RecordCount & "条"
End Sub
```

按钮 cmdFirst 代码如下：

```
Private Sub cmdFirst_Click()
    Me.Recordset.MoveFirst
                lblIndicator.Caption = "第" & Me.Recordset.AbsolutePosition + 1 & "条,
        共" & Me. Recordset.RecordCount & "条"
End Sub
```

按钮 cmdLast 代码如下：

```
Private Sub cmdLast_Click()
    Me.Recordset.MoveLast
            lblIndicator.Caption = "第" & Me.Recordset.AbsolutePosition + 1 & "条,
        共" & Me. Recordset.RecordCount & "条"
End Sub
```

按钮 cmdNext 代码如下：

```
Private Sub cmdNext_Click()
    If Not Me.Recordset.EOF Then Me.Recordset.MoveNext
                lblIndicator.Caption = "第" & Me.Recordset.AbsolutePosition + 1 & "条,
        共" & Me. Recordset.RecordCount & "条"
End Sub
```

按钮 cmdPrev 代码如下：

```
Private Sub cmdPrev_Click()
    If Not Me.Recordset.BOF Then Me.Recordset.MovePrevious
                lblIndicator.Caption = "第" & Me.Recordset.AbsolutePosition + 1 & "条,
```

```
                         共" & Me. Recordset.RecordCount & "条"
End Sub
```

按钮 cmdGo 代码如下:

```
Private Sub cmdGo_Click()
        If IsNumeric(txtRecordNum) Then
    If Val(Me.txtRecordNum) <= Me.Recordset.RecordCount And Val( Me.txtRecordNum ) > 0
                        Then
                Me.Recordset.MoveFirst
                Me.Recordset.Move Val(Me.txtRecordNum) - 1   '首记录位置从 0 开始
            Else
                MsgBox "输入的记录号太大,超过记录总数!"
                Me.txtRecordNum.SetFocus
            End If
        Else
            MsgBox "必须输入数字!"
            Me.txtRecordNum.SetFocus
        End If
                    lblIndicator.Caption = "第" & Me.Recordset.AbsolutePosition + 1 & "条,
            共" & Me.Recordset.RecordCount & "条"
End Sub
```

9.2.2　记录的查询

实现查询的方法有很多,如修改窗体的 Filter 属性、使用 DoCmd 对象的 RunSQL 方法执行查询等。下面的例子则通过修改窗体的 DataSource 属性来实现记录的查询功能。

【例 9.4】　编程实现按"单位名称"查询并筛选记录显示的功能。

使用窗体向导创建一个基于"读者表"的表格式窗体,在窗体页脚节放置一个组合框(cboCompany),将其标签设置为"单位名称",组合框控件的"行来源类型"设置为"表/查询","行来源"设置为"SELECT DISTINCT 单位名称 FROM 读者表;",即将"读者表"中不同的单位名显示在组合框内。再放置两个按钮,一个标题为"查找"(cmdFind),用于按指定的单位名称查找记录;另一个标题为"全部"(cmdAll),用于恢复记录的全部显示。

程序代码如下:

```
Private Sub cmdAll_Click()
        Me.RecordSource = "select * from 读者表"
End Sub

Private Sub cmdFind_Click()
        Me.RecordSource = "select * from 读者表 where 单位名称='" & cboCompany & "'"
End Sub
```

窗体运行效果如图 9.4 所示。

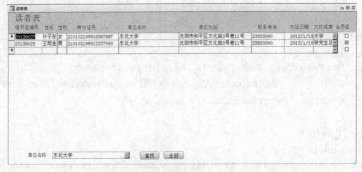

图 9.4　按"单位名称"查找记录

9.2.3　添加新记录和记录更新

添加新记录时，通常使用 RecordSet 对象的 AddNew 方法添加一条空白记录，之后给新记录的各个字段逐一赋值，最后再用 RecordSet 对象的 Update 方法更新数据库文件。

【例 9.5】　编程实现向"读者表"添加一条记录并更新数据库文件。

为演示添加记录功能，新建一空白窗体，在其上放 9 个文本框和一个复选框控件，分别对应读者表的 8 个文本型字段、一个日期型字段和一个是/否型字段。并把"发证日期"字段对应的文本框的"显示日期选取器"属性设置为"为日期"。为简单起见，在本窗体中没有设置"照片"字段和"备注"字段对应的控件。

再在窗体上放置一个"添加记录"按钮（cmdAddNew）。

当窗体加载时初始化数据库连接与 RecordSet 对象：

```
Dim cn As New ADODB.Connection
Dim rs As New ADODB.Recordset, rs2 As New ADODB.Recordset
Private Sub Form_Load()
    Set cn = CurrentProject.Connection
    Dim SQL As String
    SQL = "select * from 读者表"
rs.Open SQL, cn, adOpenDynamic, adLockOptimistic     '可读写,当前数据记录可自由移动,
                                                      可看到新增记录;乐观锁定

End Sub
```

当单击"添加记录"按钮时：

```
Private Sub cmdAddNew_Click()
 Dim strSql As String
 strSql = "select 借书证编号 from 读者表 where 借书证编号='" & txtNo & "'"
 rs2.Open strSql, cn
 If Not rs2.EOF Then
     MsgBox "已存在此借书证编号, 不能添加新记录"
 Else
     rs.AddNew
     rs.Fields("借书证编号") = txtNo
     rs.Fields("姓名") = txtName
     rs.Fields("性别") = txtSex
     rs.Fields("身份证号") = txtIDCard
     rs.Fields("单位名称") = txtCompany
     rs.Fields("单位地址") = txtCompanyAddr
     rs.Fields("联系电话") = txtTel
     rs.Fields("会员否") = chkIsVIP
     rs.Fields("办证日期") = txtSign
     rs.Fields("文化程度") = txtDegree
     rs.Update
     MsgBox "添加成功"
   End If
   rs2.Close
   Set rs2 = Nothing
End Sub
```

窗体退出前卸载窗体时：

```
Private Sub Form_Unload(Cancel As Integer)
rs.Close
cn.Close
```

```
    Set rs = Nothing
    Set cn = Nothing
End Sub
```

9.2.4 删除记录

删除记录的方法也有多种，如果是批量删除，最简单的做法就是写好一个 SQL 删除语句。然后用 DoCmd 对象的 RunSQL 方法运行它，或者是 RecordSet 对象的 Execute 方法执行它。而对于删除当前记录的情况，可以使用前面提到的 RecordSet 对象的 Delete 方法。

【例 9.6】 在纵栏式窗体"借阅表"中删除当前记录。

在窗体上放置一个"删除记录"按钮（cmdDel），完成其单击事件过程代码如下：

```
Private Sub cmdDel_Click()
    Me.Recordset.Delete
    Me.Recordset.MoveFirst          '删除一条记录后将记录指针移动到第一条记录
End Sub
```

习 题 9

一、选择题

1. 利用 ADO 访问数据库的步骤是（   ）。

① 定义和创建 ADO 实例变量

② 设置连接参数并打开连接

③ 设置命令参数并执行命令

④ 设置查询参数并打开记录集

⑤ 操作记录集

⑥ 关闭、回收有关对象

这些步骤的执行顺序应该是（   ）。

    A. ①④③②⑤⑥   B. ①③④②⑤⑥   C. ①③④⑤②⑥ D. ①②③④⑤

2. 下列程序的功能是返回当前窗体的记录集中记录的数量。

```
Sub GetRecNum()
    Dim rs As Object
    Set rs=_____
    MsgBox rs.RecordCount
End Sub
```

为保证程序输出记录集（窗体记录源）的记录数，空白处应填入的语句是（   ）。

    A. Recordset   B. Me.Recordset   C. RecordSource D. Me.RecordSource

3. 已知：Dim rs As new ADODB.RecordSet, 在程序中为了得到记录集的下一条记录，应该使用的方法是 rs.（   ）。

    A. MoveLast   B. MoveFirst   C. MoveNext   D. MovePrevious

4. 向 ADO 对象的记录集中添加新记录，可以使用记录集对象的（   ）方法。

    A. Insert   B. RunSQL   C. Add   D. AddNew

二、填空题

1. 在 Access 中建立的数据库文件的扩展名是 _____。

2. 在如下的窗体事件中若用户在对话框中单击【是】按钮，则删除记录，请将程序补充完整。

```
Private Sub Form_Current( )
    If  MsgBox("是否删除该记录? ", vbYesNo, "确认" ) = vbYes Then
        _____
    End If
End Sub
```

3. 数据库中有"平时成绩表"，包括"学号"、"姓名"、"平时作业"、"小测验"、"期中考试"、"平时成绩"和"能否考试"等字段，其中，平时成绩 = 平时作业*50%+小测验*10%+期中成绩*40%，如果学生平时成绩大于等于 60 分，则可以参加期末考试（"能否考试"字段为真），否则学生不能参加期末考试。

下面的程序按照上述要求计算每名学生的平时成绩并确定是否能够参加期末考试。请在空白处填入适当的语句，使程序可以完成所需要的功能。

```
Private Sub Command0_Click()
    Dim db As DAO.Database
    Dim rs As DAO.Recordset
    Dim pszy As DAO.Field, xcy As DAO.Field, qzks As DAO.Field
    Dim ps As DAO.Field, ks As DAO.Field

    Set db = CurrentDb()
    Set rs = db.OpenRecordSet("平时成绩表")
    Set pszy = rs.Fields("平时作业")
    Set xcy = rs.Fields("小测验")
    Set qzks = rs.Fields("期中考试")
    Set ps = rs.Fields("平时成绩")
    Set ks = rs.Fields("能否考试")

    Do While Not rs.EOF
        rs.Edit
        ps =_____
        If ps >= 60 Then
                ks = True
        Else
                ks = False
        End If
        rs._____
        rs.MoveNext
    Loop
    rs.Close
    db.Close
    Set rs = Nothing
    Set db = Nothing
End Sub
```

4. 数据库的"职工基本情况表"有"姓名"和"职称"等字段，要分别统计教授、副教授和其他人员的数量。请在空白处填入适当语句，使程序可以完成指定的功能。

```
Private Sub Commands_Click( )
    Dim db As DAO .Database
    Dim rsEMP As DAO .Recordset
    Dim zc As DAO .Field
    Dim Count1 As Integer, Count2 As Integer, Count3 As Integer
    Set db=CurrentDb ( )
```

```
        Set rsEMP =db .OpenRecordset（"职工基本情况表"）
        Set zc=rsEMP .Fields（"职称"）
        Count1=0 : Count2=0 : Count3=0
        Do While Not_____
            Select Case zc
                    Case Is="教授 "
                        Count1=Count1+1
                    CaseIs=" 副教授 "
                        Count2=Count2+1
                    Case Else
                        Courit3=Count3+1
            End Select
            _____
        Loop
        rsEMP .Close
        Set rsEMP=Nothing
        Set db=Nothing
        MsgBox"教授: "&Count1&",副教授: "&Count2 &",其他: "&count3
    End Sub
```

5. 下列子过程的功能是: 当前数据库文件中"学生表"中字段有"身高"(假定都大于100cm)。显示学生的标准体重, 按公式标准体重=(身高-100) ×0.90

请在程序空白的地方填写适当的语句, 使程序实现所需的功能。

```
Private Sub SetAgePlus1_Click()
        Dim db As DAO.Database
        Dim rs As DAO.Recordset
        Dim sg As DAO.Field
        Dim tz As DAO.Field
        Set db = CurrentDb( )
        Set rs = db.OpenRecordset("学生表")
        Set sg = rs.Fields("身高")
        Set tz= rs.Fields("标准体重")
        Do While Not rs.EOF

            _____
            tz= (sg-100 ) *0.9

            _____
            rs.MoveNext
        Loop
        rs.Close
        db.Close
        Set rs = Nothing
        Set db = Nothing
    End Sub
```

附录 1
常用函数

类　别	函 数 名	函 数 格 式	功　能
数学函数	绝对值	Abs(x)	求数值表达式 x 的绝对值
	向下取整	Int(x)	返回不大于 x 的最大整数
	截断取整	Fix(x)	返回 x 的整数部分
	四舍五入	Round(x[,n])	对 x 进行四舍五入，保留 n 位小数
	平方根	Sqr(x)	求非负数 x 的平方根
	符号	Sgn(x)	x>0，返回 1；x=0，返回 0；x<0，返回-1
	随机数	Rnd()或 Rnd	产生[0,1) 的随机数
	正弦	Sin(x)	返回 x 的正弦值（x 为弧度）
	余弦	Cos(x)	返回 x 的余弦值（x 为弧度）
	正切	Tan(x)	返回 x 的正切值（x 为弧度）
	幂函数	Exp(x)	求 e 的 x 次幂，返回一个双精度数
	对数函数	Log(x)	求以 e 为底 x 的对数
字符串函数	空格	Space(n)	产生 n 个空格字符
	字符重复	String(n,s)	由字符串 s 的首字符组成的 n 个字符
	截取子串	Left(s,n)	从 s 左侧第 1 个字符开始，截取 n 个字符
		Right(s,n)	从 s 右侧第 1 个字符开始，截取 n 个字符
		Mid(s,m,n)	从 s 左侧第 m 个字符开始，截取 n 个字符
	字符串长度	Len(s)	返回 s 的字符个数
	去空格	Ltrim(s)	去掉 s 左边的空格字符
		Rtrim(s)	去掉 s 右边的空格字符
		Trim(s)	去掉 s 两边的空格字符
	查找字符串	InStr(s1,s2)	查找并返回子串 s2 在源串 s1 中首次出现的位置
	大小写转换	Ucase(s)	将 s 中小写字母转换成大写字母，其他字符不变
		Lcase(s)	将 s 中大写字母转换成小写字母，其他字符不变
日期时间函数	系统日期与时间	Date()	返回当前的系统日期
		Time()	返回当前的系统时间
		Now()	返回当前的系统日期和时间
	日期分量	Year(D)	返回日期 D 的年（100~9999）
		Month(D)	返回日期 D 的月(1~12)
		Day(D)	返回日期 D 的日(1~31)
		WeekDay(D)	返回日期 D 对应的星期数（星期日是每星期的第一天）

类　别	函　数　名	函　数　格　式	功　　能
日期时间函数	时间分量	Hour(T)	返回时间 T 的小时（0～23）
		Minute(T)	返回时间 T 的分钟（0～59）
		Second(T)	返回时间 T 的秒（0～59）
	日期增减	DateAdd(f,x,D)	返回日期 D 以 f 为单位加上 x 后的日期
	日期间隔	DateDiff(f,D1,D2)	返回日期 D1 与 D2 的以 f 为单位的时间间隔数
	日期组合	DAteSerial(y,m,d)	返回值为 y 年 m 月 d 日的日期，带自动进位功能
SQL 聚合函数	总计	Sum(字段表达式)	求字段表达式中的值的总计
	均值	Avg(字段表达式)	求字段表达式中的值的平均值
	计数	Count(字段表达式)	统计字段表达式的值中非空值的个数
	最大值	Max(字段表达式)	求字段表达式中的值的最大值
	最小值	Min(字段表达式)	求字段表达式中的值的最小值
域聚合函数	域总计	DSum("字段","记录集"[,条件])	对指定记录集中满足条件的记录求字段的总计
	域均值	DAvg("字段","记录集"[,条件])	对指定记录集中满足条件的记录求字段的平均值
	域计数	DCount("字段","记录集"[,条件])	对指定记录集中满足条件的记录统计字段中非空值的个数
	域最大值	DMax("字段","记录集"[,条件])	对指定记录集中满足条件的记录求字段的最大值
	域最小值	DMin("字段","记录集"[,条件])	对指定记录集中满足条件的记录求字段的最小值
	域检索	DLookup("字段","记录集"[,条件])	对指定记录集中满足条件的记录检索特定字段的第一个值
转换函数	ASCII 码转换	Asc(s)	将字符串 s 的首字符转换成对应的 ASCII 码值
	字符转换	Chr(n)	将 ASCII 码 n 转换成对应的字符
	数值转换	Val(s)	将数值字符串 s 转换成数值
	字符串转换	Str(x)	将数值 x 转换成字符串，正数前保留一空格，负数前保留负号
	空值处理	NZ(x)	x 为数字型且为 Null，返回 0；x 为字符型且为 Null，返回空串
	日期转换	CDate(s)	将日期字符串 s 转换为日期
验证函数	数值验证	IsNumeric(x)	检查表达式 x 是否为数值
	日期验证	IsDate(x)	检查表达式 x 能否转换成日期
	空值验证	IsNull(x)	检查表达式 x 是否为无效数据（Null）
程序流程函数	条件	IIF（条件,真值,假值）	条件为真，返回真值；条件为假，返回假值
	开关	Switch（条件 1,值 1…[,条件 n,值 n]）	依次判断条件 1～条件 n，选择最先为 True 的条件所对应的值返回
	选择	Choose(求值表达式,值 1[,值 2]…[,值 n])	由求值表达式的值决定选择哪个值返回。值为 1 时返回（即值 1），值为 2 时返回第 2 个值（即值 2），值为 k 时返回第 k 个值（即值 k）
输入输出函数	输入框	InputBox(提示[,标题][，默认值])	产生一个对话框，在对话框内要显示的提示信息，等待用户输入，并以 String 类型返回用户输入的内容
	消息框	MsgBox(提示 [, 按钮组合][，标题])	在对话框内显示提示信息，返回一个 Integer 型数值，代表用户单击的按钮。"按钮组合"包括按钮、图标和默认按钮等

附录 **2**
窗体属性及其含义

类　别	属性名称	属性标识	功　能
格式属性	默认视图	DefaultView	决定了窗体的显示形式，需在"连续窗体""单一窗体""数据表"三个选项中选取
	滚动条	ScrallBars	决定了窗体显示时是否具有窗体滚动条，该属性值有"两者均无""水平""垂直"和"两者都有"4个选项，可以选择其一
	允许"窗体"视图	AllowFormView	表明是否可以在"窗体"视图中查看指定的窗体
	记录选择器	RecordSelectors	它决定窗体显示时是否有记录选定器，即数据表最左端是否有标志块
	导航按钮	NavigationButtons	决定窗体运行时是否有导航条，即数据表最下端是否有导航按钮组。一般如果不需要涎览数据或在窗体本身用户自己设置了数据浏览按钮时，该属性值应设为"否"，这样可以增加窗体的可读性
	分隔线	DividingLines	决定窗体显示时是否显示窗体各节间的分隔线
	自动调整	AutoResize	决定窗体打开时是否自动调整"窗体"窗口大小以显示整条记录
	自动居中	AutoCenter	决定窗体显示时是否在桌面上自动居中
	边框样式	BorderStyle	决定窗体的边框样式
	控制框	ControlBox	属性有两个值："是"和"否"，决定窗体是否具有"控制"菜单
	最大最小化按钮	MinMaxButtons	决定是否使用 Windows 标准的最大化和最小化按钮
	图片	Picture	决定显示在命令按钮、图像控件、切换按钮、选项卡控件的页上，或当做窗体或报表的背景图片
	图片类型	PictureType	决定图片存储为链接对象还是嵌入对象
	图片缩放模式	PictureSizeMode	决定对窗体或报表中的图片调整大小的方式
数据属性	记录源	RecordSource	表名或查询对象名，它指明了该窗体的数据来源
	筛选	Filter	对窗体、报表、查询或表应用筛选时，指定要显示的记录子集
	排序依据	OrderBy	字符串表达式，由字段名或字段名表达式组成，指定排序的规则
	允许编辑 允许添加 允许删除	AllowEdits AllowAdditions AllowDeletions	属性值需在"是"或"否"两个选项中选取，它决定了窗体运行时是否允许对数据进行编辑修改、添加或删除等操作
	数据输入	DataEntry	属性值需在"是"或"否"两个选项中选取，取值如果为"是"，则在窗体打开时，只显示一个空记录，否则显示已有记录
	记录锁定	RecordLocks	其属性值需在"不锁定""所有记录""已编辑的记录"三个选项中选取。用来设置锁定当前记录还是锁定所有记录或者不锁定记录（允许多个用户同时编辑同一条记录）

续表

类　　别	属性名称	属性标识	功　　能
其他属性	弹出方式	Popup	属性值需在"是"或"否"中进行选择，它决定了窗体或报表是否作为弹出式窗口打开
	模态	Modal	属性值需在"是"或"否"中进行选择，它决定了窗体或报表是否可以作为模态窗口打开。当窗体或报表作为模态窗口打开时，在焦点移到另一个对象之前，必须先关闭该窗口
	循环	Cycle	属性值可以选择"所有记录""当前记录"和"当前页"，表示当移动控制点时按照何种规律移动
	功能区名称	RibbonName	获取或设置在加载指定窗体时要显示的自定义功能区的名称
	工具栏	Toolbar	决定了要为窗体显示的自定义工具栏
	快捷菜单	ShortcutMenu	属性值需在"是"或"否"中进行选择，它决定当用鼠标右击窗体上的对象时是否显示快捷菜单
	菜单栏	MenuBar	决定了要为窗体显示的自定义菜单
	快捷菜单栏	ShortcutMenuBar	决定当用鼠标右击窗体上的对象时显示的快捷菜单

附录 3
控件属性及其含义

类　别	属性名称	属性标识	功　能
格式属性	标题	Caption	属性值为控件中显示的文字信息
	格式	Format	用于自定义数字、日期、时间和文本的显示方式
	可见性	Visible	属性值需在"是"或"否"中进行选择，它决定是否显示窗体上的控件
	边框样式	BorderStyie	用于设定控件边框的显示方式
	左边距	Left	用于设定控件在窗体、报表中的位置，即距左边的距离
	背景样式	BackStyle	用于设定控件是否透明，属性值为"常规"或"透明"
	特殊效果	SpecialEffect	用于设定控件的显示效果。例如"平面""凸起""凹陷""蚀刻""阴影"或"凿痕"等，用户可任选一种
	字体名称	FontName	用于设定字段的字体名称
	字号	FontSize	用于设定字体的大小
	字体粗细	FontWeight	用于设定字体的粗细
	倾斜字体	FontItalic	用于设定字体是否倾斜，选择"是"字体倾斜，否则不倾斜
	背景色	BackColor	用于设定控件显示的底色
	前景色	ForeColor	用于设定显示内容的颜色
数据属性	控件来源	ControlSource	告诉系统如何检索或保存在窗体中要显示的数据。如果控件来源中包含一个字段名，则在控件中显示的是数据表中该字段的值，对窗体中的数据所进行的任何修改都将被写入字段中；如果该属性值设置为空，除非编写了程序代码，否则在控件中显示的数据不会写入到数据表中。如果该属性含有一个计算表达式，那么该控件显示计算结果
	输入掩码	InputMask	用于设定控件的输入格式，仅对文本型或日期型数据有效
	默认值	DefaultValue	用于设定一个计算型控件或非结合型控件的初始值，可以使用表达式生成器向导来辅助确定默认值
	有效性规则	ValidationRule	用于设定在控件中输入数据的合法性验证表达式，可以使用表达式生成器向导来生成合法性验证表达式
	有效性文本	ValidationText	用于设定在违反了有效性规则时，将显示给用户的提示信息
	是否锁定	Locked	指定是否可以在"窗体"视图中编辑数据
	可用	Enabled	用于决定该控件是否有效。如果该属性值为"否"，则控件显示为灰色无效状态

类　别	属 性 名 称	属 性 标 识	功　　能
其他属性	名称	Name	用于标识控件名，控件名称必须唯一
	状态栏文字	StatusBarText	用于设定状态栏上的显示文字
	允许自动校正	AllowAutoCorrect	用于更正控件中的拼写错误，选择"是"允许自动更新，否则不允许自动更正
其他属性	自动 Tab 键	AutoTab	属性值为"是"或"否"。用以指定当输入文本框控件的输入掩码所允许的最后一个字符时，是否发生自动 Tab 键切换。自动 Tab 键切换会按窗体的 Tab 键次序将焦点移到下一个控件上
	Tab 键索引	TabIndex	设定 Tab 键切换的顺序，从 0 开始
	控件提示文本	ControlTipText	用于设定用户在将鼠标悬停在一个对象上后是否显示提示文本以及显示的提示文本的内容

附录 4

常用宏命令

类　　别	宏命令	功能描述	主要参数说明
窗口管理	MaximizeWindow	窗口最大化到充满 Access 窗口	无参数
	MinimizeWindow	活动窗口最小化	无参数
	RestoreWindow	窗口还原	无参数
	MoveAndSizeWindow	移动并调整窗口大小	右、向下：窗口新的水平、垂直位置 宽度、高度：窗口新的宽度、高度
	CloseWindow	关闭指定的窗口。若未指定窗口，则关闭激活的窗口	对象类型：选择要关闭的对象类型 对象名称：选择要关闭的对象名 保存：关闭对象前是否要保存对象
	QuitAccess	退出 Access	选项：选择提示、全部保存或退出
宏命令	RunCode	运行 Visual Basic 的函数过程	函数名称：要执行的 Function 函数名
	RunMacro	运行宏，宏可以包括在宏组中	宏名称：要运行的宏名称 重复次数：运行宏的次数上限值 重复表达式：重复运行宏的条件
	StopMacro	停止当前正在运行的宏	不具有任何参数
	StopAllMacros	停止当前正在运行的所有宏	不具有任何参数
	SingleStep	暂停宏的执行并打开"单步执行宏"对话框	不具有任何参数
	OnError	指定在宏中发生错误时应出现的情况	Go to：指定在遇到错误时应发生的行为，包括"下一个""宏名"和"失败" 宏名：用于错误处理的宏的名称
	SetLocalVar	将本地变量设置为特定值	名称：变量名。 表达式：设置变量值的表达式
	RunDataMacro	运行指定的数据宏	宏名：要运行的数据宏的名称
筛选/查询/搜索	ApplyFilter	对表、窗体或报表应用筛选、查询或 SQL Where 子句，以便限制或排序表的记录以及窗体或报表的基础表或基础查询中的记录	筛选器名称：筛选或查询的名称 当条件：有效的 SQL WHFRE 子句或表达式，用以限制表、窗体或报表中的记录 控件名称：为父窗体输入与要筛选的子窗体或子报表对应的控件的名称或留空
	FindNextRecord	查找符合前一个 FindRecord 操作或查找和替换对话框中的值所指定的条件的下一个记录。可以使用 FindNextRecord 操作来搜索重复记录	不具有任何参数

类　别	宏命令	功能描述	主要参数说明
筛选 / 查询/搜索	FindRecord	在记录中搜索指定数据。此数据可能在当前记录中，也可能在当前记录之前或之后的记录中，或者在第一条记录中。可以在活动表数据表、查询数据表、窗体数据表或窗体中查找记录	查找内容：指定要在记录中查找的数据，必选参数。 匹配：指定数据在字段中的位置。包括"字段任何部分""整个字段"或"字段开头"。默认值为"整个字段"。 区分大小写：指定搜索是否区分大小写。默认值为"否"。 搜索：指定搜索方式：包括"向上""向下""全部"。默认值为"全部"。 格式化搜索：指定搜索中是否包含带格式的数据。 只搜索当前字段：指定是否将搜索限制在每个记录内的当前字段。默认值为"是"，若为"否"则搜索每个记录内的所有字段。 查找第一个：指定搜索是否是从第一条记录开始。默认值为"是"，若为"否"则从当前记录开始
	OpenQuery	在数据表视图、设计视图或打印预览中打开选择查询或交叉表查询或运行动作查询。可以为查询选择数据输入模式	查询名称：必需的，要打开的查询的名称。 视图：打开查询时将使用的视图。 数据模式：查询的数据输入模式。此参数仅适用于在数据表视图中打开的查询。包括"添加""编辑"或"只读"，默认值为"编辑"
	RefreshRecord	更新活动窗体或数据表的基础记录源	不具有任何参数
	Requery	通过重新查询控件的数据源来更新活动数据库对象上指定控件中的数据	控件名称：要更新的控件的名称
操作库对象	OpenTable	在"数据表"视图、"设计"视图或"打印预览"、"数据透视表"或"数据透视图"中打开表，也可以选择数据的输入方式	表名称：要打开的表名 视图：选择以何种视图打开表 数据模式：选择数据的输入方式
	OpenQuery	在"数据表"视图、"设计"视图或"打印预览"、"数据透视表"或"数据透视图"视图中打开选择查询、交叉表查询或执行动作查询	查询名称：选择要运行的查询名 视图：选择查询视图 数据模式：选择编辑、增加或只读
	OpenForm	在"数据表"、"设计"、"打印预览"、"数据透视表"或"数据透视图"或"布局"视图中打开窗体	窗体名称：要打开的窗体名 视图：窗体 筛选条件：限制记录的筛选 当条件：SQL Where 语句或表达式，用来从表或查询中选择记录 数据模式：选择数据的输入方式 窗口模式：打开窗体的窗口模式
	OpenReport	在"打印"、"设计"视图、"打印预览"、"报表"或"布局"视图中打开报表	报表名称：要打开的报表名 视图：选择以何种视图打开报表 筛选条件：限制记录的筛选 当条件：SQL Where 语句或表达式，用来从表或查询中选择记录 窗口模式：选择报表的模式

类　　别	宏　命　令	功　能　描　述	主要参数说明
操作库对象	GoToRecord	将指定记录设置为打开的表、窗体或查询结果集中的当前记录	对象类型：记录所在的数据库对象的类型。对象名称：记录所在的对象的名称。记录：要设置为当前记录的记录。偏移量：整数或以等号开头的整数表达式。由"记录"参数决定的记录偏移
	SetProperty	设置窗体或报表上控件的属性（"已启用"、"可见"、"锁定"、"靠左"、"靠上"、"宽度"、"高度"、"前景色"、"背景色"或"标题"）	控件名：要设置属性值的控件的名称属性：要设置的属性值：要设置的值。对于值为"是"或"否"的属性，使用 -1 代表"是"，0 代表"否"
数据输入操作	DeleteRecord	删除当前记录	不具有任何参数
	SaveRecord	保存当前记录	不具有任何参数
	EditListItems	编辑查阅列表中的项	不具有任何参数
系统命令	CloseDatabase	关闭当前数据库	不具有任何参数
	QuitAccess	退出 Microsoft Access	选项："提示""全部保存"（默认值）或"退出"
	Beep	通过计算机扬声器发出嘟嘟声	不具有任何参数
用户界面命令	MessageBox	显示一个包含警告或其他信息的消息框	消息：消息框中的文本Beep：显示消息时是否发出嘟嘟声类型：消息框的类型标题：消息框的标题
	UndoRecord	撤销最近用户的操作	不具有任何参数
	Redo	重复最近用户的操作	不具有任何参数

分　类	事　件	名　　称	属　性	发　生　时　间
发生在窗体或控件中的数据被输入、删除或更改时，或当焦点从一条记录移动到另一条记录时	Current	成为当前	OnCurrent（窗体）	当焦点移动到一条记录，使它成为当前记录时，或当重新查询窗体的数据来源时。此事件发生在窗体第一次打开，以及焦点从一条记录移动到另一条记录时，它在重新查询窗体的数据来源时发生
	BeforeInsert	插入前	BeforeInsert（窗体）	在新记录中键入第一个字符但记录未添加到数据库时发生
	AfterInsert	插入后	AfterInsert（窗体）	在新记录添加到数据库中时发生
	BeforeUpdate	更新前	BeforeUpdate（窗体）	在控件或记录用更改了的数据更新之前。此事件发生在控件或记录失去焦点时，或单击【记录】菜单中的【保存记录】命令时
	AfterUpdate	更新后	AfterUpdate（窗体）	在控件或记录用更改了的数据更新之后。此事件发生在控件或记录失去焦点时，或单击【记录】菜单中的【保存记录】命令时
	Delete	删除	OnDelete（窗体）	当一条记录被删除但未确认和执行删除时发生
	BeforeDelConfirm	确认删除前	BeforeDelConfirm（窗体）	在删除一条或多条记录时，Access 显示一个对话框，提示确认或取消删除之前。此事件在 Delete 时间之后发生
	AfterDelConfirm	确认删除后	AfterDelConfirm（窗体）	发生在确认删除记录，且记录实际上已经删除，或在取消删除之后
	Change	更改	OnChange（控件）	当文本框或组合框文本部分的内容发生更改时，事件发生。在选项卡空间中从某一页移动到另一页时该事件也会发生
处理鼠标操作事件	Click	单击	OnClick（窗体、控件）	对于控件，此事件在单击鼠标左键时发生。对于窗体，在单击记录选择器、节或控件之外的区域时发生
	DblClick	双击	OnDblClick（窗体、控件）	当在控件或它的标签上双击鼠标左键时发生。对于窗体，在双击空白区或窗体上的记录选择器时发生
	MouseUp	鼠标释放	OnMouseUp（窗体、控件）	当鼠标指针位于窗体或控件上时，释放一个按下的鼠标键时发生
	MouseDown	鼠标按下	OnMouseDown（窗体、控件）	当鼠标指针位于窗体或控件上时，单击鼠标键时发生
	Mouse Move	鼠标移动	OnMouseMove（窗体、控件）	当鼠标指针在窗体、窗体选择内容或控件上移动时发生

续表

分　类	事　件	名　称	属　性	发生时间
处理键盘输入事件	KeyPress	击键	OnKeyPress（窗体、控件）	当控件或窗体有焦点时，按下并释放一个产生标准 ANSI 字符的键或组合键后发生
	KeyDown	键按下	OnKeyDown（窗体、控件）	当控件或窗体有焦点时，并在键盘上按下任意键时发生
	KeyUp	键释放	OnKeyUp（窗体、控件）	当控件或窗体有焦点时，释放一个按下键时发生
处理错误	Error	出错	OnError（窗体、报表）	当 Access 产生一个运行时错误，且此时正处在窗体和报表中时发生
处理同步事件	Timer	计时器触发	OnTimer（窗体）	当窗体的 TimerInterval 属性所指定的时间间隔已到时发生，通过在指定的时间间隔重新查询或重新刷新数据保持多用户环境下的数据同步
在窗体上应用或创建一个筛选	ApplyFilter	应用筛选	OnApplyFilter（窗体）	当单击"记录"菜单中的"应用筛选"后，或单击工具栏中的"应用筛选"按钮时发生。在指向"记录"菜单中的"筛选"后，并单击"按选定内容筛选"命令，或单击工具栏上的"按选定内容筛选"按钮时发生。当单击"记录"菜单上的"取消筛选/排序"命令，或单击工具栏上的"取消筛选"按钮时发生
	Filter	筛选	OnFilter（窗体）	指向"记录"菜单中的"筛选"后，单击"按窗体筛选"命令，或单击工具栏中的"按窗体筛选"按钮时发生。指向"记录"菜单中的"筛选"后，并单击"高级筛选/排序"命令时发生
窗体、控件失去或获得焦点时，或窗体、报表成为激活时或失去激活事件时	Activate	激活	OnActivate（窗体、报表）	当窗体或报表成为激活窗口时发生
	Deactivate	停用	OnDeactivate（窗体、报表）	当不同的但同为一个应用程序的 Access 窗口成为激活窗口时，在此窗口成为激活窗口之前发生
	Enter	进入	OnEnter（控件）	发生在控件实际接收焦点之前。此事件在 GotFocus 事件之前发生
	Exit	退出	OnExit（控件）	正好在焦点从一个控件移动到同一窗体上的另一个控件之前发生。此事件在 LostFocus 事件之前发生
	GotFocus	获得焦点	OnGotFocus（窗体、控件）	当一个控件、一个没有激活的控件或有效控件的窗体接收焦点时发生
	LostFocus	失去焦点	OnLostFocus（窗体、控件）	当窗体或控件失去焦点时发生
打开、调整窗体或报表时	Open	打开	OnOpen（窗体、报表）	当窗体或报表打开时发生
	Close	关闭	OnClose（窗体、报表）	当窗体或报表关闭，从屏幕上消失时发生
	Load	加载	OnLoad（窗体、报表）	当打开窗体，且显示了它的记录时发生。此事件发生在 Current 事件之前，Open 事件之后
	Resize	调整大小	OnResize（窗体）	当窗体的大小发生变化或窗体第一次显示时发生
	UnLoad	卸载	OnUnLoad（窗体）	当窗体关闭，且它的记录被卸载，从屏幕上消失之前发生。此事件在 Close 事件之前发生

参考文献

[1] 黄磊，石晓山．Access2010 中文版应用基础教程．北京：北京交通大学出版社，2013.

[2] 徐秀花，程晓锦，李业丽．Access 2010 数据库应用技术教程．北京：清华大学出版社，2013.

[3] 刘卫国．Access 2010 数据库应用技术．北京：人民邮电出版社，2013.

[4] 熊建强，黄文斌．Access2010 数据库程序设计教程．北京：机械工业出版社，2013.

[5] 付兵．数据库基础与应用——Access 2010．北京：科学出版社，2012.